Business Models für Teams

So sehen Sie, wie Ihr Unternehmen wirklich funktioniert
und jedes Mitglied zum Erfolg beiträgt

Von Tim Clark und Bruce Hazen
in Zusammenarbeit mit 223 Mitwirkenden
aus 38 Ländern

Gestaltung von Keiko Onodera

Aus dem Englischen übersetzt von Jordan T. A. Wegberg

Campus Verlag
Frankfurt/New York

Insgesamt 225 Menschen aus 38 Nationen haben beim Schreiben, bei der Überarbeitung und bei der Herstellung von *Business Models für Teams* mitgearbeitet. Die Kapitelentwürfe wurden auf eine Online-Plattform hochgeladen und dort über einen Zeitraum von 15 Monaten überprüft, diskutiert und rezensiert. Wir schätzen, dass diese Gruppe zusammengenommen über 5 000 Jahre an Berufserfahrung aus den Bereichen Business, Technologie, Verwaltung, Wissenschaft, Medizin, Recht, Design und anderen Disziplinen zu dem Buch beigesteuert hat. Die Namen aller Mitwirkenden werden auf den folgenden beiden Seiten genannt.

Wir danken all unseren Beitragenden, die unseren tief verwurzelten Glauben an die dezentrale Intelligenz und an eine wahrhaft globale Perspektive, die in Organisationen aller Art dringend benötigt wird, bestätigt haben. Unsere Mitwirkenden leben in Australien, Belgien, Brasilien, Chile, China, Dänemark, Deutschland, Finnland, Frankreich, Großbritannien, Indien, Irland, Israel, Italien, Japan, Jordanien, Kanada, Kolumbien, Luxemburg, Malaysia, Mexiko, den Niederlanden, Neuseeland, Österreich, auf den Philippinen, in Polen, Portugal, Rumänien, Schweden, der Schweiz, in Singapur, Spanien, der Türkei, in Ungarn, den Vereinigten Arabischen Emiraten, den Vereinigten Staaten, in Vietnam und auf Zypern.

Insbesondere danken wir den folgenden Personen, die über ein Jahr lang Hunderte Stunden darauf verwendet haben, Texte zu versenden und gegenzulesen, die Ideen zur grafischen Gestaltung beigesteuert und uns gemeinsam geholfen haben, die Richtung, den Tonfall und die Aufmachung dieses Buchs festzulegen: Cheryl Sykes, Bob Fariss, Reiner Walter, Marijn Mulder, Jaime Schettini, Adriano Oliveira, Elia Racamonde, Jutta Hastenrath, Dennis Daems, Birgitte Alstrom, Sophie Brown, Beatriz Gonzalez Torres, Erin Liman, Mary Anne Shew, Daniel Weiss, Cheenu Srinivasan, Danielle Le-roy, Mitch Spiegel, Luigi Centenaro, Arnulv Rudland, Frederic Caufrier, Edmund Komar, Renate Bouwman, Mercedes Hoss, Thomas Becker, Nicolas de Vicq, Jose Meijer, Neil McGregor und Mikko Mannila. Danke vor allem an Alexander Osterwalder und Yves Pigneur für die Erfindung der Business Model Canvas.

Wenn dieser Gemeinschaftsgeist Sie anspricht, gesellen Sie sich auf BusinessModelsForTeams.com zu uns, wo Sie alle in diesem Buch vorgestellten Tools kostenlos erhalten. Sie werden eine Online-Community von über 12 000 Business-Model-Fans aus 80 Ländern kennen lernen, darunter auch die 225 Mitwirkenden, die auf den folgenden Seiten genannt werden.

Das Business Model dieses Buchs

Die Mitschöpfer von *Business Models für Teams*

Aclan Can Okur

Adriana Lobo

Adriano Teles da Costa e Oliveira

AJ Shah

Alaa Qari

Alan Scott

Alexander Schmid

Amina Kemiche

Ammar Taqash

Andrea Frausin

Andrew Kidd

Angelina Arciero

Anja Wickert

Ann Ann Low

Annalie Killian

Ariadna Alvarez Delgado

Aricelis Martinez

Arnulv Rudland

Ayman Sheikh Khaleel

Bart Nieuwenhuis

Beatriz Almudena González Torres

Bernie Maloney

Bert Luppens

Birgitte Alstrøm

Birgitte Roujol

Björn Kijl

Bob Fariss

Brenda Coates

Brian Edgar

Brian Haney

Brigitte Tanguay

Bruce Hazen

Bryan Lubic

Carlos Salum

Caroline Bineau

Caroline Ravelo

Cheenu Srinivasan

Cheryl Rochford

Cheryl Sykes

Chimae Cupschalk

Christine Paquette

Christoph Kopp

Christopher Ashe

Conrado Gaytan de la Cruz

Conrado Schlochauer

Cristian Hofmann

Daniel Huber

Daniel Weiss

Danielle Leroy

Dann Bleeker-Pedersen

David M. Blair

David Hubbard

David Nimmo

Dawn Langley

Deanne Lynagh

Denise Taylor

Dennis McCluskey

Dennis Daems

Derrick Tran

Diana Visconti

Dora Luz González Bañales

Doug Gilbert

Doug Morwood

Eddy de Graaf

Edmund Komar

Eduard Ventosa

Eduardo Campos

Eli Ringer

Elia Racamonde

Elizabeth Cable

Enrico Florentino

Eric Nelson

Erik Alexander Leonavicius

Erin Liman

Ernest Buise

Fabiana Mello

Fabio Carvalho

Fabio Nunes

Fabio Petruzzi

Falk Schmidt

Fernando Sáenz Marrero

Francisco Barragan

Francisco Provete

Franck Demay

Frederic Caufrier

Frederic Theismann

Gabrielle Schaffer

Gary Percy

Geoffroy Seive

Ghani Kolli

Gina Condon

Ginés Haro Pastor

Ginger Grant

Gisela Grunda-Hibaly

Glen B. Wheatley

GP designpartners gmbh

Grace Lanni

Greg Loudoun

Gregory S. Nelson

Guida Figueira

Guido Delver

Hadjira Abdoun

Hans Schriever

Hector Miramontes

Hena Rana

Hillel Nissani

Isabel Chaparro

Isabella Bertelli Cabral dos Santos

Jörn Friedrich Dreyer

Jaime Schettini

Jairo Koda

James Saretta

James Wylie
Jan Kyhnau
Jane Leonard
Jason Porterfield
Jaya Machet
Jean-Pierre Savin
Jean-Yves Reynaud
Jeffrey Krames
Jeroen JT Bosman
Joe Costello
John Carnohan
John J Sauer
Jonas Holm
Jonny Law
Jordi Castells
Jorge Carulla
Jorge Pesca Aldrovandi
Jos Meijer
Juan Felipe Monsalve Diez
Jude Rathburn
Judy Weldon
Julia Schlagenhauf
Julie Ann Wood
Justine Lagiewka
Jutta Hastenrath
Katiana Machado
Keiko Onodera
Koen Cuyckens
Laura Stepp

Lina Clark
Liviu Ionescu
Lourdes Orofino
Lourenço de Pauli Souza
Luc E. Morisset
Luigi Centenaro
Lukas Bratt Lejring
Magali Morier
Magda Stawska
Manuel Grassler
Manuela Gsponer
Marco Mathia
Marco Ossani
Maria Monteiro
Marijn Mulders
Markus Heinen
Marsha Brink Stratic
Martin Gaedke
Martin Schoonhoven
Mary Anne Shew
Mathias Wassen
Mats Pettersson
Mattias Nordin
Megan Lacey
Mercedes Hoss-Weis
Michael Lachapelle
Michael Lang
Michael Ruzzi
Michael Makowski

Michael Bertram
Michelle Blanchard
Miki Imazu
Mikko Mannila
Mitchell Spiegel
Mohamad Khawaja
Nadia Circelli
Natalie Currie
Neil McGregor
Niall Reeve-Daly
Nicolas Burkhardt
Nicolas de Vicq
Nige Austin
Olivier Gemoets
Oscar Galvez Tabac
Pallavi Bhadkamkar
Paola Valeri
Paula Quaiser
Paulo Melo
Pedro Fernandez
Peter Cederqvist
Peter Dickinson
Peter Gaunt
Philip Blake
Pierre Chaillou
Rainer Bareiss
Ralf Meyer
Randi Millard

Raymond Guyot
Reiner Walter
Renate Bouwman
Renato Nobre
Rex Foster
Riccardo Donelli
Richard Bell
Roberto Salvato
Robin Lommers
Sara Vilanova
Scott Doniger
Sophie Brown
Stefaan Dumez
Stefan Kappaun
Stephan List
Stuart Lewis
Susanne Zajitschek
Thomas Becker
Thomas Kristiansen
Thomas Fisker Nielsen
Till Leon Kraemer
Tim Clark
Tufan Karaca
Van Le
Verneri Aberg
Victor Gamboa
Viknapergash Guraiah
Vincenzo Baraniello

Der Ursprung der Business Model Canvas

Kaum jemand war überraschter als ich, als *Business Model Generation* zu einem internationalen Bestseller wurde. Einem Ranking zufolge steht es jetzt auf Platz 29 der meistverkauften Managementbücher aller Zeiten! Der Erfolg jenes Buchs basiert auf der Business Model Canvas. Nur wenige Menschen kennen den Ursprung der Canvas, daher haben Tim und Bruce vorgeschlagen, dass ich die Geschichte hier erzähle.

Ich bin Professor an der Universität von Lausanne. Ende der 1990er Jahre baten die Studenten mich um Rat in Bezug auf neue Unternehmensideen und Businesspläne. Viele davon gehörten in die »Dotcom«-Kategorie und beschäftigten sich mit Dingen wie dem Online-Verkauf von Craft-Bier.

Meine Vorgehensweise bei der Beratung dieser angehenden Entrepreneure war, ihnen Fragen zu der Logik zu stellen, die ihren geplanten Unternehmungen zugrunde lag. Ich versuchte sie zu veranlassen, in einfachen Worten die Funktionsweise ihrer Geschäftsidee zu erklären – ihre Geschäftsmodelle zu formulieren. Diesen Vorgang wiederholte ich mit zahlreichen Teams, und im Laufe der Zeit schienen sich die von mir gestellten Fragen ganz von selbst in neun verschiedene Kategorien einzureihen.

Dabei kam mir der Gedanke, dass vielleicht alle Geschäftsmodelle neun Kernelemente gemeinsam haben. Ich ging dieser Idee nicht sofort nach. Aber ich hatte sie im Hinterkopf – und sie trat wieder in den Vordergrund, als ich mich einverstanden erklärte, die Doktorarbeit über Geschäftsmodelle eines jungen Unternehmers namens Alexander Osterwalder zu betreuen, des jetzigen Gründers und CEO von Strategyzer.

Mehr als zehn Jahre lang arbeiteten Alex und ich zusammen, um unsere Arbeit über Geschäftsmodelle zu entwickeln, zu testen und zu veröffentlichen. In dieser Zeit schufen wir ein visuelles, aus neun Feldern bestehendes Tool als Vorlage – die Business Model Canvas –, in dem sich diese neun unterschiedlichen Fragenkategorien widerspiegelten, wenn auch sehr verfeinert und mehrfach erprobt.

Die Canvas wurde die Grundlage unseres gemeinsamen Buchs *Business Model Generation*. Abgesehen von einer Gemeinschaft aus Mitschöpfern wurden Alex und ich unterstützt von drei Kollegen, die unmittelbar am Manuskript mitarbeiteten: dem Designer Alan Smith, dem Produktionsmanager Patrick van der Pijl und dem Herausgeber Tim Clark.

Tim setzte seine Arbeit als Autor von *Business Model You* fort, wobei die Canvas im Rahmen individueller beruflicher Entwicklungen zur Darstellung dessen eingesetzt wurde, was er als »persönliche« Geschäftsmodelle bezeichnete. Jetzt haben Tim und Bruce Hazen in dem Buch, das Sie gerade in der Hand halten, die Canvas auf internationale Organisationsgruppen übertragen: *Business Models für Teams.*

Es gibt drei Dinge, die mir an *Business Models für Teams* auffallen.

Erstens konzentriert es sich auf die Nutzung der Canvas zur Verbesserung der internen Abläufe einer Organisation. Das unterscheidet es von der traditionellen, marktorientierten Verwendung der Canvas als Strategieerstellungs- oder Strategieüberprüfungs-Tool.

Zweitens bietet es eine schnelle Methode, mit der Führungskräfte ihre Effektivität (anstelle ihrer Effizienz) verbessern können. Fünf Jahrzehnte Schulung, Forschung und Praxis haben es nicht geschafft, die Organisationsführung maßgeblich zu verbessern, was vielleicht daran liegt, dass übertrieben viel Wert darauf gelegt wurde, die Teamleiter zu schulen anstelle der Teammitglieder. *Business Models für Teams* zeigt Führungskräften einen Weg, wie sie die innerbetriebliche Verantwortung aufteilen und jedem zeigen können, wie er sich in seinen Arbeitsplatz einfügt.

Drittens zeigt *Business Models für Teams,* wie ein und dasselbe Tool genutzt werden kann, um auf organisatorischer, teambezogener und individueller Ebene für Einvernehmen und Klarheit zu sorgen. Darüber hinaus stellt es nützliche neue

Tools und Techniken vor, von denen jeder profitieren wird, der anderen als Führungskraft, Manager oder Mentor zur Seite steht.

Wer wäre besser geeignet als Tim Clark und Bruce Hazen, ein solches praxisbezogenes und mitreißendes Handbuch über die Überbrückung der Kluft zwischen *Ich* und *Wir* zu schreiben? Anhand lehrreicher Fallstudien und Geschichten wollen Tim und Bruce »über reine Worte hinausgehen und Probleme angehen, die bei der Zusammenarbeit von Personen, Teams und Organisationen entstehen«.

Liebe Leserinnen und Leser, lassen Sie sich von diesem praktischen Leitfaden verzaubern. Kapitel für Kapitel erläutern Tim und Bruce ihre Vorgehensweise mit Leidenschaft und verständlichen Beispielen. Wir sind überzeugt, dass Sie neue Tools und Techniken entdecken werden, um vom *Ich*- zum *Wir*-Praktiker zu werden.

Yves Pigneur
Professor für Management-Informationswissenschaft,
Universität Lausanne, Schweiz, Koautor (mit Alexander
Osterwalder) von *Business Model Generation*

Menschen wie du und ich, die in diesem Buch vorgestellt werden

Abteilungsleiter Energiemarketing · · · · · · · · · 70

Abteilungsleiter Herstellung· · · · · · · · · · · ·180

Abteilungsleiter Unternehmens-

   kommunikation · · · · · · · · · · · · · · ·112

Ausbildungsleiter Versicherung · · · · · · · · · ·210

Berater für Personalentwicklung · · · · · · · · · ·210

Berater für Unternehmensentwicklung · · · · · ·215

Berufsausbildungsleiter (intern) · · · · · · · · · 76

Buchhalter · 66

CEO Maschinenbau-Kundendienst · · · · · · · ·214

CEO Softwareentwicklung · · · · · · · · · · · ·206

CFO Fitnesscenter · · · · · · · · · · · · · · · ·160

Chefgastronom · · · · · · · · · · · · · · · · · 42

Chemiker in der Medizinforschung· · · · · · · ·148

Doktorand Maschinenbau· · · · · · · · · · · · ·115

Finanzberater · · · · · · · · · · · · · · · · · · 66

Fußballtrainer · · · · · · · · · · · · · · · · · · · 6

Führungskraft Halbleiterbereich · · · · · · · · ·152

Führungskraft Kopiererherstellung · · · · · · · · 26

Führungskraft bei Facebook · · · · · · · · · · · 50

Führungskraft im pharmazeutischen

   Einzelhandel · · · · · · · · · · · · · · · · 17

Herstellungsfachkraft· · · · · · · · · · · · · · ·148

Ingenieur Verkehrswesen · · · · · · · · · · · ·116

Ingenieur für Risikoanalyse · · · · · · · · · · ·164

Kundenbetreuer einer Werbeagentur· · · · · · ·114

Küchenchef · · · · · · · · · · · · · · · · · · · 42

Leiter Softwareschulung · · · · · · · · · · · · · 68

Leiter Technologie-Innovationszentrum · · · · · 76

Leiter Telekommunikationsmarketing· · · · · · ·150

MBA Gesundheitswesen · · · · · · · · · · · · ·141

Maschinenführer· · · · · · · · · · · · · · · · ·144

Personalberater (extern) · · · · · · · · · · · · ·172

Personalberater (intern) · · · · · · · · · · · · · 72

Personalleiter Software · · · · · · · · · · · · · ·206

Personalleiter Verkehrswesen · · · · · · · · · ·116

Pharmavertriebsleiter· · · · · · · · · · · · · · · 84

Produktionsmanager Tiefkühlkost · · · · · · · ·138

Programmierer · · · · · · · · · · · · · · · · · ·108

Rechtsanwalt · · · · · · · · · · · · · · · · · ·148

Softwareentwickler· · · · · · · · · · · · · · · ·108

Strategische Führungskraft Unternehmens-

   beratung · · · · · · · · · · · · · · · · · ·166

Unternehmer im Sozialwesen · · · · · · · · · · 46

Webmanager Telekommunikations-

   unternehmen · · · · · · · · · · · · · · · ·204

Inhalt

Teil I Eine übergeordnete Theorie der Arbeit

Neue Führungs- und bessere Arbeitsmethoden

Kapitel 1 Vom *Ich* zum *Wir* · · · · · · · · ·4

Teil II Business Models

Erlernen Sie die Anwendung eines wirkungsvollen Tools für die Beschreibung und Analyse von Enterprise Business Models, Team Business Models und Personal Business Models.

Kapitel 2 Organisationen modellieren· · · · · 24
Kapitel 3 Teams modellieren· · · · · · · · · 60
Kapitel 4 Personal Business Models gestalten · · 98

Teil III Teamwork

Stärken Sie das Teamwork mit neuen Tools, die das Business-Model-Denken ergänzen.

Kapitel 5 Beginnen Sie mit dem *Ich* · · · · · 126
Kapitel 6 Das *Ich* mit dem *Wir* koordinieren · · ·158
Kapitel 7 *Wir* und *Wir* miteinander koordinieren· ·180

Teil IV Anwendungsleitfaden

Finden Sie heraus, wie andere es gemacht haben und wie Sie es für sich selbst, Ihr Team und Ihre Organisation umsetzen können.

Kapitel 8 Anwendungsleitfaden· · · · · · · 200
Kapitel 9 Neue Arbeitsweisen · · · · · · · · 226

Besondere Mitwirkende · · · · · · · · · · · 244
Praktische Inspiration aus einer weltweiten Community · · 246
Biografien der Urheber · · · · · · · · · · · 248
Anmerkungen· · · · · · · · · · · · · · · 250
Hilfreiche Bücher und Artikel· · · · · · · · · 252
Register · · · · · · · · · · · · · · · · · 254

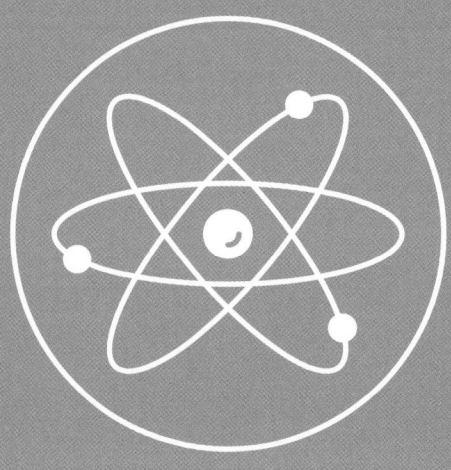

Teil I

Eine übergeordnete Theorie der Arbeit

Neue Führungs- und bessere Arbeitsmethoden

Kapitel 1

Vom *Ich* zum *Wir*

Der Trainer

»Mir ist aufgefallen, dass Sie nicht genügend Spieler haben. Kann ich in Ihr Team aufgenommen werden?«

Er blickte hoffnungsvoll drein. Und in seinem internationalen Fußballtrikot sah er auch sachkundig aus, was wir anderen nicht von uns behaupten konnten. Unser bunt zusammengewürfeltes Studententeam zog allwöchentlich auf das Spielfeld hinaus, um in der kalifornischen San Jose Industrial Soccer League mitzuspielen, ursprünglich um an den ausgezeichneten anschließenden Partys teilnehmen zu können. Wir lagen auf dem letzten Platz.

»Warum nicht?«, entgegnete unser Kapitän. »Wir können jede Hilfe brauchen, die wir kriegen können.«

»Das kann man wohl sagen!«, sagte der Gast. Alle lachten.

Der Gast stellte sich als Ramy vor. Er war in Ägypten jahrelang Trainer gewesen, ehe er in die Vereinigten Staaten gekommen war, um zu studieren. Sein Auftauchen erfolgte genau zum richtigen Zeitpunkt: Wir waren es allmählich leid, schlecht zu spielen, Zeit und Energie in den Fußball zu investieren, ohne dass dabei große Verbesserungen zu erkennen gewesen wären. Ramy machte bei uns mit und willigte ein, uns als Trainer zur Verfügung zu stehen.

Die Dinge veränderten sich. Ramy begann, das Beste aus jedem Einzelnen herauszuholen, indem er uns etwas lehrte, das er als »übergeordnete Theorie des Spiels« bezeichnete. Nach und nach entwickelten wir uns zu einem richtigen Team. Die Unterschiede zwischen unserem alten und unserem neuen Spielstil waren eindrucksvoll:

- Die meisten von uns *jagten einfach dem Ball hinterher*. Ramy brachte uns bei, uns gegenseitig im Auge zu behalten und *uns aufeinander einzuspielen*.

- Ramy lehrte uns, die *besten Spielmacher* werden zu wollen statt der *besten Spieler*.

- Wir hatten uns übermäßig auf das *Positionsspiel* konzentriert. Ramy brachte uns dazu zu erkennen, *was auf dem gesamten Feld passierte*.

- Wir hatten hauptsächlich gespielt, *um etwas miteinander zu unternehmen*. Ramy vermittelte uns einen höheren Zweck: *unsere Fähigkeiten zu verbessern und zu einem Gewinnerteam zu werden*.

Eine Saison nachdem unser neuer Trainer zu uns gestoßen war, erreichten wir in unserer Liga den zweiten Platz. Partner und Freunde wurden zu begeisterten Unterstützern. Und wir freuten uns immer noch auf die anschließenden Partys, besonders weil wir dabei jetzt unsere Siege feiern konnten.[1]

Vom *Ich* zum *Wir*

Ramy gelang es, uns von einer Amateurfußballergruppe in ein echtes Team zu verwandeln. Wie? Indem er sich auf vier Dinge bezog, die Menschen motivieren:

Zielsetzung

Menschen wollen Teil von etwas sein, das größer ist als sie selbst. Ramy vermittelte uns ein übergeordnetes Ziel: zu einem Siegerteam zu werden.

Selbstbestimmung

Menschen wollen ihr eigenes Leben bestimmen. Ramy zeigte seinen Teamkameraden, wie man etwas bewirkt.

Beziehung

Menschen wollen eine gegenseitige Verbindung spüren. Ramy lehrte seine Teamkameraden, wie man zusammenarbeitet und das Spiel macht.

Kompetenz

Menschen wollen immer besser und besser werden. Ramy zeigte seinen Teamkameraden, wie sie ihre Fähigkeiten ausbauen konnten.[2]

Auch wenn Ramy Fußballspielen unterrichtete, hätte er doch genauso gut eine Aufgabe angehen können, die sich vielen Organisationen stellt: Menschen darin zu trainieren, sich weniger auf das *Ich* und stärker auf das *Wir* zu konzentrieren. Kurz gesagt, bessere Teams zu schaffen.

Jeder Vorgesetzte will besseres Teamwork. Aber alle Teams sind bis zu einem gewissen Grad konflikthaft und dysfunktional. Der Teamwork-Berater Patrick Lencioni sagt, das liege schlicht daran, dass Teams »aus unvollkommenen menschlichen Wesen bestehen«, die in ein konstantes internes Tauziehen verwickelt seien.[3]

Bei der Arbeit mühen wir uns, persönliche Bedürfnisse (*Was springt für mich dabei heraus?*) mit Teamzielen in Übereinstimmung zu bringen (*Was ist das Beste für die Gruppe?*). Auch persönliche Karriereentscheidungen erscheinen oftmals wie die Wahl zwischen dem Überleben und der Suche nach einer sinnvollen Arbeit. Dieses Spannungsverhältnis zwischen *Ich* und *Wir* ist biologisch bedingt, dauerhaft und unauflösbar, sagt der mit dem Pulitzer-Preis ausgezeichnete Harvard-Biologe Edward O. Wilson:

> *Sind wir dazu geschaffen, unser Leben einer Gruppe unterzuordnen? Oder uns selbst und unsere Familien allem anderen voranzustellen? Wissenschaftliche Beweise ... deuten darauf hin, dass beides gleichzeitig zutrifft ... Die Ergebnisse zweier widersprüchlicher Stoßrichtungen ... sind in unseren Emotionen und unserem Verstand verankert und können nicht ausgelöscht werden.*[4]

Kein Wunder, dass das Führen eines Teams eine derartige Herausforderung darstellt; es erfordert ein unermüdliches Hin und Her zwischen persönlichen Bedürfnissen und Gruppenzielen.

Führungskräfte müssen gleichermaßen das selbstbezogene *Ich* als auch das gruppenbezogene *Wir* berücksichtigen. Doch der *Ich-Wir*-Konflikt ist unlösbar, daher lässt er sich nicht ausschalten. Stattdessen nutzt ein guter Teambuilder diese Spannung zum allseitigen Vorteil. Ziel ist es, die Leute zu einem *Wir*-Verhalten zu bringen, indem das *Ich* jedes Einzelnen geschickt anerkannt wird. *Business Models für Teams* zeigt Ihnen, wie das geht – und wie Sie genau wie Ramy zu einem herausragenden Trainer für *Ihre* Organisation werden können.

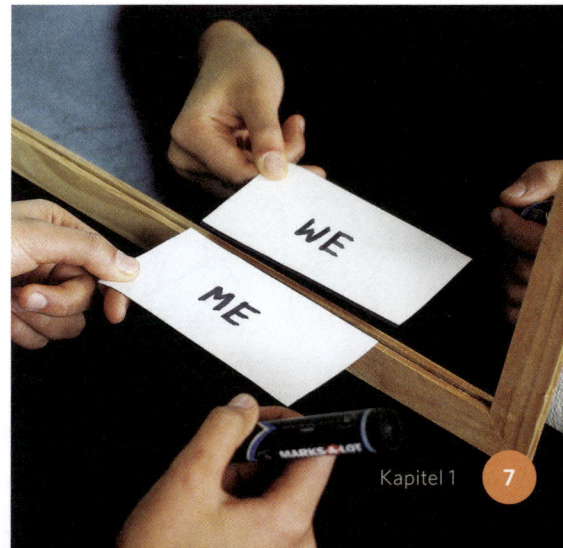

Wie funktioniert der *Ich*-zu-*Wir*-Ansatz?

Der *Ich*-zu-*Wir*-Ansatz erfolgt durch die Einführung einer übergeordneten Theorie der Arbeit. Genau wie Ramy seine Teamkollegen von den »Positionen« weglenkte, definiert diese übergeordnete Theorie Arbeit nicht im Hinblick auf *Stellen*, sondern im Hinblick auf *Rollen*.

Stellenbeschreibungen legen Pflichten, Aufgaben und erwartete Ergebnisse fest. Im Gegensatz dazu konzentrieren sich Rollenbeschreibungen auf andere Menschen, so wie Ramy ungeschickten Fußballern beibrachte zusammenzuspielen, statt lediglich dem Ball hinterherzujagen. Zum Beispiel könnte Kevin in einem Projektteam die Rolle des Kommunikationsleiters zugeteilt werden. »Kommunikationsleiter« ist keine Stellenbezeichnung, sondern eine Rolle, die Kevin spielen wird, indem er der restlichen Organisation die Tätigkeiten seines Teams kommuniziert.

Die Business Model Canvas

Die übergeordnete Theorie der Arbeit betrachtet die Arbeit auch nicht im Hinblick auf die *Organisationsstruktur*, sondern im Hinblick auf *Geschäftsmodelle*. Organigramme beschreiben die hierarchischen Beziehungen innerhalb einer Firma. Aber sie verraten uns nur wenig darüber, wie eine Organisation als System funktioniert.

Geschäftsmodelle dagegen beschreiben, was ein Organisationssystem eigentlich für wen macht und in welchem Verhältnis seine Elemente zueinander stehen. Ein Geschäftsmodell zeigt ein System, das »gleichzeitig passiert« – so wie Ramy den Spielern beibrachte, das gesamte Spiel sich auf dem Fußballfeld entfalten zu sehen. Vom nächsten Kapitel an werden Sie lernen, die Business Model Canvas zu verwenden, ein nützliches Tool für die Darstellung und das Verständnis von Geschäftsmodellen.

Die Business Model Canvas kann genutzt werden, um die »Systemansicht« einer Organisation auf drei Ebenen zu erzeugen: Unternehmen, Team und Individuum. Ein *Enterprise Business Model* stellt dar, wie eine komplette Organisation Wertangebote schöpft und an Kunden außerhalb der Organisation liefert. Ein *Team Business Model* zeigt, wie eine Gruppe Wertangebote schöpft und liefert, häufig an »Kunden« innerhalb der Organisation. Ein *Personal Business Model* bildet ab, wie ein Individuum Wertangebote schöpft und liefert.

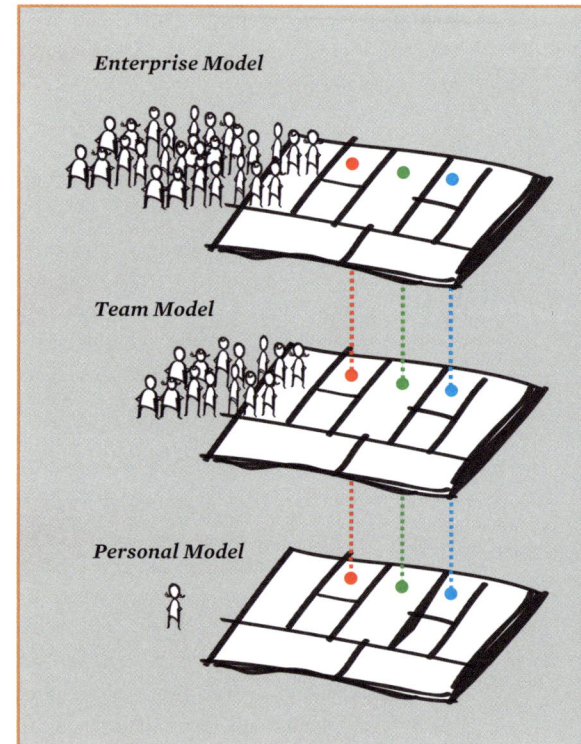

Enterprise Model

Team Model

Personal Model

Wer sollte dieses Buch lesen und warum?

Stellen sich drei übereinandergestapelte Ebenen vor, ganz oben liegt das Unternehmensmodell. Eine solche Betrachtung einer Organisation deckt die wechselseitigen Beziehungen der Arbeitsplätze auf und schafft einen Sinn für Verbundenheit für diejenigen, die sich die Arbeit vielleicht eher im Sinne vorgeschriebener »Stellen« vorstellen, welche nur selten über Gruppen- oder funktionelle Grenzen hinausgehen. An diesem Punkt beginnen die Leute zu begreifen, wie eine Organisation tatsächlich funktioniert – und wie sie sich darin einfügen.

Business Models für Teams ist für jeden geeignet, der andere Menschen führt und, wie Ramy, sein Team stärken will und im Spiel bleiben möchte! Die beschriebenen Methoden können in den meisten Organisationen angewendet werden, ob Non-Profit oder nicht.

Gutes Teamwork bedeutet mehr als Kooperation und Kommunikation. Es bedeutet, dass die Leute sowohl selbstorganisiert als auch mit wichtigen Dingen befasst sind und nicht nur einfach beschäftigt gehalten werden. Ein zentrales Ziel des Buchs besteht also darin, Ihnen spezielle Methoden beizubringen, wie Sie Ihren Leuten zu mehr Selbstorganisation verhelfen können, und Sie darin zu unterstützen, wie Warren Buffett es so schön formulierte, »mehr zu führen und weniger zu verwalten«.

Führungsgrundlagen
Von den hier beschriebenen Methoden und Techniken können Sie unabhängig von Ihrem Hintergrund und Ihren Erfahrungen profitieren. Aber grundlegende Management- oder Führungsfähigkeiten sind wichtig, wenn Sie das Buch nutzen wollen, um andere auszubilden oder zu schulen.

In *Business Models für Teams* geht es nicht um Führungsgrundlagen, und es wird darin kein besonderer Führungsstil empfohlen. Aber wenn Sie es für erforderlich halten, sich die Grundbegriffe noch mal zu vergegenwärtigen, ist das situative Führen, das von Paul Hersey und Ken Blanchard vorgestellt wurde, ein beständiges Modell, das Generationen von Abteilungsleitern und Vorgesetzten gute Dienste geleistet hat.[5]

Situatives Führen besagt, dass Führungskräfte sich nicht auf eine einzelne Verhaltensweise oder eine einzige Perspektive beschränken können, durch die sie Menschen und ihre Bedürfnisse betrachten. Vielmehr müssen sie ihren Führungsstil anpassen, um verschiedenen Menschen und verschiedenen Situationen gerecht zu werden. Eine populäre Adaption des situativen Führungsmodells wird in dem Bestseller *Der Minuten-Manager* vorgestellt.[6]

Die meisten Menschen entwickeln sich als Führungskraft am besten weiter, wenn sie ihre grundlegenden Managementfähigkeiten verbessern: Dinge wie Vertrauensbildung, das Erteilen von Feedback sowie das Aussprechen von Anerkennung und Wertschätzung. In der Bibliografie auf Seite 252 finden Sie ein paar Lektürevorschläge zu Führung und verwandten Themenbereichen.[7]

»Zufälliges« Führen und drei Denkweisen

Viele Menschen geraten »zufällig« in eine Führungsposition. Das heißt, sie werden hauptsächlich aufgrund guter technischer oder funktionaler Kompetenz dorthin befördert, jedoch nicht unbedingt, weil sie große Managementfähigkeiten oder Führungsqualitäten bewiesen haben. Infolgedessen müssen viele neue Führungskräfte buchstäblich lernen, anders zu denken.

Das hat folgenden Grund: Wenn jemand am Anfang seiner Berufslaufbahn steht, »testet er seine Ausbildung« – er sucht nach einer Richtung und verlässt sich darauf, dass andere ihm neue oder bessere Arbeitsweisen beibringen. Dieses Karrierestadium ist durch **abhängiges** Denken gekennzeichnet.

Sobald er sich spezialisiert und einen kompetenten Ruf erworben hat, wird er eher seiner eigenen Erfahrung vertrauen und eigenständiger werden. Dieses Karrierestadium ist durch **unabhängiges** Denken gekennzeichnet.

Aber wenn jemand andere zu führen beginnt, muss er über Systeme und über Beziehungen nachden-

ken: Beziehungen zwischen Personen und zwischen Personengruppen. Das erfordert ein **ineinandergreifendes** Systemdenken. Die praktischste, am leichtesten verständliche Methode, Systeme und Wechselbeziehungen zu begreifen, ist ihre grafische Darstellung anhand von Business Models.[8]

Es wird Ihnen als Führungskraft enorm helfen, wenn Sie geschickt mit Business Models arbeiten können. Es hilft Ihnen auch, zwischen den drei Denkweisen zu differenzieren (abhängig, unabhängig und ineinandergreifend/systemisch), stärkt Ihre Fähigkeit, diese drei Denkweisen bei anderen zu erkennen, und lässt Mitarbeiter die richtige Denkweise erlernen und einüben.

Warum *Business Models für Teams?*

Business Models werden für gewöhnlich eingesetzt, um *externen* Kunden bessere Angebote zur Verfügung stellen zu können. Das ist *Strategie*: die Logik des Schaffens und Vermittelns von Marktvorteilen. In den meisten Organisationen arbeitet nur die oberste Führungsebene an Strategien.

Anstelle von Strategien konzentrieren wir uns beim Einsatz von Business Models auf bessere Leistungsangebote für *interne* Kunden. Das ist der *operative Betrieb.* Dort arbeiten die meisten Menschen.

Business Model Generation definierte eine neue Methode, um die Organisationsstrategie zu beschreiben. *Business Model You* wandte diese Methode auf Individuen an. Jetzt zeigt *Business Models für Teams* Strategie und operative Abläufe zusammen – damit die Leute verstehen, was sie bei ihrer täglichen Arbeit tun.

Wenn Worte nicht genug sind – oder zu viel

Frisch beförderte Führungskräfte, die Führungsratgeber lesen oder Führungsschulungen durchlaufen, eignen sich oft ein nagelneues Vokabular an, in dem kompetentes Führen beschrieben wird. Trotzdem kann es ihnen noch an der Fähigkeit fehlen, Führungsstärke zu beweisen oder sie in anderen weiterzuentwickeln. Stattdessen machen sie Führungsansagen, die unter zwei irrtümlichen Voraussetzungen entstehen:

1. Jeder versteht meine Äußerungen so, wie ich sie verstehe und meine.

2. Jeder wird jetzt auf Grundlage des von mir Gesagten das Richtige tun.

Natürlich ist an Worten nichts Verkehrtes. Aber Worte alleine können die Aufgabe, ein komplexes, multidimensionales System wie eine Organisation zu erklären oder zu begreifen, nicht bewältigen. Um ein System zu verstehen, brauchen Führungskräfte sicht- und greifbare Werkzeuge (Drittobjekte[9]), die es ihnen ermöglichen, ein komplettes System gleichzeitig zu betrachten. Drittobjekte wie Canvases, Lego®-Steine, Haftnotizen, Flipcharts und Zeichnungen symbolisieren oder modellieren auf effiziente Weise Beziehungen, die für Worte zu komplex sind.

Drittobjekte leiten ihre Anwender sanft von der abstrakten Welt der Diskussion hin zur konkreten Welt der Konstruktion.[10] Aktives Konstruieren enthüllt verborgene Kenntnisse, gibt den weniger Wortgewandten eine Stimme und macht es für alle leichter, ihre Gedanken zu artikulieren und den Kollegen mitzuteilen. Drittobjekte reduzieren auch Konflikte, indem sie die Menschen auf die zu erledigende Arbeit fokussieren, und reduzieren die Auswirkungen von Selbstdarstellung, Taktik und der vielen Gruppen eigenen Tendenz, die Meinungen der redegewandtesten Sprecher zu übernehmen. Darüber hinaus machen sie Spaß und regen die Leute an, ihr Verhalten zu verändern.

Erfahrene *Ich*-zu-*Wir*-Praktiker finden Drittobjekte unverzichtbar, daher werden Sie in diesem Buch eine Vielzahl von Beispielen finden. Diese Tools helfen Ihnen, über die Worte hinauszugelangen und Probleme mit der Arbeit von Individuen, Teams und Organisationen auf den Punkt zu bringen.

Eine Organisation, dargestellt mit Lego®-Steinen

Machen Sie Ihre Rolle deutlich

Doch was darauf folgt – Menschen ihren Platz in der Organisation zu finden helfen und sie produktiv werden zu lassen –, erfordert solide Führungsqualitäten. Unerfahrene Führungskräfte werden sich schwertun, dieses entscheidende Ziel zu erreichen. Wenn Sie die Tools in diesem Buch nutzen, um Probleme aufzudecken, sorgen Sie dafür, dass Sie und Ihr Team genügend Belastbarkeit und Engagement besitzen, um damit umzugehen.

Frischgebackene Führungskräfte neigen dazu, sich übermäßig auf die Anpassung ihres Verhaltens an den Job zu konzentrieren, für den sie gerade eingestellt wurden. Doch sie erklären ihre Führungsrolle nur selten denjenigen, die ihnen unterstellt sind. Infolgedessen verstehen nur wenige von ihnen die Rolle des neuen Vorgesetzten. Stattdessen ziehen sie aufgrund einzelner Interaktionen mit der Führungskraft eigene Rückschlüsse. Wenn Sie wollen, dass Ihre Mitarbeiter Sie besser unterstützen (aus ihrer Perspektive: Verantwortung übernehmen), lassen Sie sie nicht rätseln, sondern geben Sie ihnen eine umfassende Beschreibung Ihrer Führungsrolle.

Rollen – besonders Führungsrollen – verändern sich zwangsläufig im Laufe der Zeit. Deshalb ist es von großer Bedeutung, die Rollen der Leute offen und explizit zu überdenken, auch Ihre eigene Führungsrolle. Nicht empfehlenswert ist es, Predigten zu halten, von oben herab mit den Mitarbeitern zu sprechen oder die Stellenbeschreibungen zu überarbeiten. Beschreiben Sie einfach Ihre jeweiligen Rollen. Wenn Sie beispielsweise wollen, dass ein Team bessere gemeinsame Entscheidungen trifft und selbstbestimmter agiert, könnten Sie erläutern, dass Sie Ihre Rolle von einem Probleme lösenden Antwortgeber zu der eines Fragestellers verlagern, der anderen dabei hilft, Probleme auf den Punkt zu bringen.

Die Vorgehensweise: Kurzer Überblick

Im folgenden Kapitel werden Sie spezielle Methoden kennen lernen, um das Teamwork zu verbessern. Diese Methoden können auf vielfältige Weise kombiniert werden; dies ist ein kurzer Überblick über eine typische Vorgehensweise.

1. Die Teilnehmer zeichnen Personal Business Models

Die einzelnen Teammitglieder verwenden die Personal Business Model Canvas, um darzustellen, was sie derzeit bei der Arbeit tun und was sie in Zukunft gerne tun würden. Das veranlasst die Teilnehmer, über die Aktivitäten hinauszudenken und zu erkennen, wem sie bei der Arbeit helfen – der erste Schritt zur Erkenntnis der entscheidenden Wechselwirkungen am Arbeitsplatz, die einer guten Zusammenarbeit zugrunde liegen. Der Vorgang des Entwickelns von »Ist«- und »Soll«-Modellen und das Sprechen über die gewonnenen Einsichten regt die Teilnehmer zu mehr Kommunikation an und lässt sie die Schwachstellen ihrer eigenen Mitwirkungsfähigkeit erkennen. Das sind solide Schritte zu einer besseren Teamarbeit.

2. Die Teilnehmer definieren ihr Teammodell

Dasselbe Canvas-Modell wird als Nächstes verwendet, damit die Teammitglieder gemeinsam die Arbeit gestalten, die sie als Gruppe ausführen. Das ist im Allgemeinen ein Augenöffner; es visualisiert die Zielsetzung des Teams und lässt die Teilnehmer andere Gruppen erkennen, die sie bei der Arbeit unterstützen, wodurch Verbindungen auf Unternehmensebene verständlich werden. So entsteht ein Bewusstsein sowohl für das Team als auch für das Unternehmen als dynamische, von Feedback abhängige Systeme anstelle von statischen »Mechanismen«. Auch hier entwickeln die Teilnehmer durch den Gestaltungsprozess des Modells und die gemeinsamen Erkenntnisse ein stärkeres Situationsbewusstsein – ein großer Schritt zu besserem Teamwork und selbstbestimmtem Handeln.

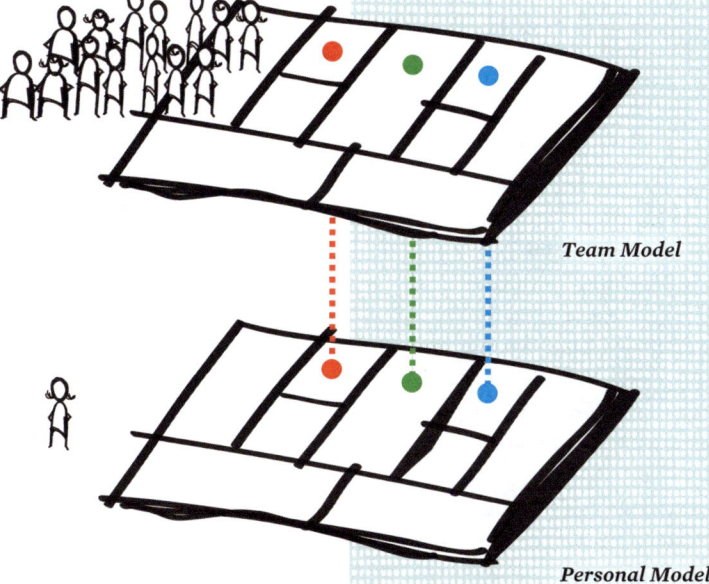

Team Model

Personal Model

3. Die Teilnehmer ergänzen ihr Teammodell durch ihre individuellen Beiträge

Die Teilnehmer »zeichnen« ihre individuellen Beiträge in das Teammodell ein und machen damit deutlich, wo sie im Rahmen der Teamaktivitäten Wert schaffen oder hinzufügen. Das wirft ein deutliches Licht auf Effizienzmängel und Chancen und fördert häufig wichtige Arbeiten zutage, die erledigt werden müssen. Dadurch erhalten die Teilnehmer eine gute Gelegenheit, sich vor ihren Kollegen für neue Aufgaben oder Rollen einzusetzen. Gleichzeitig stärken sowohl die Inhalte als auch der Prozess der Übung die Zusammenarbeit und die Kommunikation.

Menschen, die diesen Prozess erleben, berichten über Durchbrüche im Denken, in der Bewusstwerdung und, was am wichtigsten ist, im Verhalten. Einige davon werden Sie später im Verlauf dieses Buchs kennen lernen und erfahren, wie sie diese Vorgehensweise genutzt haben, um schwierige Probleme zu lösen und reizvolle Gelegenheiten zu verfolgen. Sie werden lernen, wie die Tools angewendet werden und wie Sie den Prozess in Ihrem eigenen Team fördern können.

Bis dahin dürfen Sie darauf vertrauen, dass die Business Model Canvas seit über zehn Jahren sowohl von Profit- als auch von Non-Profit-Organisationen eingehend getestet wurde. Sie wurde über fünf Millionen Mal heruntergeladen und wird weltweit in Zehntausenden von Spitzenunternehmen verwendet.[11]

Das *Warum* für Ihr Team definieren

Viele Organisation nutzen Unternehmensleitbilder oder Absichtserklärungen, um der Welt zu erklären, *was sie warum tun*. Im besten Falle beschreiben diese Statements ein inspirierendes, einprägsames Ziel, das die Organisation und ihre Mitarbeiter leitet. Im schlimmsten Falle stiften sie beim Leser nur Verwirrung.

Die meisten dieser Statements liegen irgendwo zwischen den beiden Extremen. Schauen Sie sich mal den Text rechts an (zum Zeitpunkt des Entstehens dieser Zeilen immer noch von einer jahrhundertealten, milliardenschweren Firma genutzt).

Wir engagieren uns mit Macht für unsere Kunden. Unser Ehrgeiz ist es, all unseren Kunden bedeutsame Vorteile zu bieten. Wir hören ihnen aufmerksam zu und richten unser Handeln an ihren Wünschen aus. Unser Ziel ist die Verbesserung ihrer gesamten Lebensqualität und ein vertrauenswürdiger und verlässlicher Partner für ihr Wohlergehen zu sein.

Dieses Statement ist gut gemeint, aber ergründlich vage. Was tut dieses Unternehmen? Ist es ein Dienstleister oder ein Produkthersteller? Baut es Nahrungsmittel an? Stellt es Bowlingkugeln her? Bietet es Rentenplanung an? Wer sind seine Kunden? Warum gibt es dieses Unternehmen?

Vielen Organisationen gelingt es nicht, in einfacher, klarer Sprache ihr *Warum* mitzuteilen. Das Unternehmen in diesem Beispiel tut seit über hundert Jahren wunderbare Dinge für die Menschheit. Warum sollte man das nicht in leicht verständlichen Worten kommunizieren, zum Beispiel so:

> *Das Leiden von kranken und
> Verletzten mindern durch
> die Entwicklung wirkungsvoller,
> sicherer Schmerzmittel*

Vielleicht befinden Sie sich nicht in der Position, das *Warum*-Statement einer Organisation neu zu schreiben (obwohl es eine großartige Übung ist, es mal zu versuchen). Aber vermutlich befinden Sie sich in der Position, den Zweck des von Ihnen geführten Teams neu zu formulieren – vorzugsweise in Zusammenarbeit mit Ihren Teammitgliedern. Hierzu ein paar Tipps:

1. Kurz und prägnant

Das Beispiel auf der Seite gegenüber ist 51 Wörter lang und leicht zu vergessen. Die überarbeitete Version oben hat 13 Wörter und ist leicht zu merken. *Warum*-Statements sind nur dann von Nutzen, wenn man sich an sie erinnert.

2. Sowohl warum als auch was

Das erste Beispiel sagt nichts darüber aus, was das Unternehmen macht – oder warum. Die überarbeitete Fassung teilt präzise mit, was das Unternehmen tut, und das macht das *Warum* offensichtlich.

3. Den höheren Zweck zum Ausdruck bringen

Dem ersten Beispiel fehlt ein Ziel über »Engagement für die Kunden« hinaus. Im Gegensatz dazu beginnt die überarbeitete Version mit dem höheren Zweck des »Minderns von Leiden«.

4. In der dritten Person schreiben

Das erste Beispiel ist in der ersten Person Plural geschrieben: Jeder Satz beginnt entweder mit »wir« oder mit »unser«. Aber bei einem *Warum*-Statement geht es nicht um Ihr Team – es geht darum, was Ihr Team für andere tut. Schreiben Sie es in der dritten Person (alles statt ich, wir oder Sie).

Fassen wir zusammen: Aussagestarke *Warum*-Statements verzichten auf Fachausdrücke und Doppeldeutigkeit. Sie teilen der Welt präzise mit, was ein Team tut und warum das wichtig ist. Sie drücken einen höheren Zweck aus und dienen eher anderen als sich selbst. *Warum*-Statements sind natürlich nur dann von Bedeutung, wenn Organisationen ihnen treu bleiben.

DER PREIS DER ZIELSETZUNG: 2 MILLIARDEN DOLLAR

Helena Foukes stand vor der wichtigsten Entscheidung ihrer Karriere – und vor der tiefschürfendsten Frage, die sich ihr Arbeitgeber jemals selbst gestellt hatte.

Foukes' Arbeitgeber, der amerikanische Pharma-Gigant CVS, befand sich in einem Dilemma: Konnte er guten Gewissens weiterhin neben Gesundheitsprodukten und Medikamenten auch Zigaretten verkaufen?

Das war keine einfache Entscheidung. Jährlich machte CVS einen Umsatz von 2 Milliarden Dollar mit Tabakprodukten.

Letztlich beschlossen Foukes und ihr Team jedoch, den Zweck von CVS zu bestätigen und alle Tabak- und Rauchwaren aus den Läden zu nehmen.

»Diese Entscheidung wurde sowohl nach innen als auch nach außen hin zu einem echten Symbol«, sagt Foukes. »Wir sind ein Gesundheitsunternehmen.«

Warum CVS das Rauchen aufgibt, *The New York Times,* 12. Juli 2015

Was Sie Montagmorgen mal ausprobieren können

Um Ihnen die Teamentwicklung zu erleichtern, endet jedes Kapitel in diesem Buch mit **Was Sie Montagmorgen mal ausprobieren können**: Übungen, die Sie unmittelbar durchführen können. Die Erste finden Sie auf der gegenüberliegenden Seite.

Entwerfen Sie das Warum-Statement Ihres Teams

Entwerfen Sie hier das *Warum*-Statements Ihres eigenen Teams. Fassen Sie sich kurz – 15 Wörter oder weniger sind eine gute Faustregel. Erinnern Sie sich an die Richtlinien der vorangegangenen Seiten: *1. Kurz und prägnant, 2. Sowohl warum als auch was, 3. Den höheren Zweck zum Ausdruck bringen, 4. In der dritten Person schreiben.*

Alternativübung: Notieren Sie hier das Unternehmensleitbild oder die Absichtserklärung Ihrer Organisation. Wie nimmt es sich im Hinblick auf die Richtlinien aus? Wenn die höchste Führungsebene Ihrer Organisation Sie bäte, ein neues Unternehmensleitbild oder eine Absichtserklärung zu verfassen, was würden Sie schreiben?

Sie kriegen das hin!

Schon auf dem Weg dieses Buchs von der Druckerei in den Buchladen haben sich einige der darin beschriebenen Business Models verändert. Organisationen haben sich verlagert, Teams haben sich gewandelt und Menschen haben in andere Rollen gewechselt – oder in andere Organisationen. Sei es nun auf Unternehmens-, Team- oder persönlicher Ebene, Business Models unterliegen einem ständigen Wandel – und das müssen sie auch.

Deshalb konzentriert sich dieses Buch eher darauf, Ihnen den Prozess der Modellentwicklung nahezubringen, statt Sie zu ermuntern, das »perfekte« Modell für Ihr Team oder Ihre Organisation zu suchen.

Die gute Nachricht ist, dass Ihre wachsende Fähigkeit, mit Business Models Zusammenhänge zu erkennen, zu beschreiben, zu analysieren und zu verändern, Sie zu einer noch besseren Führungskraft macht und größeren persönlichen und gemeinsamen Erfolg hervorbringt.

Die Nutzung von Business Models bedeutet, über die Ziele und die Strategie einer Organisation zu diskutieren. Das kann entmutigend sein, vor allem wenn Sie in einem größeren Unternehmen tätig sind.

Aber keine Angst! Fangen Sie da an, wo Sie stehen. Sie können mit Business Models experimentieren, ohne andere Führungskräfte um ihre Billigung zu bitten oder lange bestehende Prozesse aus den Angeln zu heben. Tatsache ist, dass praktisch jede Führungskraft – ungeachtet der Anzahl von Personen, die sie führt – das Teamwork und die Selbstbestimmtheit bei der Arbeit *jetzt sofort* erheblich verbessern kann. Lesen Sie weiter, um zu erfahren, wie das geht.

Teil II

Business Models

Erlernen Sie die Anwendung eines wirkungsvollen Tools für die Beschreibung und Analyse von Enterprise Business Models, Team Business Models und Personal Business Models.

Kapitel ②

Organisationen modellieren

Ein logischer Kniff entfacht die Revolution

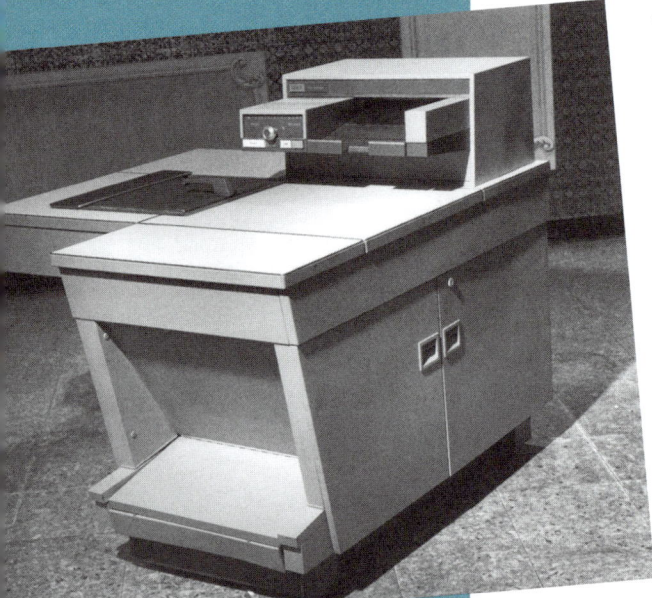

Mit freundlicher Genehmigung der Xerox Corporation

Die Haloid Photographic Company, die vor über hundert Jahren in Rochester, New York, gegründet wurde, ist eine weitgehend vergessene Firma. Aber ein Wendepunkt in der Geschichte von Haloid, eine schlichte Korrektur des Geschäftsmodells, ließ das Unternehmen einen grundlegenden Wandel zu einem weltweiten Technologiegiganten durchlaufen, entfachte eine Revolution der Informationstechnologie und schuf eine Kultmarke, die noch heute überall Anerkennung genießt.

Im Jahr 1958 hatte Haloid einen Flach-bett-Fotokopierer erfunden und war der Meinung, dies könne die Informationsweitergabe in großen und mittleren Unternehmen revolutionieren, die bis dahin auf Kohlepapier oder spezielle Maschinen mit beschichtetem Papier angewiesen waren, um Kopien anzufertigen. Doch das Gerät von Haloid mit der Bezeichnung Modell 914 war teuer, so groß wie eine Tiefkühltruhe und fast 300 Kilo schwer. IBM, einer der potenziellen Herstellungspartner für das Modell 914, beauftragte die angesehene Beratungsfirma Arthur D. Little, das Marktpotenzial für das Gerät zu untersuchen. In ihrem Fazit schrieben die Berater:

»Modell 914 hat keine Zukunft auf dem Markt für Bürokopierer.«[1]

Eine zweite Studie der Beratungsfirma Ernst & Ernst lieferte nur geringfügig weniger pessimistische Ergebnisse. Doch Haloid blieb beharrlich und vertraute darauf, dass die Maschine für vorausschauende Kunden von enormem Wert sein könne.

Bald darauf kam John Glavin, dem Leiter der Produktplanungsabteilung, der Gedanke, das Unternehmen könne den Kopierer auf eine andere Weise anbieten. Anstatt die Kunden zum direkten Kauf des teuren Geräts aufzufordern, ließe sich doch auch ein kostengünstiges Leasing offerieren, ein Zählwerk an der Maschine anbringen und eine Nutzungsgebühr pro Kopie erheben. Das würde die Anfangsinvestition drastisch verringern und den Kunden die Chance geben, auf den Nutzen des Geräts zuzugreifen. Das Management von Haloid beschloss, es auf diese Weise zu versuchen.

Abgesehen von dem Wechsel zum Leasing veränderte sich nichts: Das Gerät blieb genau dasselbe und die Kunden von Haloid ebenfalls. Doch dieser einfache Dreh in der Logik der Nutzenerbringung revolutionierte die Branche. Innerhalb von zwölf Jahren schossen die Umsätze der Firma von 30 Millionen auf

1,2 Milliarden Dollar in die Höhe.[2] Nebenbei gab sich das Unternehmen einen neuen Namen: Xerox.

Der neue Fotokopierer brachte den Unternehmen enorme Vorteile: Sie konnten Informationen damit rasch und zu geringen Kosten vervielfältigen und weitergeben (vergessen Sie nicht, das war vor der Erfindung von PC und Internet).

Die Kunden hießen das großartige Gerät willkommen und machten Milliarden von Kopien, was Milliarden von Dollar Umsatz bedeutete. Das neue Geschäftsmodell, nach dem Xerox die Fotokopiergeräte zu geringen Kosten vermietete und den Kunden nur die tatsächlich pro Monat angefertigten Kopien berechnete, funktionierte jahrzehntelang hervorragend.

Ein Auslaufmodell

Doch Schwierigkeiten taten sich auf. Japanische Hersteller brachten kleinere, konkurrenzstarke Kopierer auf den Markt. Anfang der 1990er Jahre wurde der Internetzugang kommerziell verfügbar, und im Jahr 1993 machte Adobe Systems seine PDF-Datenformate für jedermann kostenlos zugänglich. Nach und nach ersetzten digitale Akten und das Internet das Papier als bevorzugte Methode zur Vervielfältigung und Verbreitung von Informationen. Das traditionelle Kopierer-Leasing-System von Xerox begann Alterungserscheinungen zu zeigen.

Derweil ließ sich Xerox aggressiv auf die digitale Revolution ein und erfand oder entwickelte Transformationstechnologien wie den PC, den Laserdrucker, die Computermaus, die grafische Bedienoberfläche und das Ethernet.[3] Dennoch war das Unternehmen nicht in der Lage, diese wichtigen Technologien zu kommerzialisieren. Stattdessen wurden sie von anderen Firmen ausgenutzt – vor allem von Apple Computer –, die ganz andere Geschäftsmodelle verwendeten als die Kopierer-Leasing-Logik von Xerox.

In den folgenden Jahren wurde Xerox von Wellen des technischen, sozialen und wirtschaftlichen Wandels hin und her geworfen. Das papierlose Büro, die »grüne« Revolution und die notwendigen Kosteneinsparungen in wirtschaftlich härteren Zeiten untergruben das wichtige Standbein des Fotokopierer-Geschäftsmodells.[4] Obgleich Xerox ein internationaler Technologiegigant bleibt, beträgt sein Marktwert zum gegenwärtigen Zeitpunkt weniger als ein Fünfzigstel dessen von Apple Computer, einem entscheidenden Nutznießer der Xerox-Innovationen.[5]

Die außergewöhnliche Geschichte von Xerox enthält zwei Lektionen. Erstens kann ein Unternehmen sich durch eine Änderung seines Geschäftsmodells im wahrsten Sinne des Wortes verwandeln. Zweitens laufen selbst brillante Geschäftsmodelle irgendwann aus. In immer mehr Branchen sinkt die Lebensdauer von Geschäftsmodellen, weil sich der technologische, wirtschaftliche und soziale Wandel beschleunigt – und der Wettbewerb stärker wird.

In all diesen Turbulenzen ist die Fähigkeit, Geschäftsmodelle zu gestalten, unerlässlich, sowohl für etablierte als auch für angehende Führungskräfte. Hier tritt die Business Model Canvas auf den Plan: ein außerordentlich nützliches Tool, das die Logik darstellt, nach der Unternehmen Wert schöpfen und dem Kunden vermitteln und nach der sie dafür honoriert werden.

Geschäftsmodelle sind wichtig für Organisationen. Aber wie kann man sie beschreiben? Wie kann man sie auf brauchbare Weise zum Ausdruck bringen?

Die Business Model Canvas ist ein nützliches Tool für genau diese Zwecke.

Die Canvas ist ein einzelnes Blatt Papier, auf das neun verschiedene Rechtecke gedruckt sind.

Stellen Sie sich die Canvas als ein Beziehungsdiagramm vor, das neun logisch miteinander verknüpfte Elemente darstellt: Elemente, die für die meisten Unternehmen zur Normalität gehören. Jedes Rechteck wird als Baustein bezeichnet. Jeder Baustein beschreibt Personen, Orte, Dinge, Güter oder Handlungen, die notwendig sind, damit das Unternehmen effektiv arbeiten kann.

Alle diese neun Bausteine als ein zusammenhängendes Ganzes zu betrachten, hilft den Leuten, 1) den Unternehmenszweck zu begreifen und 2) wichtige organisationsbezogene Wechselwirkungen zu erkennen, die ihnen sonst möglicherweise nicht deutlich würden.

Zusammengenommen beschreiben die neun Bausteine ein Business Model: die Logik, aufgrund deren ein Unternehmen Wert schöpft und den Kunden vermittelt – und dafür honoriert wird.[6]

Die Business Model Canvas

Schlüsselpartner
Personen oder Organisationen, die Schlüsselaktivitäten durchführen, um dem Unternehmen Schlüsselressourcen bereitzustellen.

Schlüsselaktivitäten
Handlungen, die notwendig sind, um Wertangebote zu schaffen und den Kunden zu kommunizieren, zu verkaufen oder zu vermitteln.

Wertangebote
Vorteile (Lösungen oder Annehmlichkeiten), die mithilfe von Dienstleistungen oder Produkten vermittelt werden.

Kundenbeziehungen
Auf den Kaufvorgang folgende Kommunikation, um die Kundenzufriedenheit zu gewährleisten und zusätzliche Vorteile zu bieten.

Kundensegmente
Eine oder mehrere unterschiedliche Gruppen, die von den Wertangeboten profitieren, ob mit oder ohne Kaufvorgang.

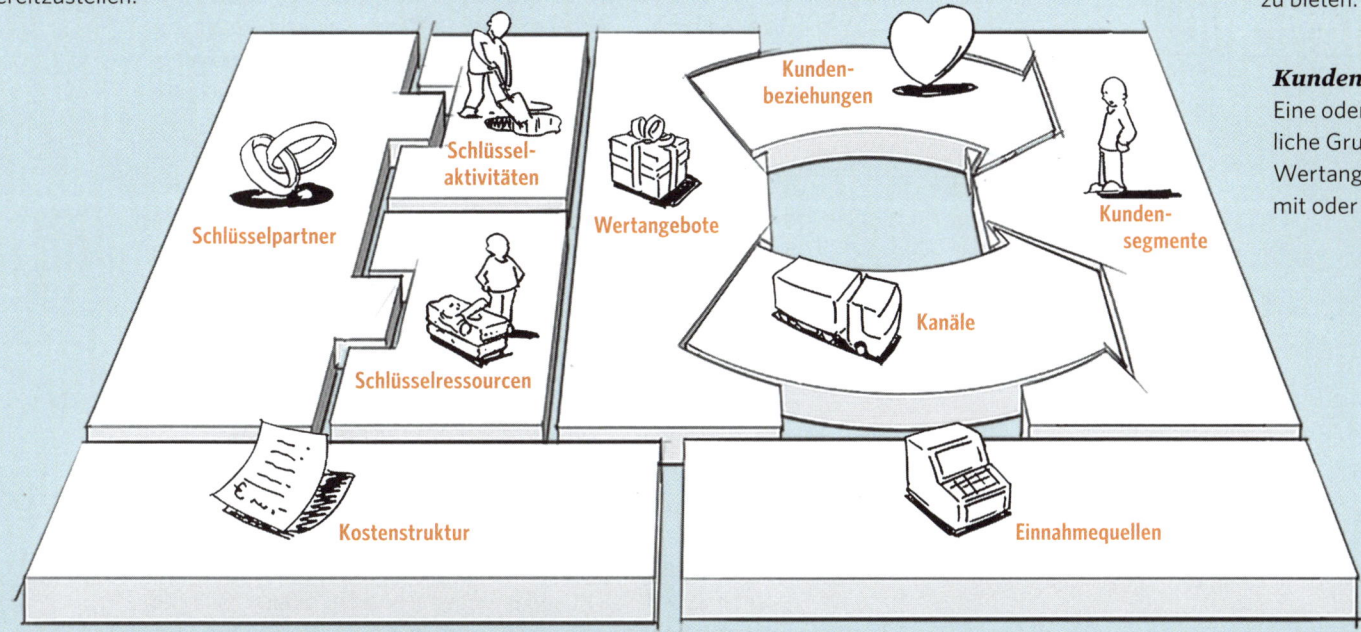

Kostenstruktur
Ausgaben im Zusammenhang mit dem Erwerb von Schlüsselressourcen, der Durchführung von Schlüsselaktivitäten oder der Arbeit mit Schlüsselpartnern.

Schlüsselressourcen
Personen, Immobilien, finanzielle Mittel oder immaterielle Werte, die für das Schaffen und Vermitteln der Wertangebote an die Kunden unerlässlich sind.

Kanäle
Die Touchpoints oder Markenkontaktpunkte, über die das Unternehmen Wertangebote kommuniziert, verkauft und vermittelt.

Einnahmequellen
Die erhaltenen Geldmittel, wenn Kunden für die Wertangebote bezahlen.

Kundensegmente

Kunden sind der Grund, aus dem Unternehmen existieren. Alle Organisationen – ob gewinnorientiert, gemeinnützig, sozial, behördlich, rechtlich oder medizinisch – dienen einer oder mehreren Kundengruppen. Einige Organisationen verwenden dafür lieber die Bezeichnung *Klienten* oder *Stakeholder*.

Manche Unternehmen dienen sowohl zahlenden als auch nicht zahlenden Kunden. Die meisten Google-Nutzer zum Beispiel bezahlen nichts für die Dienste. Doch ohne Millionen von nicht zahlenden Kunden hätte Google nichts an seine Werbekunden zu verkaufen. Daher können nicht zahlende Kunden unerlässlich für den Erfolg eines Geschäftsmodells sein.

Manchmal verursachen die Kunden einem Unternehmen sogar Kosten. Behörden und Krankenhäuser zum Beispiel können verpflichtet sein, zahlungsunfähigen Kunden kostspielige Dienste zur Verfügung zu stellen.

Die wichtigsten Fakten über Kunden

- Unterschiedliche Kundengruppen erfordern unterschiedliche Wertangebote und können unterschiedliche Kanäle oder Kundenbeziehungen erfordern.
- Ein Unternehmen kann zahlende, nicht zahlende oder Kosten verursachende Kunden haben.
- Unternehmen verdienen häufig an einer Kundengruppe sehr viel mehr als an einer anderen.
- Externe Kunden sind außerhalb eines Unternehmens angesiedelt. Interne Kunden sitzen innerhalb derselben Organisation.

Wertangebote

Stellen Sie sich Wertangebote als Bündel von Dienstleistungen oder Produkten vor, die für die Kunden Vorteile (Wert) schaffen. Die Fähigkeit, mehr Wert zu liefern, ist der Hauptgrund, warum Kunden ein bestimmtes Unternehmen gegenüber einem anderen bevorzugen.

Wertangebote können verschiedene Arten von Vorteilen bieten:

Funktional
Funktionale Vorteile bedeuten, dass das Wertangebot eine bestimmte Aufgabe erfüllt. Zum Beispiel hilft das Angebot von Zeitarbeitspersonal den Kunden, die hohen Kosten und gesetzlichen Auflagen zu umgehen, die mit der Einstellung von Vollzeitmitarbeitern einhergehen.

Sozial
Soziale Vorteile bedeuten, dass das Wertangebot die Wahrnehmung der Kunden durch andere verbessert. Beispielsweise könnte ein Autokäufer sich für einen Mercedes-Benz entscheiden, um Erfolg und guten Geschmack zu signalisieren.

Emotional
Emotionale Vorteile bedeuten, dass das Wertangebot den Kunden ein bestimmtes Gefühl vermittelt. Zum Beispiel werden Kosmetikartikel oder Kleidung gekauft, um sich attraktiver, jünger oder begehrenswerter zu fühlen.

Kanäle und Kundenbeziehungen

Gemeinsam bilden Kanäle und Kundenbeziehungen den fünf-stufigen Marketingprozess, durch den ein Unternehmen seine Wertangebote kommuniziert, verkauft und vermittelt und dann nachfasst, um die Zufriedenheit der Kunden sicherzustellen und um zusätzliche Vorteile anzubieten.

Stellen Sie sich die Kanäle als Touchpoints oder Pfade vor, über die das Unternehmen 1) Aufmerksamkeit erzeugt, 2) eine Beur-teilung auslöst, 3) den Kauf ermöglicht und 4) die Auslieferung vornimmt. Diese vier Schritte locken potenzielle Käufer an und machen sie zu Kunden.

Die Kundenbeziehungen sind das, was geschieht, *nachdem* Inte-ressenten in Kunden verwandelt wurden. In dieser letzten Phase des fünfstufigen Marketingprozesses bietet das Unternehmen eine Nachverkaufsunterstützung an und offeriert den Kunden zusätzliche Vorteile in Form anderer Wertangebote.[7]

Anmerkung: Die meisten Unternehmen verwenden dieselben Touchpoints für neue wie für bestehende Kunden.

Der fünfstufige Marketingprozess

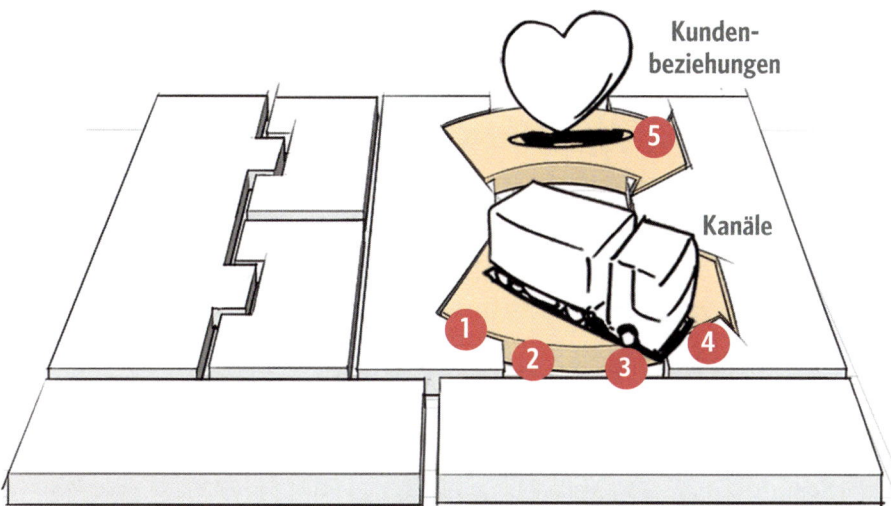

Kunden-beziehungen

Kanäle

5 Nachfassen

Kontaktpunkte
Persönlich, telefonisch, Chat, E-Mail, Telefonkonferenz, Internet, Wiki, Garantie oder Antwort auf Anfrage, Mitgestaltung etc.

Handlungen
Kunden nach ihren Erfahrungen fragen, Probleme lösen, mit Ansprüchen umgehen, Dienstleistungen oder Produkte mitentwickeln, zusätzliche Wertangebote vorstellen

4 Auslieferung

Kontaktpunkte
Vor Ort/außer Haus (Dienstleistung) oder Abholung (Produkt), Paketdienst, digitale Übermittlung, Online-Aktivierung etc.

Handlungen
Dienstleistung persönlich oder außer Haus erbringen, Waren versenden oder weiterleiten, Dateien weiterleiten oder Konto aktivieren etc.

1 Aufmerksamkeit

Kontaktpunkte
Persönlich, online, Beschilderung, Verkaufsschauen, Videos, Direktmailing, Mundpropaganda, Pressekonferenzen, Presse, Fernsehen, Radio etc.

Handlungen
Bilden, informieren, aufmerksam machen, promoten, werben

2 Beurteilung

Kontaktpunkte
Persönliche oder Online-Vorführung, Studie oder Befragung, Musterversand per Post oder digital etc.

Handlungen
Präsentieren, Studie oder Muster anbieten, testen, Referenzen angeben

3 Kauf

Kontaktpunkte
Online, vor Ort, persönlich, Callcenter etc.

Handlungen
Von den Kunden bevorzugte Zahlungsweisen und -bedingungen anbieten: bar, Lastschrift, elektronisch, Banküberweisung etc.

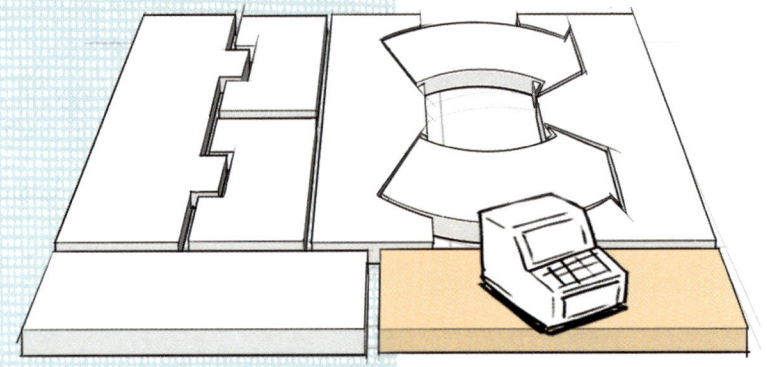

Einnahmequellen

Dies sind finanzielle Mittel, die das Unternehmen erhält, wenn Kunden Dienstleistungen oder Produkte kaufen und zufrieden sind (also keine Rückerstattung fordern). Die Zahlungspräferenzen der Kunden signalisieren den tatsächlichen Wert, für den Kunden zu bezahlen bereit sind.

Erinnern Sie sich an Haloid? Das Geschäft boomte, nachdem das Unternehmen in seinen Einnahmequellen-Baustein die Möglichkeit des Leasings mit aufnahm (monatliche Gebühr plus Kosten pro Kopie). Die Kunden waren nicht bereit, einen hohen Preis zu bezahlen, um das teure Gerät (oder Produkt) zu besitzen, aber sie zahlten bereitwillig kleinere, fortlaufende Gebühren für die Möglichkeit, nach Bedarf Informationen zu vervielfältigen und weiterzuleiten (eine Dienstleistung).

Es gibt viele Formen der Zahlung:

- *Verkauf von Wirtschaftsgütern,*
- *Leasing oder Miete,*
- *Abonnement,*
- *Franchising,*
- *Courtage,*
- *Werbungs- oder Anzeigengebühr,*
- *auktionsbasierte dynamische Preisgestaltung.*

Achten Sie auf die Unterscheidung zwischen Zahlungs*formen* (Leasing vs. Direktverkauf) und Zahlungs*methoden* (Kreditkarte vs. PayPal). Manchmal kann auch die Veränderung der Zahlungsmethode große Auswirkungen auf die Einnahmequellen haben.

Schlüsselressourcen

Wenn Sie die Schlüsselressourcen aufzählen, führen Sie nur diejenigen Wirtschaftsgüter auf, die wirklich unerlässlich sind, um Wertangebote zu schaffen, zu kommunizieren, zu verkaufen und auszuliefern. Lassen Sie Sekundärgüter beiseite, die in den meisten Unternehmen häufig verwendet werden, zum Beispiel Schreibtische oder Computer.

Unternehmen nutzen die folgenden vier Arten von Ressourcen.

Personal
Ausgebildete und unausgebildete Arbeitskräfte, darunter Angestellte, Dienstleister, Zeitarbeiter und Spezialisten

Materielle Güter
Fahrzeuge, Gebäude, Grundstücke, Ausrüstung, Werkzeuge, Lagerbestände

Immaterielle Güter
Marken, Methoden, Systeme, Software, Patente, Urheberrechte, Lizenzen

Finanzen
Bargeld, Rücklagen, Außenstände, Dispokredite, finanzielle Sicherheiten

Schlüsselaktivitäten

Das sind die wichtigen Dinge, die eine Organisation tun muss, damit ihr Geschäftsmodell funktioniert, insbesondere das Schaffen, Kommunizieren, Verkaufen und Vermitteln von Wertangeboten – und dann das Nachfassen, um die Kundenzufriedenheit zu gewährleisten. Es kann hilfreich sein, sich drei Arten von Schlüsselaktivitäten vorzustellen.

Machen
Dazu gehören die Gestaltung, Entwicklung, Herstellung, das Finden einer Problemlösung oder die Auslieferung von Dienstleistungen oder Produkten (Dienstleistungen werden »konsumiert«, indem sie erbracht werden).

Verkaufen
Dazu gehören die Befürwortung, Vorführung, Förderung von oder die Werbung für bestimmte Dienstleistungen oder Produkte (oder für das Unternehmen selbst).

Betreuen
Das umfasst Aktivitäten, die nicht direkt entweder dem Machen oder dem Verkaufen zuzuordnen sind. Beispiele hierfür sind die Überwachung, die Buchhaltung oder die Wartung von Computernetzwerken.

Schlüsselpartner

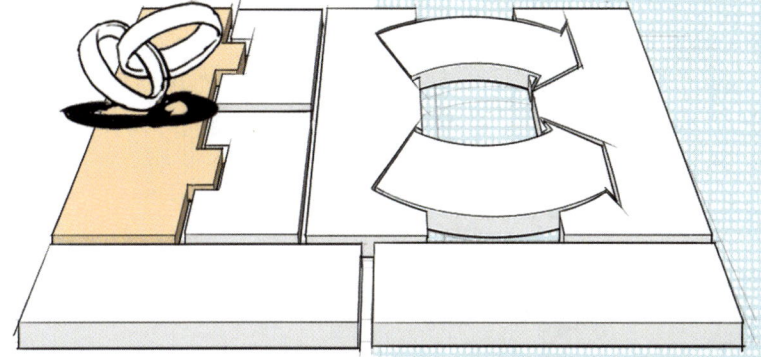

Vielen Unternehmen ist es zu teuer oder zu ineffizient, alle Schlüsselressourcen selbst zu besitzen oder jede Schlüsselaktivität selbst auszuführen. Also suchen sie sich Partner, die Hilfestellungen geben oder Ressourcen zur Verfügung stellen können, die für das Funktionieren des Geschäftsmodells unerlässlich sind.

Anmerkung: Schlüsselpartner können sich von Zulieferern unterscheiden. Zulieferer konkurrieren häufig miteinander, um das Unternehmen als Kunden zu gewinnen, und können leicht ersetzt werden. Schlüsselpartner dagegen sind weder leicht zu finden noch zu ersetzen. Das Unternehmen muss möglicherweise mit anderen um die Akquise eines Schlüsselpartners wetteifern.

Manchmal jedoch *sind* Zulieferer Schlüsselpartner. Ein Beispiel dafür ist die Verbindung zwischen Apple und Foxconn.

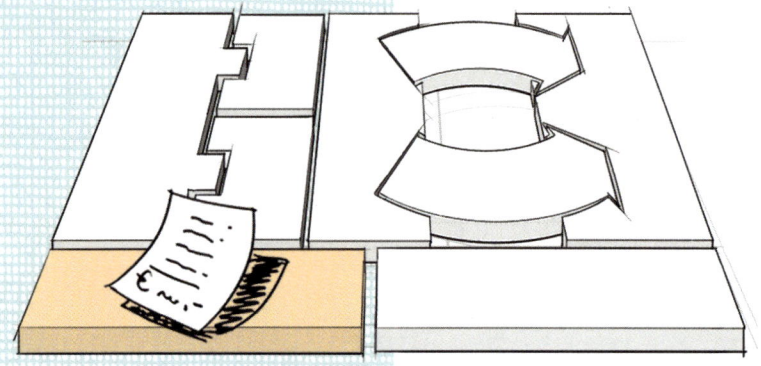

Kostenstruktur

Hier geht es um die Ausgaben im Zusammenhang mit dem Erwerb von Schlüsselressourcen, der Durchführung von Schlüsselaktivitäten oder der Einbeziehung von Schlüsselpartnern. Die laufenden Betriebskosten eines bestimmten Geschäftsmodells können grob berechnet werden, nachdem die Elemente dieser drei Bausteine definiert wurden.[19]

Ein Geschäftsmodell ist nur dann nachhaltig, wenn die Einnahmen durchgängig die Kosten übersteigen (oder zumindest ausgleichen). Ziehen Sie die Kosten von den Einkünften ab, um den Gewinn Ihres Unternehmens zu berechnen.

Zu den Kosten können gehören:

- Fixkosten: Gehälter, Miete
- Variable Kosten: Kosten für Waren oder Dienstleistungen, Zeitarbeiter
- Unbare Aufwendungen: Abschreibungen, Firmenwert, externe Effekte

Gemeinsam beschreiben die neun Bausteine ein Geschäfts-modell, das mithilfe der Business Model Canvas dargestellt werden kann.[9]

Die Business Model Canvas wird von den Machern von *Business Model Generation* **und Strategyzer unter einer Creative-Commons-Lizenz zur Verfügung gestellt.**

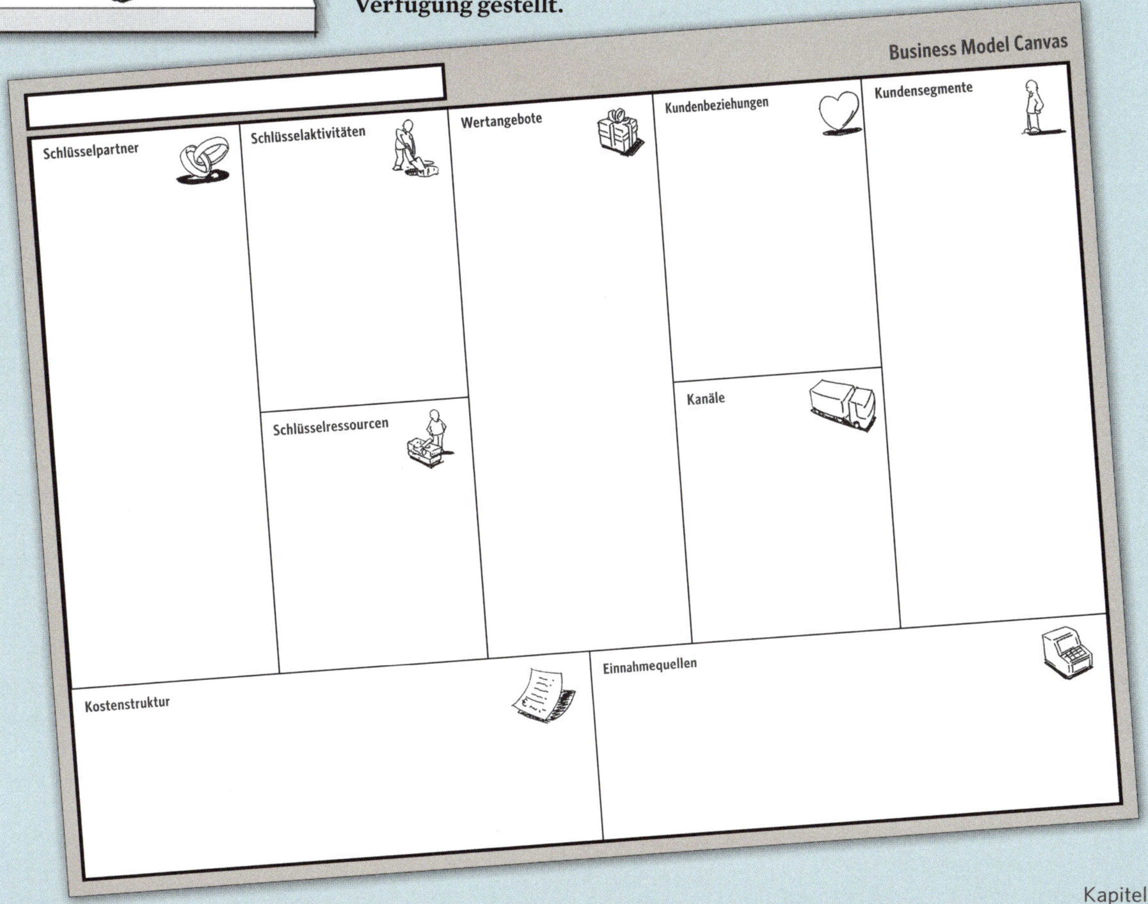

Business Model Canvas

Schlüsselpartner

Schlüsselaktivitäten

Wertangebote

Kundenbeziehungen

Kundensegmente

Schlüsselressourcen

Kanäle

Kostenstruktur

Einnahmequellen

Das Fotokopierer-Geschäftsmodell von Haloid

Die Canvas auf der gegenüberliegenden Seite beschreibt das Geschäftsmodell von Haloid auf sehr abstraktem Niveau. Schauen Sie es sich an und lesen Sie dann die folgenden Bemerkungen.

Kunden

Büros von Konzernen, Behörden, Gesundheitsein-richtungen und anderen großen und mittleren Un-ternehmen bildeten die Kundenbasis.

Wertangebot

Haloid ermöglichte eine einfache, kostengünstige Weitergabe von Informationen. »Wert« bedeutet einen Vorteil für die Kunden, und *Vorteile sind oft immateriell.* In diesem Fall ließ sich der Vorteil am besten erzielen, indem das Produkt vermietet statt direkt verkauft wurde.

Kanäle und Kundenbeziehungen

Vor Ort aufgestellte Kopierer dienten als Über-mittlungsmechanismus des Kanals. Die Kunden-beziehungen wurden von Wartungstechnikern und Vertretern gepflegt, welche die Kunden auf-suchten, um sich ihrer Zufriedenheit zu versichern oder Probleme zu diagnostizieren und zu beheben.

Einkommensquellen

Das Einkommen wurde durch die Leasingraten erzielt sowie durch die Gebühren pro Kopie, Ma-terialnachbestellungen und Wartungskosten. Die Bevorzugung des Leasingmodells zeigte, dass die Kunden mehr Wert auf Service als auf den Besitz des Produkts legten.

Schlüsselressourcen

Zu den Schlüsselressourcen von Haloid gehörten die Patente an der Elektrofotografie (»Xerografie«) und den damit verbundenen Erfindungen, eine herausragende technische Expertise, ein guter Ruf sowie ausgezeichnete Führungskräfte und In-genieure.

Schlüsselaktivitäten

Die Produktion von Kopierern, die Wartung der Geräte und der Verkauf von Leasingverträgen waren die drei wichtigsten Aktivitäten, gefolgt von Forschung und Entwicklung. Beachten Sie, dass Schlüsselaktivitäten zusammengenommen Wert schöpfen, aber *aus Kundenperspektive stellen sie alleine und für sich stehend keinen Wert dar.*

Schlüsselpartner

Einige Patente wurden von Battelle bereitgestellt.

Kostenstruktur

Die Hauptkosten waren Löhne und Gehälter, Pro-duktionskosten, Gebäude- und Gerätekosten so-wie die Finanzierung des Lagerbestands.

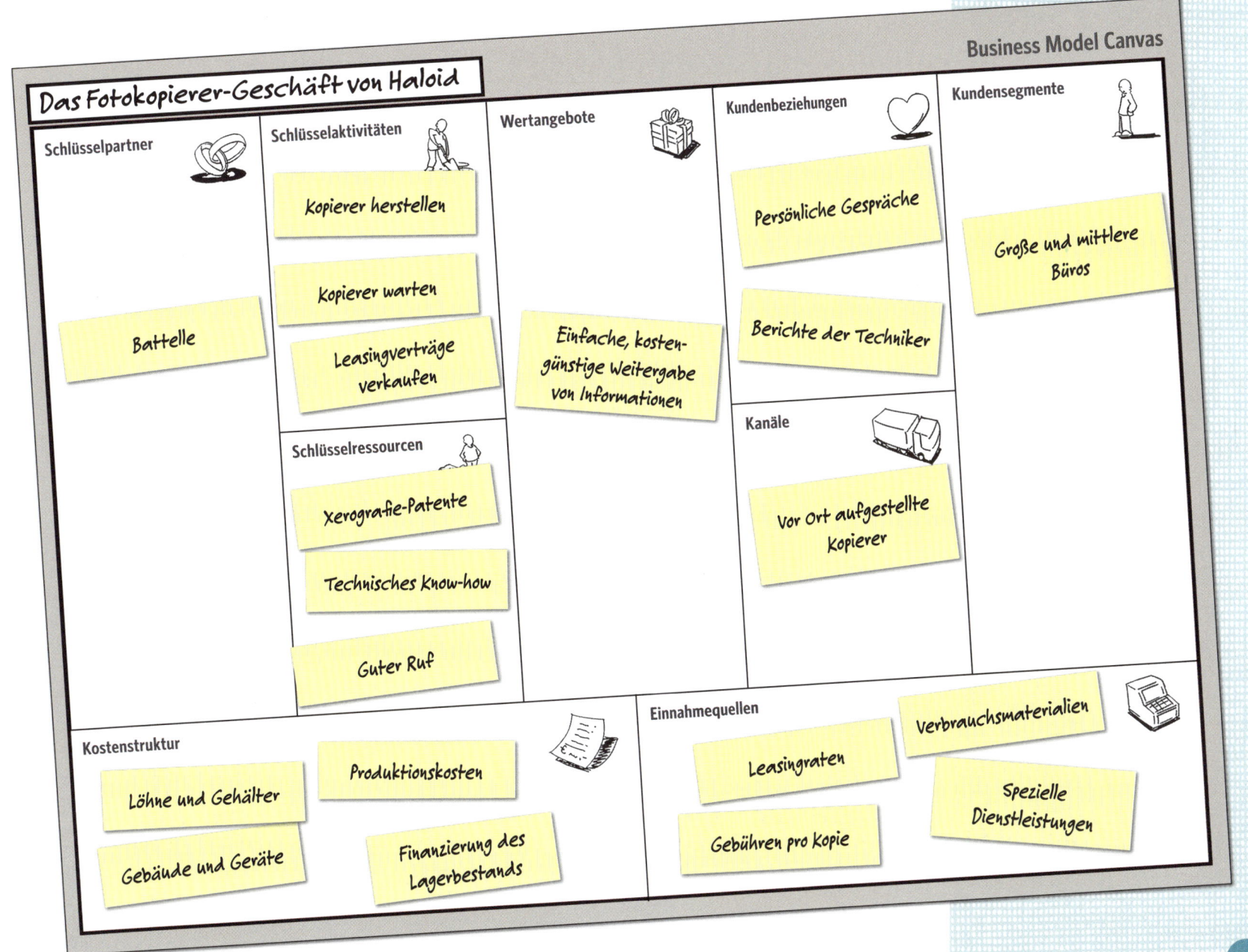

Business Model Canvas

Das Fotokopierer-Geschäft von Haloid

Schlüsselpartner

Battelle

Schlüsselaktivitäten

Kopierer herstellen

Kopierer warten

Leasingverträge verkaufen

Schlüsselressourcen

Xerografie-Patente

Technisches Know-how

Guter Ruf

Wertangebote

Einfache, kostengünstige Weitergabe von Informationen

Kundenbeziehungen

Persönliche Gespräche

Berichte der Techniker

Kanäle

Vor Ort aufgestellte Kopierer

Kundensegmente

Große und mittlere Büros

Kostenstruktur

Löhne und Gehälter

Gebäude und Geräte

Produktionskosten

Finanzierung des Lagerbestands

Einnahmequellen

Leasingraten

Gebühren pro Kopie

Verbrauchsmaterialien

Spezielle Dienstleistungen

Mit Business Models
die Teamarbeit verbessern

Business Models sind entscheidend für die Strategie von Organisationen: Sie können den Unterschied zwischen Scheitern und Erfolg ausmachen. Viele Bücher, Artikel, Videos und Kurse werden angeboten, mit deren Hilfe man mehr über Business Modeling lernen kann (siehe Seite 252–253).

Traditionell konzentrierte sich das Business Modeling auf die Strategie, wie man Kunden den größtmöglichen Nutzen schafft und bietet. Schließlich ist es der Hauptzweck eines Unternehmens, dem Kunden von Nutzen zu sein. Es ist also unerlässlich, dass die Mitarbeiter diesen Zweck begreifen – ebenso wie die hohe Bedeutung der Kunden. Die Kunden bezahlen letztlich sämtliche Rechnungen, auch die Gehälter!

Aber Business Modeling kann Organisationen auch noch auf eine andere, ebenso wichtige Weise helfen: *Es verbessert das interne Teamwork, indem es den Leuten zeigt, warum ihre Arbeit von Bedeutung ist.*

Sehen wir uns zum Beispiel an, wie Steve Browns Restaurant Modello funktioniert. Wie die meisten Restaurants lässt sich Modello in zwei Teile gliedern: den Essbereich (die »Vorderseite«) und den Küchen-/Abwaschbereich (die »Rückseite«). Der Essbereich ist wie die rechte Seite der Canvas: jener Teil, mit dem die Kunden in direkten Kontakt kommen. Der Küchen-/Abwaschbereich ist wie die linke Seite der Canvas: der interne Betrieb, den die Kunden nicht zu sehen bekommen.

Beachten Sie, dass der Großteil der Mitarbeiter von Modello wie bei den meisten Organisationen nicht direkt mit den Gästen zu tun hat (externe Kunden). Sie haben überwiegend mit ihren Kollegen zu tun (interne Kunden).

Die Aufgaben, die jeder Restaurantmitarbeiter erfüllt, sind klar: Der Tellerwäscher reinigt Geschirr und Kochgeräte und füllt sie wieder auf, die Kellner nehmen Bestellungen auf und bringen den Gästen das Essen und so weiter. Für die Mitarbeiter ist es jedoch wichtig zu verstehen, *inwieweit sich ihr Handeln auf die Kunden auswirkt.*

Die Wirkung eines Mitarbeiters auf die Kunden kann mit einer »Teamwork-Tabelle« dargestellt werden, aus der die Rolle, die Aufgaben und die positiven oder negativen Konsequenzen der Aufgabenerfüllung jeder Person abzulesen sind. Die Teamwork-Tabelle zeigt jedem unmissverständlich, *warum es auf seine Arbeit ankommt.*

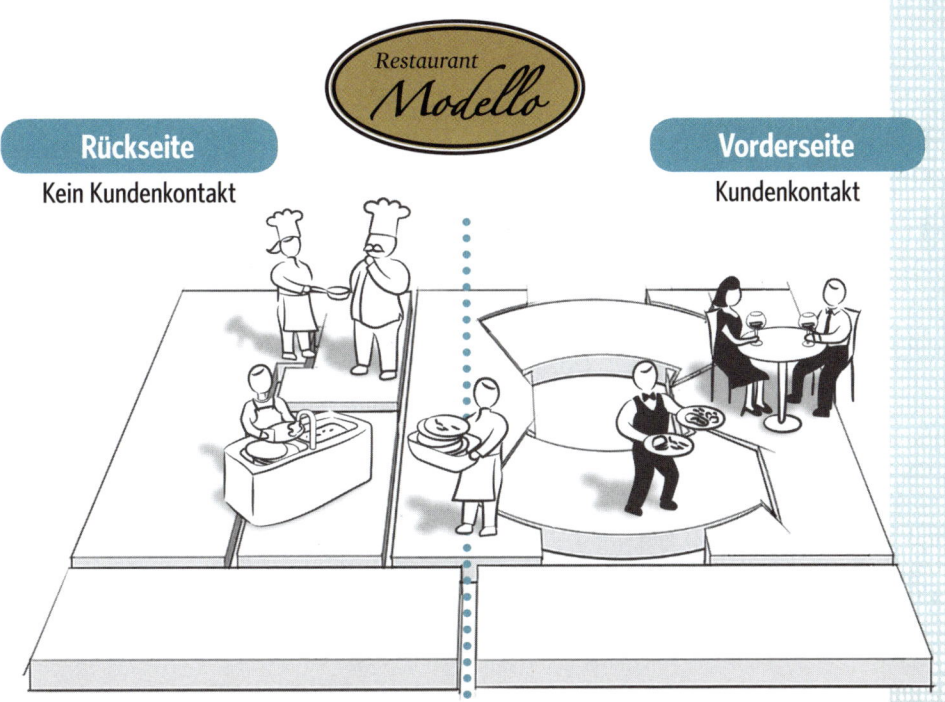

Restaurant Modello

Rückseite
Kein Kundenkontakt

Vorderseite
Kundenkontakt

	Rolle	Aufgabe	Ergebnis der Aufgabenerfüllung	Konsequenz einer nicht erfüllten Aufgabe
Arbeitskräfte mit Kundenkontakt	**Kellner**	Bestellungen korrekt und höflich aufnehmen, Essen servieren, Rechnung bringen, Bezahlung entgegennehmen	Positives Restauranterlebnis, mehr Trinkgeld	Unbefriedigendes Restauranterlebnis, weniger Trinkgeld, negative Bewertungen in sozialen Medien
	Abräumer	Geschirr abräumen, Tische und Stühle reinigen	Gäste legen für ein positives Restauranterlebnis Wert auf saubere Umgebung, mehr Trinkgeld	Unsaubere Umgebung schmälert das Restauranterlebnis, weniger Trinkgeld, negative Bewertungen in sozialen Medien
Arbeitskräfte ohne Kundenkontakt	**Chefkoch**	Ausgezeichnete Gerichte kreieren und ihre korrekte Zubereitung gewährleisten	Gutes Essen, Bequemlichkeit für Gäste, Annehmlichkeit für Gäste	Enttäuschendes Restauranterlebnis, Kundenverlust, weniger Trinkgeld, negative Bewertungen in sozialen Medien
	Köche	Gerichte auf der Speisekarte korrekt und beständig zubereiten	Vorhersehbar positives Restauranterlebnis, mehr Trinkgeld	Unvorhersehbares Restauranterlebnis, Kundenverlust, weniger Trinkgeld, negative Bewertungen in sozialen Medien
	Tellerwäscher	Geschirr reinigen	Eindruck von Sauberkeit und Hygiene, mehr Trinkgeld	Unsauberes Geschirr schmälert das Restauranterlebnis, weniger Trinkgeld, negative Bewertungen in sozialen Medien

»Situatives Know-how« entwickeln

In einem gut geführten Restaurant wie Modello entwickeln die Arbeitskräfte natürlicherweise ein gutes Gespür für die Situation (was wir als »situatives Know-how« bezeichnen). Die Beschäftigten arbeiten unmittelbar Hand in Hand, daher müssen sie kooperieren, um in ihren Rollen effektiv zu sein. Das Feedback von Kollegen, Gästen, Vorgesetzten und den sozialen Medien ist ein direktes. Bei Modello werden die Trinkgelder zu gleichen Teilen unter allen Mitarbeitern aufgeteilt, daher erfährt jeder am Ende der Schicht ganz genau, wie die Gäste ihre Teamleistung bewertet haben.

Doch Trinkgelder alleine erzählen nicht die ganze Geschichte. Kein einziger Mitarbeiter bei Modello führt alle drei Schlüsselaktivitäten aus. Um also ihre gemeinsame Leistung vollständig verstehen zu können, besprechen die Beschäftigten – aus ihrer jeweiligen Perspektive –, was während der Schicht vorgefallen ist. Das schafft situatives Know-how.

In vielen Organisationen haben nur wenige Mitarbeiter direkten Kundenkontakt. Die Arbeits-ergebnisse können digital an ortsferne Kollegen weitergereicht werden. Kundenrückmeldungen treffen erst mit wochen- oder monatelanger Verzögerung ein, und die Ertragslage wird bestenfalls vierteljährlich kommuniziert. Infolgedessen kann es schwierig sein, situatives Know-how – und gute Teamarbeit – aufzubauen.

Noch herausfordernder wird die Angelegenheit, wenn die von den Kunden verlangten Dienstleistungen oder Produkte so komplex sind und die Aufgaben so weit heruntergebrochen werden müssen, dass es den Mitarbeitern nicht gelingt, die Dienstleistung oder das Produkt in der Gesamtheit zu erfassen. Vielleicht fehlt ihnen das Verständnis dafür, welchen Wert ihre eigenen Teams schöpfen – oder welche Kunden letztlich von ihren Bemühungen profitieren. Es überrascht daher kaum, dass am Ende jeder in seinem isolierten Umfeld arbeitet und nicht erkennt, wem er wie durch seine Arbeit Nutzen bringen kann.

Die Verwendung der Canvas und der Teamwork-Tabelle bringt die Leute dazu, ihre Arbeit in der Gesamtlogik der Unternehmensaktivitäten zu verorten und zu begreifen, wie ihr tägliches Handeln den Kunden dient. Das führt zu besserer Zusammenarbeit und selbstbestimmterem Arbeiten. Den Führungskräften bleibt dadurch mehr Zeit zum tatsächlichen Führen, statt Probleme lösen oder Konflikte schlichten zu müssen.

In späteren Kapiteln werden Sie bestimmte Methoden zur Nutzung der Canvas und anderer Drittobjekte erlernen, um das situative Know-how an Ihrem Arbeitsplatz zu fördern. Das hilft den Mitarbeitern, bei der Problemlösung weniger abhängig von Aufsichts- oder Führungskräften zu werden.

Als Nächstes wenden wir uns einem entscheidenden, aber oft übersehenen Element von Organisationsmodellen zu: den äußeren Bedingungen.

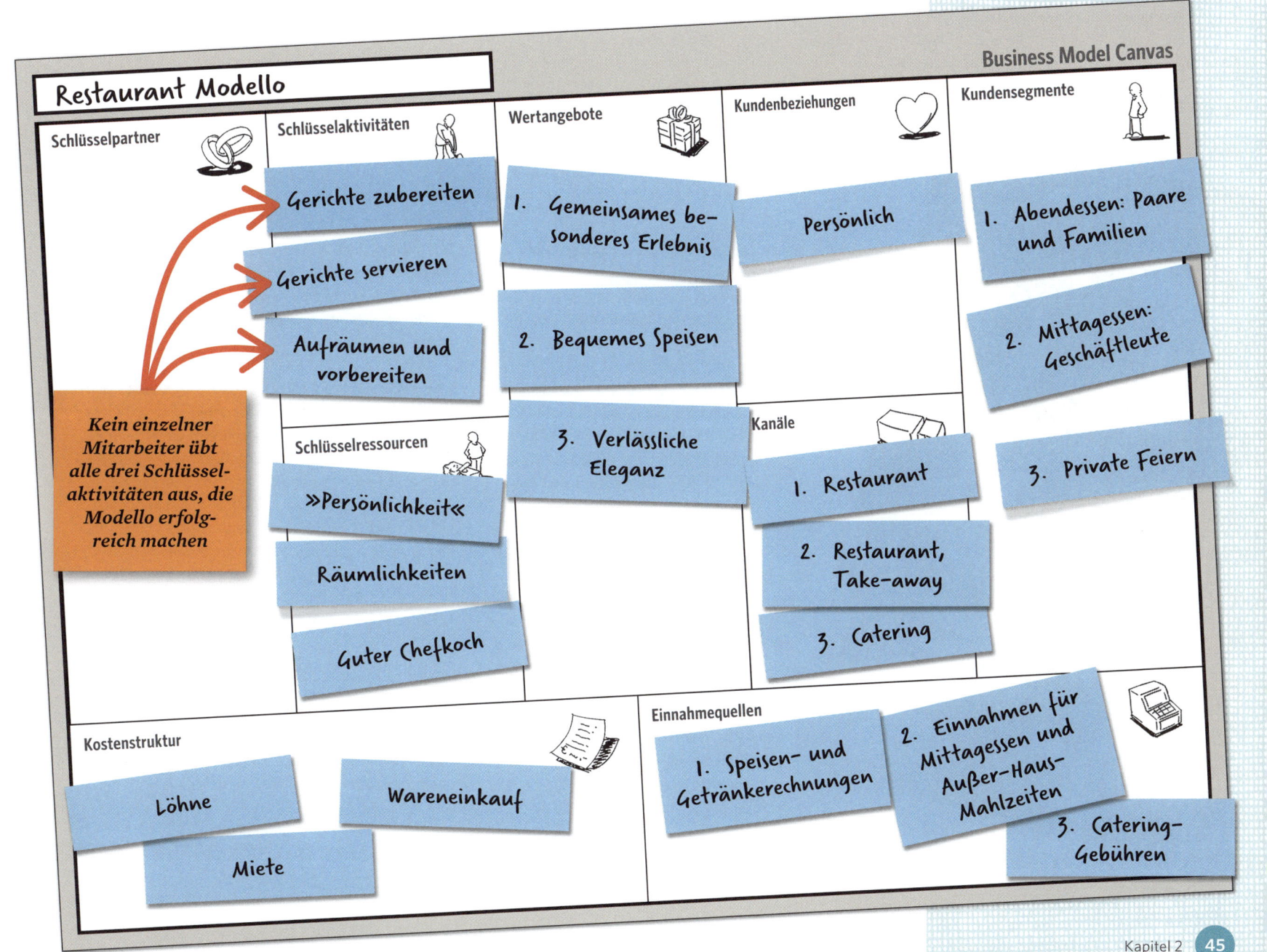

Restaurant Modello

Schlüsselpartner

Kein einzelner Mitarbeiter übt alle drei Schlüsselaktivitäten aus, die Modello erfolgreich machen

Schlüsselaktivitäten

Gerichte zubereiten

Gerichte servieren

Aufräumen und vorbereiten

Schlüsselressourcen

»Persönlichkeit«

Räumlichkeiten

Guter Chefkoch

Wertangebote

1. Gemeinsames besonderes Erlebnis

2. Bequemes Speisen

3. Verlässliche Eleganz

Kundenbeziehungen

Persönlich

Kanäle

1. Restaurant

2. Restaurant, Take-away

3. Catering

Kundensegmente

1. Abendessen: Paare und Familien

2. Mittagessen: Geschäftleute

3. Private Feiern

Kostenstruktur

Löhne

Wareneinkauf

Miete

Einnahmequellen

1. Speisen- und Getränkerechnungen

2. Einnahmen für Mittagessen und Außer-Haus-Mahlzeiten

3. Catering-Gebühren

Das Gesamtbild betrachten

»Rückblickend gesehen war es idiotisch, was wir gemacht haben«, sagt der Unternehmer Ben West leise. »Wir haben eine multinationale Organisation gegründet, um Produkte an Menschen zu verkaufen, die gar kein Geld hatten!«

Doch nur vier Jahre nach dem Beginn dieses wenig aussichtsreichen Unterfangens stand Wests Firma EcoZoom bereits auf Platz 768 der *Inc.*-Liste mit den 5000 am schnellsten wachsenden privaten Kapitalgesellschaften der Vereinigten Staaten.

West begann seine berufliche Laufbahn mit einer erfolgreichen, aber unbefriedigenden Position als Kundenbetreuer bei einer Spedition. Um seine Analyse- und Marketingkenntnisse zu verbessern, verließ er das Unternehmen und machte seinen MBA. Er stellte fest, dass er sich für soziale Projekte interessierte, und nahm am Entrepreneur-Programm der Universität teil, wo er die Idee entwickelte, einen hocheffizienten Holzofen für den Einsatz in Entwicklungsländern zu produzieren.

Doch Wests Instinkt für Modelle und ihre Tests kollidierte mit der einseitigen Fixierung der Universität auf Businesspläne und Finanzierung, und ironischerweise wurde er von dem Entrepreneur-Programm ausgeschlossen.

Ohne sich davon abschrecken zu lassen, schloss sich West mit zwei Partnern zusammen und gründete EcoZoom, ein soziales Certified-B-Unternehmen [Verpflichtung zur Einhaltung bestimmter sozialer und ökologischer Standards, Anm. d. Übers.]. Seither hat EcoZoom über 650 000 Öfen in 34 Länder ausgeliefert. Die Öfen erfüllen zuverlässig ihre vorrangige Funktion des Garens, doch sie fördern auch die Gesundheit, reduzieren giftige Emissionen und erzielen Kosteneinsparungen für Millionen von Menschen in Entwicklungsländern.

»Ich muss ein Unternehmen in seiner Gesamtheit betrachten, mit allen erkennbaren Wechselbezügen«, sagt West. »Die Canvas macht das möglich. Und was ebenso wichtig ist: Wir können damit auch die nicht finanziellen Vorteile berücksichtigen – den eigentlichen Zweck unseres Unternehmens.«

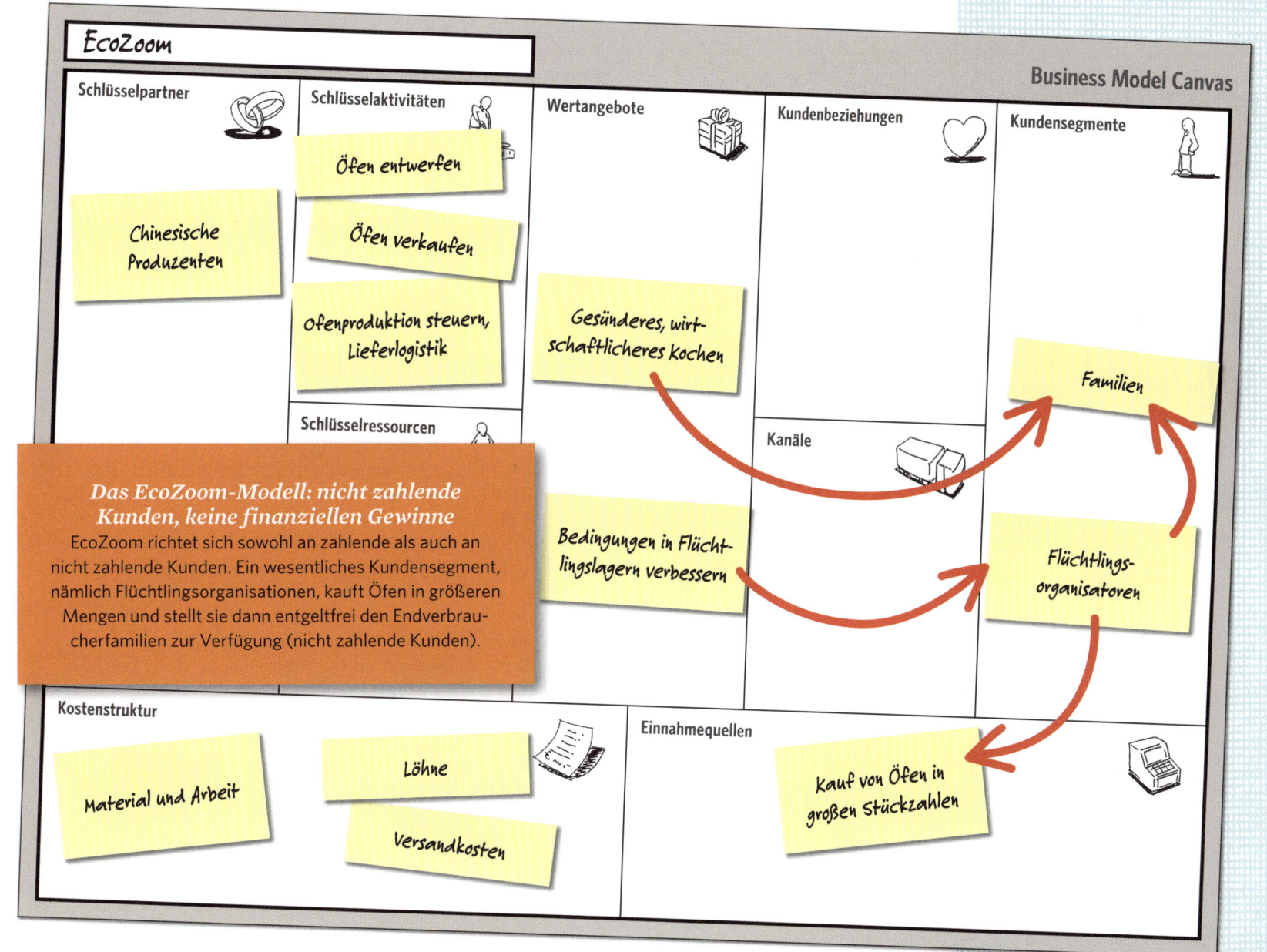

EcoZoom

Business Model Canvas

Schlüsselpartner

Chinesische Produzenten

Schlüsselaktivitäten

Öfen entwerfen

Öfen verkaufen

Ofenproduktion steuern, Lieferlogistik

Schlüsselressourcen

Das EcoZoom-Modell: nicht zahlende Kunden, keine finanziellen Gewinne
EcoZoom richtet sich sowohl an zahlende als auch an nicht zahlende Kunden. Ein wesentliches Kundensegment, nämlich Flüchtlingsorganisationen, kauft Öfen in größeren Mengen und stellt sie dann entgeltfrei den Endverbraucherfamilien zur Verfügung (nicht zahlende Kunden).

Wertangebote

Gesünderes, wirtschaftlicheres Kochen

Bedingungen in Flüchtlingslagern verbessern

Kundenbeziehungen

Kanäle

Kundensegmente

Familien

Flüchtlingsorganisatoren

Kostenstruktur

Material und Arbeit

Löhne

Versandkosten

Einnahmequellen

Kauf von Öfen in großen Stückzahlen

Externe Effekte: positiv und negativ

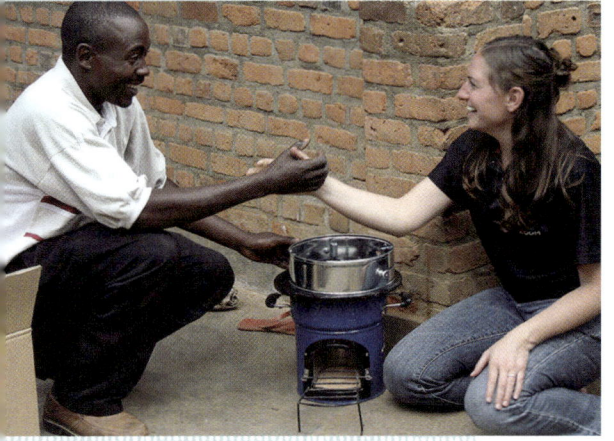

Nicht finanzielle Vorteile sind das Herzstück des Modells eines sozialen Projekts wie EcoZoom und veranschaulichen den Unternehmenszweck. Beispielsweise entspricht das Einatmen von Rauch aus offenen Feuerstellen und einfachen Öfen dem Rauchen von zwei Packungen Zigaretten pro Tag und steht im Zusammenhang mit Krankheiten, die über vier Millionen Todesfälle jährlich verursachen – mehr als Malaria und Tuberkulose zusammengenommen. Zudem beeinträchtigt der Rauch sowohl die Nutzer als auch die Danebenstehenden und ist damit ein negativer externer Effekt: ein Nachteil, der Menschen trifft, die diese Beeinträchtigung nicht bewusst in Kauf nehmen. Die EcoZoom-Öfen schaffen einen nicht finanziellen Vorteil (einen positiven externen Effekt), indem sie die Rauchentwicklung drastisch verringern.

Der Bedarf an Brennholz und Kohle trägt zudem zur Abholzung bei, während der Rauch aus ineffizienten Kochstellen mit Methan, CO_2 und anderen klimabeeinträchtigenden Gasen verunreinigt ist. EcoZoom-Öfen verringern diese Emissionen.

EcoZoom-Öfen erzeugen auf verschiedene Arten positive externe Effekte. Zum Beispiel müssen einkommensschwache Familien bis zu 30 Prozent ihres monatlichen Einkommens für den Kauf von Propangas oder anderen konventionellen Brennstoffen aufwenden, was für Armut durch Energieaufwendungen sorgt. Mittlerweile verbringen einige Frauen und Mädchen mehrere Stunden täglich mit dem Sammeln von Brennmaterialien, was sie von produktiveren Tätigkeiten wie etwa dem Schulbesuch abhält. EcoZoom-Öfen verringern die Kosten für konventionelle Brennstoffe und schaffen mehr produktive Zeit für diejenigen, die das Brennmaterial zusammentragen.

Sie können positiven externen Effekten in der Business Model Canvas leicht Rechnung tragen, indem Sie unterhalb der Einnahmequellen neue Bausteine hinzufügen. Beschreiben Sie die negativen externen Effekte entsprechend unterhalb der Kosten.

.

Berücksichtigung externer Effekte

Positive externe Effekte und nicht zahlende Kunden können entscheidende Erwägungen sein, wenn Sie in einer Behörde, im Gesundheitswesen, beim Militär oder im Rechts-, Bildungs- oder Non-Profit-Bereich arbeiten. Andererseits können negative externe Effekte wie Umweltverschmutzung und Lärm wichtige Faktoren sein, wenn Sie in der Industrie tätig sind. Nutzen Sie die Canvas, um die Gesamtheit Ihres Geschäftsmodells zu erfassen.

Als Nächstes wenden wir uns einem anderen Geschäft zu, das ausschließlich online mit den Kunden interagiert – und Sie höchstwahrscheinlich bereits zu seinen Nutzern zählt!

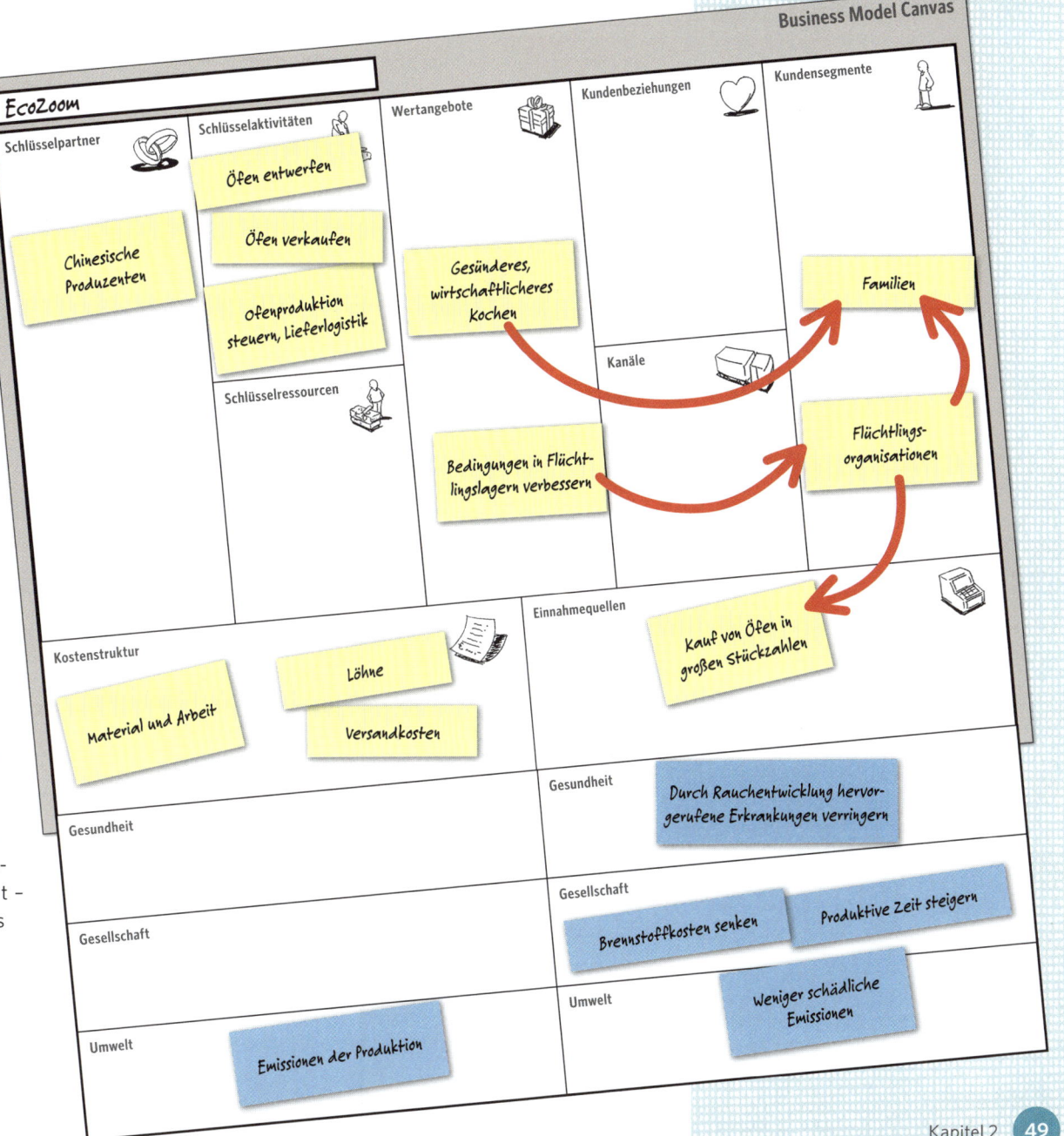

EcoZoom

Schlüsselpartner

Chinesische Produzenten

Schlüsselaktivitäten

Öfen entwerfen

Öfen verkaufen

Ofenproduktion steuern, Lieferlogistik

Schlüsselressourcen

Wertangebote

Gesünderes, wirtschaftlicheres Kochen

Bedingungen in Flüchtlingslagern verbessern

Kundenbeziehungen

Kanäle

Kundensegmente

Familien

Flüchtlingsorganisationen

Kostenstruktur

Material und Arbeit

Löhne

Versandkosten

Einnahmequellen

Kauf von Öfen in großen Stückzahlen

Gesundheit

Gesundheit

Durch Rauchentwicklung hervorgerufene Erkrankungen verringern

Gesellschaft

Gesellschaft

Brennstoffkosten senken

Produktive Zeit steigern

Umwelt

Emissionen der Produktion

Umwelt

Weniger schädliche Emissionen

Ein Online-Modell

Dies ist ein Business, das Sie vielleicht schon zu seinen Kunden zählt: Facebook. Die meisten Menschen kennen Facebook, aber wie viele von ihnen verstehen, wie es als Unternehmen funktioniert? Das Geschäftsmodell von Facebook zu skizzieren kann eine echte Erleuchtung sein.

Sehen Sie sich die Canvas auf der gegenüberliegenden Seite an (zu Ihrer Orientierung befinden sich hilfreiche Fragen in jedem Baustein). Nehmen Sie sich ein paar Haftnotizzettel und einen Stift, und schauen Sie mal, ob Sie das grundlegende Geschäftsmodell von Facebook darstellen können. Dazu ein paar Hinweise:

- Denken Sie an die grundlegendste Dienstleistung von Facebook. Ignorieren Sie einstweilen die Details.
- Beginnen Sie mit der Definition von zwei verschiedenen Kundensegmenten und ihren jeweiligen Wertangeboten.
- Verwenden Sie in jedem der verbleibenden Bausteine nur einen Notizzettel. Jeder sollte höchstens drei Wörter enthalten.
- Ignorieren Sie vorläufig den Baustein mit den Schlüsselpartnern.

Sobald Ihr Versuch, das Geschäftsmodell von Facebook darzustellen, beendet ist, blättern Sie um!

Facebook

Schlüsselpartner

- Wer sind unsere Schlüsselpartner?
- Welche Schlüsselressourcen stellen sie zur Verfügung, oder welche Schlüsselaktivitäten führen sie aus?
- Was bieten sie, das für unser Modell unverzichtbar ist?
- Wie Schlüsselpartner Nutzen schaffen:
  - Optimieren oder wirtschaftlicher machen
  - Risiken oder Unsicherheiten verringern
  - Ressourcen oder Aktivitäten zur Verfügung stellen, die ansonsten nicht erhältlich sind

Schlüsselaktivitäten

- Welche Schlüsselaktivitäten erfordern unsere Wertangebote, unsere Kanäle, unsere Kundenbeziehungen und unsere Einnahmequellen?
- Arten von Schlüsselaktivitäten:
  Machen: gestalten, entwickeln, produzieren, lösen, liefern
  Verkaufen: bilden, befürworten, vorführen, fördern, bewerben
  Betreuen: führen, warten, kontrollieren, anderweitig den Personen zur Seite stehen, die herstellen oder verkaufen

Schlüsselressourcen

- Welche Aktivposten erfordern unsere Wertangebote, Kanäle, Kundenbeziehungen und Einnahmequellen?
- Vier Arten von Schlüsselressourcen:
  Personal: qualifizierte Arbeitskräfte
  Materielle Güter: Fahrzeuge, Gebäude, Grundstücke, Ausrüstung, Werkzeuge
  Immaterielle Güter: Marken, Methoden, Systeme, Software, Patente, Urheberrechte, Lizenzen
  Finanzen: Barvermögen, Rücklagen, Außenstände, Dispokredite, finanzielle Garantieleistungen

Kostenstruktur

- Was sind unsere größten Kosten?
- Welche Schlüsselressourcen und Schlüsselaktivitäten sind am teuersten?
- Welche negativen äußeren Effekte bewirken wir?
- Kostenarten:
  Fixkosten: Gehälter, Mieten
  Variable Kosten: Kosten für Waren und Dienstleistungen, Zeitarbeit
  Unbare Aufwendungen: Abschreibung, Firmenwert, externe Effekte

Wertangebote

- Welche Vorteile bieten wir unseren Kunden? Zum Beispiel:

Funktional
- Verringertes Risiko
- Geringere Kosten
- Mehr Bequemlichkeit oder leichtere Bedienbarkeit
- Verbesserte Leistung
- Erledigung bestimmter Aufgaben

Emotional
- Genuss oder Vergnügen
- Akzeptanz
- Zugehörigkeit
- Wertschätzung
- Sicherheit

Sozial
- Verbesserter Status
- Bestätigung von Geschmack und Stil
- Verbundenheit

Kundenbeziehungen

- In welcher Form bieten wir Nachkauf-unterstützung an? (Marketingphase 5)
- Welche Art von Beziehungen pflegen wir zurzeit? Zum Beispiel:
  - Persönliche oder telefonische Hilfe
  - Automatisierte E-Mails oder Online-Formulare
  - Persönlicher Service via E-Mail, Chat, Skype etc.
  - Nutzer-Community oder Wiki
  - Mitgestaltung der Kunden
- Welche anderen Beziehungen könnten die Kunden von uns aufzunehmen und zu pflegen erwarten?

Kanäle

- Über welche Kanäle erreichen wir die Kunden?
- Welche Kanäle funktionieren am besten?
- Gibt es andere Kanäle, die von den Kunden bevorzugt werden könnten?
- Marketingphasen 1–4
  1. Aufmerksamkeit: Wie entdecken uns die Kunden?
  2. Beurteilung: Wie können wir eine Beurteilung auslösen?
  3. Kauf: Wie kaufen die Kunden?
  4. Auslieferung: Wie liefern wir?

Kundensegmente

- Wem bieten wir einen Nutzen?
- Mit welchen Kunden erzielen wir den größten Teil unserer Einnahmen?
- Wer ist strategisch gesehen unser wichtigster Kunde?
- Wer sind die Kunden unserer Kunden?

Einnahmequellen

- Für welchen Nutzen sind unsere Kunden wirklich zu zahlen bereit?
- Wie bezahlen sie jetzt?
- Welche Zahlungsweise könnten sie bevorzugen?
- Wie viel Umsatz erzeugt jeder Kunde?
- Welche positiven externen Effekte rufen wir hervor?
- Welche Formen der Bezahlung gibt es?

Zum Beispiel:
- Verkauf von Wirtschaftsgütern
- Leasing oder Miete
- Abonnement
- Franchising
- Courtage
- Werbekosten
- Auktionsbasierte dynamische Preisgestaltung

Das Geschäftsmodell von Facebook

Wie sind Sie zurechtgekommen? Die folgenden Anmerkungen bieten Ihnen Hilfestellung, um eine Möglichkeit zu finden, das Geschäftsmodell von Facebook abzubilden.

Kundensegmente

Facebook hat zwei Hauptkundensegmente: 1) Konsumenten, die nichts für die Nutzung der Facebook-Dienste bezahlen, und 2) Werbekunden, die für die Platzierung von Anzeigen bezahlen, gesponserte Inhalte posten oder Marktstudien durchführen. Das Geschäftsmodell von Facebook basiert darauf, Hunderte Millionen von nicht zahlenden Nutzern zu haben, die zusammengenommen einen riesigen potenziellen Markt für Werbetreibende bilden. Jeder, der ein Facebook-Profil einrichtet, wird zum Kunden. Über 99 Prozent der Kunden bezahlen nichts für die Dienstleistungen.

Wertangebot

Der wesentliche Nutzen, den Facebook den Konsumenten bietet, ist die Möglichkeit, sich mit Freunden und Angehörigen »zu verbinden und auszutauschen«. Der Hauptnutzen, den Facebook den Werbetreibenden bietet, ist die Möglichkeit zum Verkaufen, zur Präsentation ihrer Marken, zur Durchführung von zielgruppengerechten Marktstudien oder zu anderen Aktivitäten, die letztlich auf die Gewinnung neuer Kunden ausgerichtet sind – oder auf den Versuch, mit Bestandskunden mehr Umsätze zu machen.

Kanäle

Facebook kommuniziert, verkauft und verbreitet sein Wertangebot ausschließlich über das Internet. Die Konsumenten nutzen Facebook über eine Vielzahl von Geräten (Smartphones, Tablets, PCs).

Beachten Sie, dass Facebook wie die meisten Unternehmen dieselben Kanäle verwendet, um sowohl neue als auch bestehende Kunden zu bedienen.

Kundenbeziehungen

Facebook kommuniziert mit seinen Kunden (registrierten Nutzern) ausschließlich über automatisierte Textnachrichten oder E-Mails. Das Unternehmen nutzt auch automatisierte Nachrichten und Online-Formulare, um mit kleineren Werbetreibenden zu kommunizieren, und persönliche E-Mails, Telefonate und Gespräche im Umgang mit großen Werbekunden.

Einnahmequellen

Die registrierten Nutzer bezahlen nichts für die Facebook-Dienste. Werbekunden dagegen bezahlen Gebühren, damit ihre Anzeigen oder andere Inhalte den Facebook-Nutzern angezeigt werden. Die meisten Anzeigen werden unter Verwendung von Online-Formularen direkt von den Werbekunden gekauft.

Schlüsselressourcen

Die Plattform von Facebook (Software, firmeneigene Algorithmen, Datenbanken, Serverumgebung und die markengeschützte Website Facebook.com) ist das wichtigste Wirtschaftsgut des Unternehmens. Dies ist ein Gedankenspiel, das bei der Identifizierung der Schlüsselressourcen von Facebook helfen kann: Was würde passieren, wenn Facebook morgen 500 Mitarbeitern kündigte?

Würde das Unternehmen zusammenbrechen? Würde sein Aktienwert in den Keller sinken? Im Gegensatz dazu: Was würde passieren, wenn die Website von Facebook plötzlich zwei Stunden lang nicht verfügbar wäre?

Schlüsselaktivitäten

Die wichtigsten Schlüsselaktivitäten von Facebook sind der Schutz und die Weiterentwicklung der Plattform. Denken Sie daran, Schlüsselaktivitäten sind jene Tätigkeiten, die wesentlich sind für das Schaffen, Verkaufen und Vermitteln des Wertangebots. Aktivitäten wie Buchführung und die Wartung interner Computersysteme sind sekundär.

Schlüsselpartner

Facebook scheint nicht von Partnern abhängig zu sein, um seine Kerndienstleistung anzubieten (es hat eine Reihe von Unternehmen übernommen, die zuvor als Schlüsselpartner hätten fungieren können). Für neuere und spezialisiertere Dienstleistungen sind Anwendungsentwickler Schlüsselpartner und/oder Kunden.

Kostenstruktur

Wie bei den meisten Unternehmen sind die Gehälter der größte Kostenfaktor von Facebook. Das Unternehmen hat zudem enorme Ausgaben für Infrastruktur und Energie.

Und nun machen Sie sich bereit, die Business Model Canvas auf Ihr Unternehmen anzuwenden.

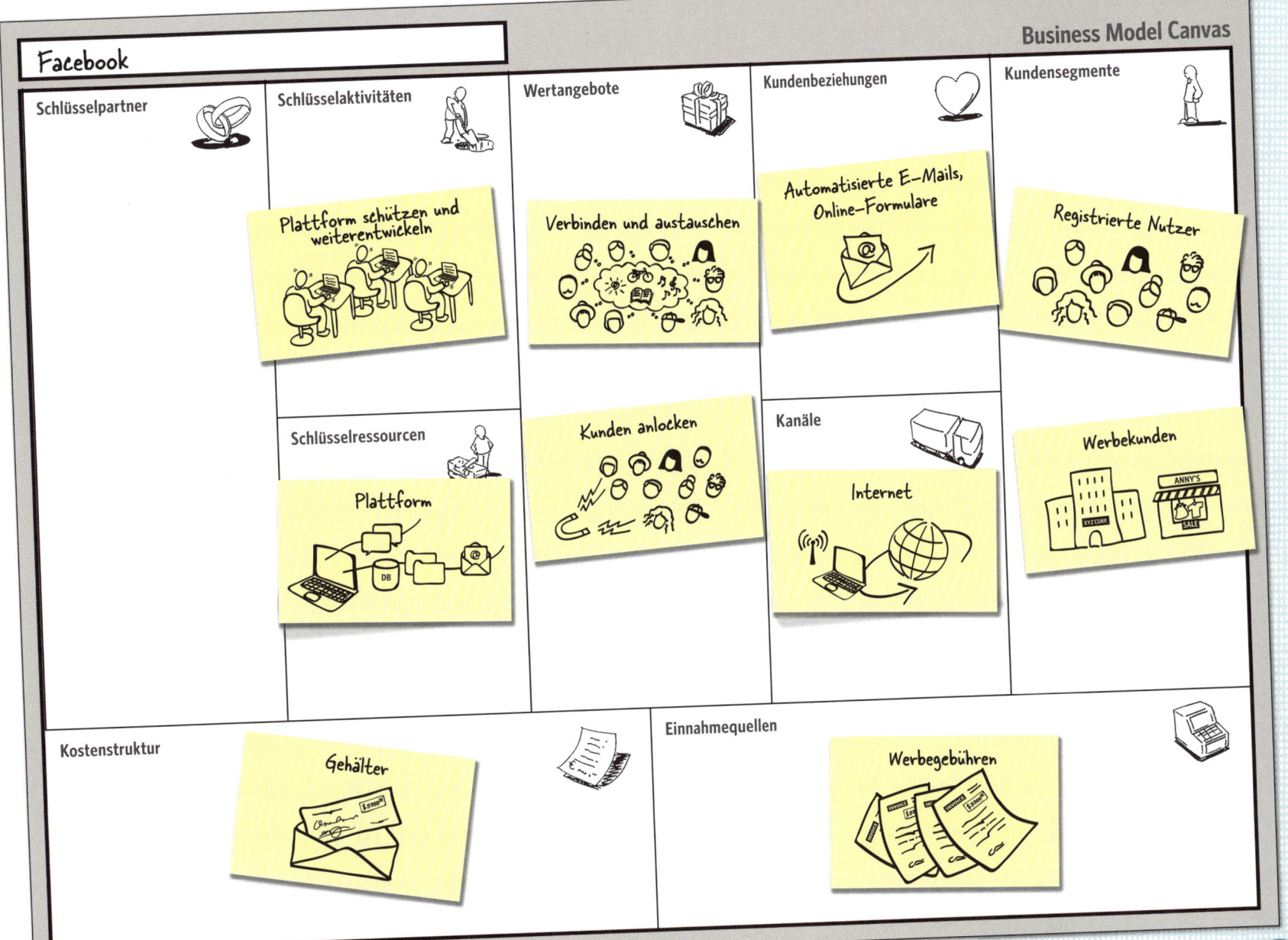

Facebook

Schlüsselpartner

Schlüsselaktivitäten

Plattform schützen und weiterentwickeln

Schlüsselressourcen

Plattform

Wertangebote

Verbinden und austauschen

Kunden anlocken

Kundenbeziehungen

Automatisierte E-Mails, Online-Formulare

Kanäle

Internet

Kundensegmente

Registrierte Nutzer

Werbekunden

Kostenstruktur

Gehälter

Einnahmequellen

Werbegebühren

Arbeiten mit der Canvas

Haben Sie bemerkt, wie die Betrachtung von Facebook vor dem Hintergrund seines Geschäftsmodells Ihnen einen Blickwinkel auf das Unternehmen gegeben hat, der von der allgemeinen Wahrnehmung abweicht? Wenn man versteht, welche zentrale Rolle die Plattform von Facebook und seine hochautomatisierten Kanäle und Kundenbeziehungen spielen, erhält man ein viel realistischeres, fundierteres Verständnis dessen, wie das Unternehmen tatsächlich funktioniert. Wenn wir das Facebook-Geschäftsmodell nicht auf logische, konsequente Art und Weise untersuchen, wird unsere Auffassung weiterhin eher auf Annahmen statt auf Fakten beruhen.

Ungeachtet dessen bedeutet die Darstellung eines Geschäftsmodells im Allgemeinen, dass sowohl Fakten als auch Annahmen miteinbezogen werden. Ein Modell »richtig« zu machen ist weniger wichtig als das Vermitteln und Verwenden eines gemeinsamen Vokabulars, um die übergeordnete Logik einer Organisation zu definieren. Diese Logik kann durchaus auch Annahmen enthalten, die später verifiziert werden müssen.

Dies sind ein paar generelle Richtlinien zur Anwendung der Business Model Canvas.

So groß wie möglich
Drucken Sie die Canvas in DIN A1 (84 cm x 119 cm) oder größer aus. Das Arbeiten auf einer großen Fläche erweitert das Denken und erleichtert die Zusammenarbeit mit anderen. Vermeiden Sie Papier in Standardgrößen (DIN A4), mit denen die Leute tagtäglich arbeiten.

Zusammenarbeiten
Um ein Geschäftsmodell zu zeichnen und zu analysieren, schließen Sie sich mit Kollegen und/oder Kunden zusammen, mit Zulieferern, Interessenten oder externen Fachleuten. Das Zusammentreffen von Menschen, die unterschiedliche Perspektiven repräsentieren (verschiedene Altersgruppen, Berufe, Funktionsbereiche innerhalb des Unternehmens etc.), bringt bessere Ergebnisse hervor. *Nutzen Sie Ihre Canvas-Sitzungen, um die Art von kollaborativem Verhalten zu gestalten, das Sie an Ihrem Arbeitsplatz erzielen wollen.*

Auf Haftnotizzettel schreiben
Schreiben Sie nicht auf die Canvas selbst. Mit Klebezetteln können Sie die Inhalte mühelos verändern, verwerfen oder an eine andere Stelle verschieben – und sie erinnern jeden daran, dass Geschäftsmodelle sich verändern (und auslaufen!).

Zeichnen und beschriften Sie
Verwenden Sie einfache Zeichnungen, wenn Sie das können. Beschriften Sie sie zur zusätzlichen Verdeutlichung.

ENTREPRENEURE

Nur ein Gedanke
Schreiben Sie auf jeden Haftnotizzettel nur einen klaren, präzisen Gedanken. Die Ideen lassen sich dadurch voneinander getrennt halten und damit verschieben.

Farben durchdacht einsetzen
Benutzen Sie Haftnotizzettel in unterschiedlichen Farben, um sinnvolle Unterschiede zwischen verschiedenen Kundensegmenten zu verdeutlichen, zwischen Fakten und Vermutungen, um die Anpassung eines bestimmten Bausteins vorzuschlagen etc. Wenden Sie Farben nicht aus rein dekorativen Gründen an.

Anfangs schlicht, später detailliert
Halten Sie die Canvases schlicht und übersichtlich, wenn Sie zum ersten Mal ein Geschäftsmodell entwerfen. Sobald Sie die Logik auf abstraktem Niveau erfasst haben, können Sie weitere Details hinzufügen.

Verbindungen schaffen
Alle Haftnotizzettel sollten mit den Elementen in anderen Bausteinen verbunden sein – keiner darf »verwaist« sein.

Gewissenhaft formulieren
Drücken Sie sich präzise aus. Zum Beispiel sollten die Schlüsselaktivitäten Verben sein: Verwenden Sie **verkaufen** anstelle von **Verkauf**.

Zwischen Fakten und Hypothesen unterscheiden
Unterscheiden Sie zwischen Fakten und Hypothesen (Annahmen). Das erinnert alle daran, dass Hypothesen letztlich überprüft werden müssen.

Schwarze Textmarker mit breiter Spitze
Verwenden Sie lieber dicke schwarze Textmarker als Kugelschreiber oder Bleistifte, um auf die Notizzettel zu schreiben. Das erleichtert das Lesen, wenn die Beitragenden weiter von der Canvas entfernt stehen.

Wand statt Tisch
Wann immer möglich, sollten Sie eher an der Wand als an einem Tisch arbeiten. Im Stehen kann man besser denken!

Bleiben Sie in einer Zeitform
Mischen Sie nicht gegenwärtige, vergangene und zukünftige Szenarios in derselben Canvas. Bleiben Sie in derselben Zeitform: Erstellen Sie separate Canvases für vergangene, gegenwärtige und zukünftige Szenarios.

Eine Haftnotiz nach der anderen präsentieren
Wenn Sie anderen Teammitgliedern eine Canvas präsentieren, beginnen Sie mit einer leeren Canvas und fügen Sie dann immer nur einen Zettel hinzu, während Sie die »Story« eines Geschäftsmodells erzählen und Baustein für Baustein aufbauen. Das ist wesentlich wirkungsvoller, als der Reihe nach auf eine Vielzahl von Notizen zu verweisen, die bereits auf der Canvas kleben.

Was Sie Montagmorgen mal ausprobieren können

Versuchen Sie, Ihr Unternehmen zu modellieren

Jetzt sind Sie dran: Nutzen Sie die Business Model Canvas auf diesen beiden Seiten, um das Business Model des Unternehmens zu entwerfen, für das Sie arbeiten. Zu Ihrer Unterstützung finden Sie in jedem Baustein ein paar Fragen zur Anregung. Alternativ können Sie auch das Canvas-Poster ausdrucken (kostenlos erhältlich, wenn Sie sich auf BusinessModelsForTeams.com registrieren). Das Poster enthält ebenfalls Fragen zur Anregung (in ganz kleiner Schrift, um Sie zu ermuntern, groß auszudrucken und zu arbeiten!).

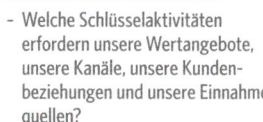

Schlüsselpartner
- Wer sind unsere Schlüsselpartner?
- Welche Schlüsselressourcen stellen sie zur Verfügung, oder welche Schlüsselaktivitäten führen sie aus?
- Was bieten sie, das für unser Modell unverzichtbar ist?
- Wie Schlüsselpartner Nutzen schaffen:
  - Optimieren oder wirtschaftlicher machen
  - Risiken oder Unsicherheiten verringern
  - Ressourcen oder Aktivitäten zur Verfügung stellen, die ansonsten nicht erhältlich sind

Schlüsselaktivitäten
- Welche Schlüsselaktivitäten erfordern unsere Wertangebote, unsere Kanäle, unsere Kundenbeziehungen und unsere Einnahmequellen?
- Arten von Schlüsselaktivitäten:
  Machen: gestalten, entwickeln, produzieren, lösen, liefern
  Verkaufen: bilden, befürworten, vorführen, fördern, bewerben
  Betreuen: führen, warten, kontrollieren, anderweitig den Personen zur Seite stehen, die herstellen oder verkaufen

Schlüsselressourcen
- Welche Aktivposten erfordern unsere Wertangebote, Kanäle, Kundenbeziehungen und Einnahmequellen?
- Vier Arten von Schlüsselressourcen:
  Personal: qualifizierte Arbeitskräfte
  Materielle Güter: Fahrzeuge, Gebäude, Grundstücke, Ausrüstung, Werkzeuge
  Immaterielle Güter: Marken, Methoden, Systeme, Software, Patente, Urheberrechte, Lizenzen
  Finanzen: Barvermögen, Rücklagen, Außenstände, Dispokredite, finanzielle Garantieleistungen

Kostenstruktur
- Was sind unsere größten Kosten?
- Welche Schlüsselressourcen und Schlüsselaktivitäten sind am teuersten?
- Welche negativen äußeren Effekte bewirken wir?
- Kostenarten:
  Fixkosten: Gehälter, Mieten
  Variable Kosten: Kosten für Waren und Dienstleistungen, Zeitarbeit
  Unbare Aufwendungen: Abschreibung, Firmenwert, externe Effekte

Wertangebote

- Welche Vorteile bieten wir unseren Kunden? Zum Beispiel:

Funktional
- Verringertes Risiko
- Geringere Kosten
- Mehr Bequemlichkeit oder leichtere Bedienbarkeit
- Verbesserte Leistung
- Erledigung bestimmter Aufgaben

Emotional
- Genuss oder Vergnügen
- Akzeptanz
- Zugehörigkeit
- Wertschätzung
- Sicherheit

Sozial
- Verbesserter Status
- Bestätigung von Geschmack und Stil
- Verbundenheit

Kundenbeziehungen

- In welcher Form bieten wir Nachkaufunterstützung an? (Marketingphase 5)
- Welche Art von Beziehungen pflegen wir zurzeit? Zum Beispiel:
  - Persönliche oder telefonische Hilfe
  - Automatisierte E-Mails oder Online-Formulare
  - Persönlicher Service via E-Mail, Chat, Skype etc.
  - Nutzer-Community oder Wiki
  - Mitgestaltung der Kunden
- Welche anderen Beziehungen könnten die Kunden von uns aufzunehmen und zu pflegen erwarten?

Kanäle

- Über welche Kanäle erreichen wir die Kunden?
- Welche Kanäle funktionieren am besten?
- Gibt es andere Kanäle, die von den Kunden bevorzugt werden könnten?
- Marketingphasen 1–4
  1. Aufmerksamkeit: Wie entdecken uns die Kunden?
  2. Beurteilung: Wie können wir eine Beurteilung auslösen?
  3. Kauf: Wie kaufen die Kunden?
  4. Auslieferung: Wie liefern wir?

Kundensegmente

- Wem bieten wir einen Nutzen?
- Mit welchen Kunden erzielen wir den größten Teil unserer Einnahmen?
- Wer ist strategisch gesehen unser wichtigster Kunde?
- Wer sind die Kunden unserer Kunden?

Einnahmequellen

- Für welchen Nutzen sind unsere Kunden wirklich zu zahlen bereit?
- Wie bezahlen sie jetzt?
- Welche Zahlungsweise könnten sie bevorzugen?
- Wie viel Umsatz erzeugt jeder Kunde?
- Welche positiven externen Effekte rufen wir hervor?
- Welche Formen der Bezahlung gibt es?

Zum Beispiel:
- Verkauf von Wirtschaftsgütern
- Leasing oder Miete
- Abonnement
- Franchising
- Courtage
- Werbekosten
- Auktionsbasierte dynamische Preisgestaltung

Die nächsten Schritte für Sie und Ihr Team

Wünscht sich nicht jede Organisation, dass alle ihre Beschäftigten ihr Geschäftsmodell begreifen? Wünscht sich nicht jede Organisation, dass ihr Geschäftsmodell im Mitarbeiterhandbuch erscheint und voller Begeisterung bei der Einweisung neuer Arbeitskräfte vermittelt wird?

Doch nur wenige Organisationen gehen beim Entwerfen ihrer Geschäftsmodelle so weit. Die meisten scheinen immer noch zu glauben, dass Business Modeling lediglich für die Strategen und für die Geschäftsführung wichtig sei. Aber Sie werden demnächst eine Reihe von zukunftsorientierten Organisationen kennen lernen, die Business Modeling verwenden, um die Teamarbeit zu verbessern, talentierte Arbeitskräfte anzuziehen und einzustellen, die Fluktuation zu verringern und sowohl die Mitarbeiter- als auch die Kundenzufriedenheit zu erhöhen.

Business-Modeling-Befürworter, die für größere Organisationen tätig sind, empfinden es manchmal als frustrierend, wenn das Topmanagement es nicht schafft, das Geschäftsmodell des Unternehmens zu formulieren und es proaktiv in der gesamten Organisation zu verbreiten. Ist das bei Ihrem Arbeitgeber auch so?

Vielleicht sind Sie nicht in der Position, eine unternehmensweite Weitervermittlung des Geschäftsmodells zu gewährleisten. Aber Sie könnten in einer Position sein, um das Geschäftsmodell Ihres eigenen Teams zu definieren und dafür zu sorgen, dass jedes Mitglied es versteht – und, was noch wichtiger ist, dieses Modell anwendet, um seine täglichen Handlungen davon lenken zu lassen.

Die folgenden Kapitel zeigen Ihnen genau, wie das geht.

Kapitel 3

Teams modellieren

Wem helfe ich?

Jedes Unternehmen hat ein Business Model, und die Business Model Canvas zeigt auf einen Blick, wie dieses funktioniert. Die meisten Unternehmen bestehen auch aus Teams, und die Business Model Canvas kann auf einen Blick zeigen, wie jedes Team innerhalb des Unternehmens funktioniert. Dieses Kapitel erläutert, wie Team Business Models abgebildet werden. Beginnen Sie damit, zwei entscheidende Fragen zu beantworten, die sich alle Arbeitskräfte stellen müssen. Die erste Frage lautet: Wem helfe ich? Mit anderen Worten: *Wer ist mein Kunde?*

Beide Teams dienen Modello
(einem internen Kunden)

**Das Küchenteam dient
internen Kunden**

**Das Restaurantteam dient
internen und externen Kunden**

Restaurant Modello

Wer ist mein Kunde?

Denken Sie an Ihre eigene Arbeitssituation. Ihr Hauptkunde ist derjenige, der die *Kaufentscheidung für Ihre Dienstleistung trifft.* Wenn Sie Mitarbeiter im Restaurant Modello sind, ist beispielsweise Steve Brown Ihr Hauptkunde, denn er hat sich durch Ihre Einstellung entschieden, Ihren Dienst zu erwerben. Steve ist ein interner Kunde, weil Sie und er für dieselbe Organisation arbeiten.

Wer sind nun Steves Hauptkunden? Das sind die Gäste des Modello, denn sie entscheiden sich, in seinem Restaurant Mahlzeiten zu kaufen. Die Gäste sind externe Kunden, weil sie nicht für dieselbe Organisation arbeiten wie Steve.

Wem helfe ich? ist eine entscheidende Frage, *denn nur wenige Menschen finden es wahrhaft erfüllend, sich lediglich selbst zu helfen.* Tief in unserem Inneren streben wir danach, anderen durch unsere Arbeit zu helfen. Anderen zu helfen aktiviert eine der vier wesentlichen Antriebskräfte des Menschen: Die Suche nach dem Zweck des eigenen Tuns.

Dieser Zweck lässt sich am leichtesten im Zusammenhang mit externen Kunden ausmachen. Bei Modello erleben die Kellner und das Servicepersonal am eigenen Leib, wie sie den Gästen zu einem angenehmen Abend verhelfen oder das Gruppengefühl bei einem eleganten, außer Haus gelieferten Menü stärken. Doch Mitarbeitern, die internen Kunden helfen, wie etwa den Köchen und den Tellerwäschern, kann es schwerer fallen zu erkennen, wie ihre Arbeit anderen hilft.

Wie helfe ich?

Ein Tellerwäscher zum Beispiel versteht, dass er dem Restaurant hilft. Doch für ihn kann das Restaurant ein gesichtsloses Gebilde sein. Wenn der Tellerwäscher begreift, wem er hilft – nämlich den Köchen und den Servierkräften, denen er täglich bei der Arbeit begegnet –, bekommt das *Wem* ein Gesicht. Darum ist es so wichtig, dass jede Arbeitskraft versteht, warum ihre Arbeit bestimmten Teammitgliedern von Nutzen ist, nicht nur dem Unternehmen.

Die zweite wichtige Frage, die sich alle Beschäftigten beantworten müssen, lautet: *Wie helfe ich?* Wenn ein Tellerwäscher versteht, dass Köche und Servierkräfte auf saubere Küchengeräte und Teller angewiesen sind, um ihre eigene Arbeit zu machen, begreift er den Kernpunkt der Teamarbeit: die *Wechselwirkung*. Indem er seinen Teamkollegen hilft, gewinnt er ein stärkeres Gespür für Zweck und Arbeitszufriedenheit. Nach und nach beginnt er zu erkennen, wie seine Tätigkeit zum Erfolg des Restaurants beiträgt.

Die Teamwork-Tabelle rechts beschreibt Rolle, Aufgaben, Kunden, Erfolgsergebnisse und Konsequenzen von Fehlleistungen für jedes einzelne Mitglied des Küchenteams.

Teamwork-Tabelle für das Küchenteam

Rolle	Aufgaben	Interne Kunden	Ergebnis erfolgreicher Durchführung	Konsequenzen von Fehlleistungen
Chefkoch	Exzellente Speisen kreieren und aktualisieren	Modello (Steve)	Guter Ruf, finanzieller Erfolg	Verlust an Ansehen, finanzielle Einbußen
	Ausbilden und anleiten	Köche	Bessere berufliche Qualifikation, mehr Trinkgeld*	Weniger Trinkgeld, schlechte Bewertungen in sozialen Medien*
	Speisekarte erläutern, Servierpersonal im Empfehlen von Gerichten schulen, allergische Reaktionen verhindern	Servierkräfte	Wiederkehrende externe Kunden, mehr Trinkgeld*	Verlust externer Kunden, weniger Trinkgeld, schlechte Bewertungen in sozialen Medien*
Köche	Korrekte und gleich bleibende Zubereitung der Speisen	Modello (Steve)	Guter Ruf, finanzieller Erfolg	Verlust an Ansehen, finanzielle Einbußen
	Korrekte und gleich bleibende Zubereitung der Speisen	Servierkräfte	Wiederkehrende externe Kunden, mehr Trinkgeld*	Verlust externer Kunden, weniger Trinkgeld, schlechte Bewertungen in sozialen Medien*
Tellerwäscher	Rasches und gründliches Spülen des Geschirrs und der Küchengeräte	Modello (Steve)	Positives Image	Schlechtes Image
	Rasches und gründliches Spülen der Küchengeräte	Köche	Reibungsloser Arbeitsablauf	Arbeitsverzögerungen, Frustration
	Rasches und gründliches Spülen des Geschirrs	Servierkräfte	Keine Beschwerden wegen mangelnder Sauberkeit, mehr Trinkgeld*	Unvorhersehbares Restauranterlebnis, Kundenverlust, weniger Trinkgeld, schlechte Bewertungen in sozialen Medien*

* Welleneffekt von externen Kunden

Eine der wichtigsten Aufgaben einer Führungskraft ist es, anderen erkennen zu helfen, warum ihre Arbeit für jemanden von Belang ist.[1] Wer das Teamwork begreift – wem er hilft und wie er hilft –, der hat eine Grundlage für Selbstorganisation und Selbstbestimmtheit geschaffen. Als Nächstes lernen Sie, wie Sie die Canvas einsetzen können, um ein Team Business Model zu entwerfen.

Wie man ein Team Business Model abbildet

Die grafische Darstellung eines Team Business Model ist eine geradlinige Angelegenheit. Aber das ist nicht dasselbe wie einfach!

Beginnen Sie mit der Definition der Kunden Ihres Teams. Das ist der wichtigste Schritt bei der Erstellung Ihres Team Business Model, denn die meisten von uns stellen sich ihre Kollegen nicht als Kunden vor. Sobald jedoch jemand anderes von der Leistung Ihres Teams abhängig ist, gilt er als Kunde.

Das Küchenteam-Modell auf der gegenüberliegenden Seite zeigt drei Kunden: 1) Modello (Steve), 2) das Restaurantteam und 3) die Gäste. Jeder im Küchenteam hat sich einverstanden erklärt, für Modello Umsatz zu generieren, als er eingestellt wurde. Gäste sind natürlich ebenfalls Kunden, wenn auch indirekt. Diese Canvas zeigt, dass die Gäste direkte Kunden des Restaurantteams sind, eine Beziehung, die durch den Pfeil verdeutlicht wird, der vom Restaurantteam auf die Gäste weist. In diesem Sinne ist der wichtigste Kunde des Küchenteams das Restaurantteam, das seinerseits direkt die externen Kunden bedient.

Die Gäste könnten als wichtigste Kunden für jeden Mitarbeiter von Modello betrachtet werden, weil die meisten Einnahmen – und damit die Gehälter – von den Gästen kommen. Das Denken in Geschäftsmodellen zeigt jedoch, dass externen Kunden am besten gedient ist, *wenn man zunächst dem Unternehmen und den internen Teams dient, die diesen Kunden gemeinsam Wert vermitteln.* Denken Sie

daran: Ziel dieses Buchs ist es, *das Teamwork zu verbessern und die Leute vor falschen Entscheidungen zu bewahren.* Wenden Sie die Tools flexibel und in Übereinstimmung mit der Philosophie Ihres Unternehmens an.

Nachdem Sie Ihre Kunden definiert haben, listen Sie für jeden davon ein eigenes Wertangebot auf. Es kann dabei hilfreich sein, die Haftnotizen zu nummerieren. Sobald Sie Kunden und Wertangebote bestimmt haben, ergibt sich das Ausfüllen des übrigen Modells normalerweise von alleine. Beachten Sie, dass Steve auf dieser Canvas in zwei Rollen dargestellt wird: als Kunde und als Schlüsselpartner. Die Canvas zeigt auch das Restaurantteam in zwei Rollen. Beim Aufzeichnen eines Business Model kann eine Person oder eine Gruppe mehr als eine Rolle einnehmen.

Führen Sie in Ihrem Team Business Model die finanziellen Kosten auf, wenn Sie von der Organisation (oder einer übergeordneten Abteilung) ein Budget zugeteilt bekommen haben und neue Mitarbeiter einstellen, Anschaffungen machen, Berater engagieren können und so weiter. Anderenfalls spiegelt die Kostenstruktur wie in diesem einfachen Küchenteam-Beispiel nicht finanzielle Elemente wider.

Nachdem Sie sich mit dem Küchenteam-Modell auf der gegenüberliegenden Seite beschäftigt haben, betrachten Sie die vier Teammodellbeispiele aus der Finanz-, Software-, Energie- und der Beratungsbranche auf den folgenden Seiten.

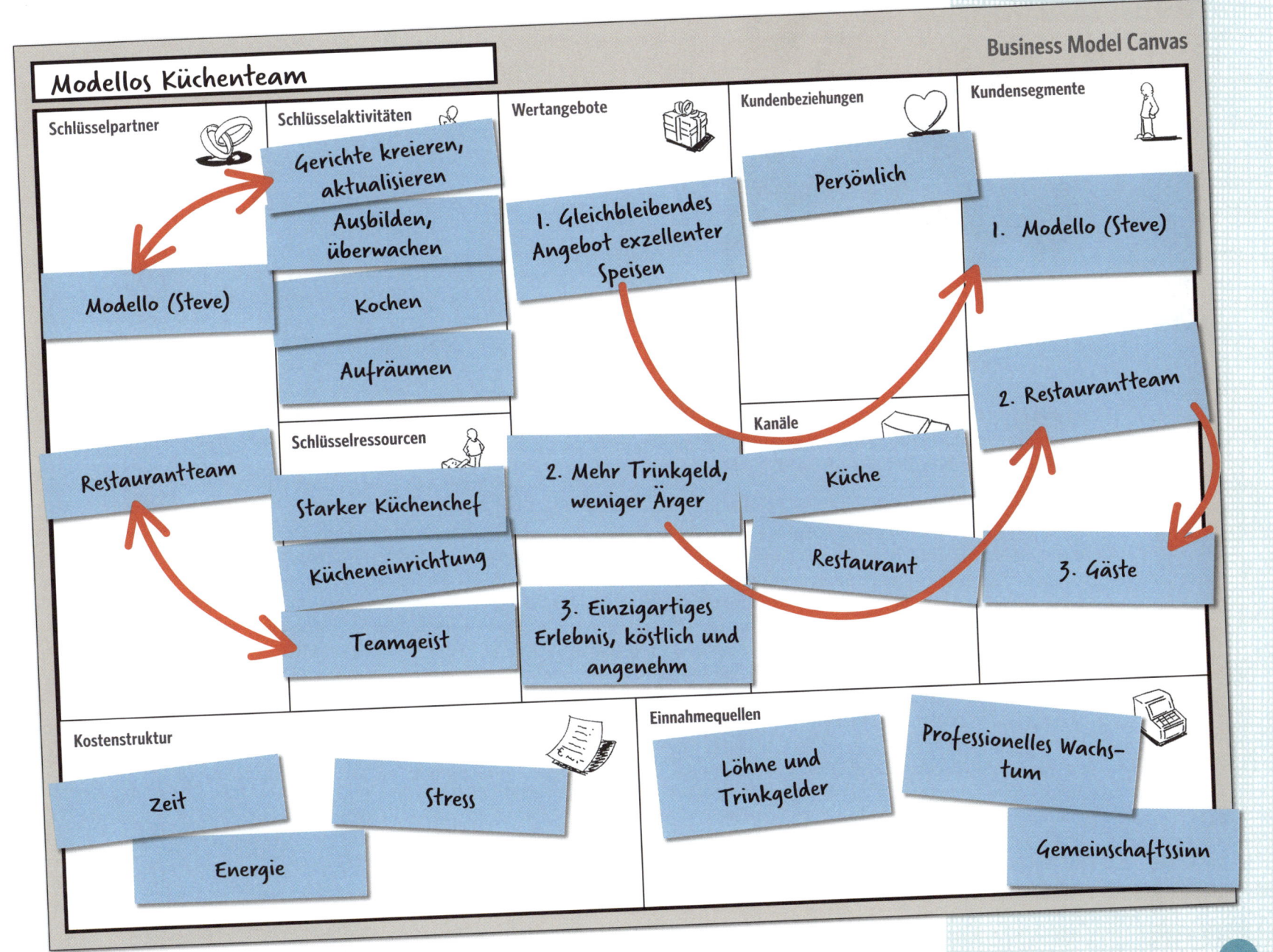

Modellos Küchenteam

Business Model Canvas

Schlüsselpartner
- Modello (Steve)
- Restaurantteam

Schlüsselaktivitäten
- Gerichte kreieren, aktualisieren
- Ausbilden, überwachen
- Kochen
- Aufräumen

Schlüsselressourcen
- Starker Küchenchef
- Kücheneinrichtung
- Teamgeist

Wertangebote
1. Gleichbleibendes Angebot exzellenter Speisen
2. Mehr Trinkgeld, weniger Ärger
3. Einzigartiges Erlebnis, köstlich und angenehm

Kundenbeziehungen
- Persönlich

Kanäle
- Küche
- Restaurant

Kundensegmente
1. Modello (Steve)
2. Restaurantteam
3. Gäste

Kostenstruktur
- Zeit
- Stress
- Energie

Einnahmequellen
- Löhne und Trinkgelder
- Professionelles Wachstum
- Gemeinschaftssinn

Das DBA-Team

Ein Paradigmenwechsel für Finanzprofis

DBA Group ist eine zehnköpfige Beratungsfirma, die jungen Technologieunternehmen in Cambridge Interims- und zeitweilige Finanzverwaltung anbietet, darunter auch Fundraising. Mit anderen Worten, sie kann als CFO für Organisationen einspringen, die noch zu neu sind, um selbst einen einzustellen. In den vergangenen 20 Jahren hat DBA über 50 Unternehmen geholfen, mehr als 500 Millionen Dollar zusammenzubringen.

Im Laufe der Jahre hatte der Gründer David Blair immer wieder mit einem Problem zu kämpfen: Entrepreneure und Investoren betrachten Finanzleute häufig als rückwärtsgerichtete Verwaltungsexperten. Sie tragen Daten zusammen, erledigen Steuer- und Compliance-Angelegenheiten und müssen erst über Entscheidungen informiert werden, wenn diese bereits getroffen wurden. David wollte, dass Entrepreneure und Investoren sein kleines Vor-Ort-Team von Experten als wichtige Mitwirkende des Entscheidungsprozesses betrachteten. Auf diese Weise konnten sie mehr Wert für die Kunden schöpfen.

David wusste, dass er das Problem bei seinen eigenen Teams zur Sprache bringen musste. »Als prozessorientierte Arbeitskräfte neigen Finanzprofis dazu, sich eher auf ihre Tätigkeiten und Ergebnisse zu konzentrieren als auf den Wert, den sie vermitteln, besonders weil sie im Allgemeinen mehr mit internen als mit externen Kunden zusammenarbeiten. Die Team-Canvas hat ihnen wirklich dabei geholfen, diesen Paradigmenwechsel vorzunehmen«, sagt er.

Einfach ausgedrückt bestehe das Wertangebot eines DBA-Teams darin, den Investoren und der Führungsspitze seiner Kunden »zu einem ruhigen Schlaf zu verhelfen«, sagt David. Das heißt, dass sie sorgfältig die Entwicklung sowohl finanzieller als auch nicht finanzieller Erfolgskennzahlen (Key Performance Indicators, KPI) beobachten, diese mit der Planung abgleichen und präzise die Veränderungsauswirkungen – sowohl positive als auch negative – in der Geschäftsumgebung voraussagen. Das ist wertvoller als eine bloße Absicherung in Compliance- und Steuerfragen.

Zu den Schlüsselaktivitäten, die von den Teammitgliedern erwartet werden, um echten Wert zu schöpfen, gehört auch das Verlassen ihrer persönlichen Komfortzone zugunsten von mehr persönlichen Meetings und der Zusammenarbeit mit dem Kunden, um die Verfolgung nicht finanzieller Ziele zu vereinbaren. Dann muss das Team Systeme einrichten, mit denen KPI-Daten in einem einheitlichen und gut anwendbaren Format erfasst und weitergeleitet werden. Das erfordert gute IT-Kenntnisse und eine entsprechende Schulung. Noch wichtiger sei jedoch, sagt David, dass die Teammitglieder die richtige innere Einstellung hätten. Sie müssten die Kunden wirklich begeistern, Schwachstellen erkennen und einen soliden Wert kommunizieren und vermitteln. Was sie angeht, sind die Klienten sowohl Kunden als auch Schlüsselpartner: Nachdem sie vom Konzept des Interims-Finanzteams überzeugt wurden, müssen sie intern dafür eintreten und die DBA-Mitarbeiter zu den richtigen Meetings einladen.

»Da wir bereits Personal Business Models für einzelne Teammitglieder verwendet hatten, war es leicht, dies auf die Verwendung von Team Models zu erweitern«, sagt David.

Das Team Business Model von DBA

Schlüsselpartner

Geschäftsführung Teammitglieder

Investoren

Abteilungsleiter

Schlüsselaktivitäten

Persönliche Treffen

Erfolgskennzahlen (KPI) identifizieren und nachverfolgen

Schlüsselressourcen

Engagement

Gute Finanzkenntnisse, Qualifikationsnachweise

IT-Infrastruktur

Wertangebote

1. Einkommen generieren, Ruf aufbauen

2. »Ruhig schlafen!« (Gewissheit im Hinblick auf aktuelle und antizipierte Positionen)

3. Vertrauen in die Fähigkeit zum Umgang mit unerwarteten Situationen

4. Vertrauen auf die Fortschritte bei der und die Fähigkeit zur Zielerreichung

Kundenbeziehungen

Persönlich

Internet

Fokus auf langfristige Beziehung

Kanäle

Persönliche Treffen

Wöchentliche/monatliche schriftliche Berichte

Kundensegmente

1. DBA (Mutterorganisation)

2. Geschäftsführung Teammitglieder

3. Investoren

4. Abteilungsleiter

Kostenstruktur

Gebühren und Gehälter

Zeit

Energie

Einnahmequellen

Budgetverteilung

Besseres Teamprofil und Anerkennung

Berufliche und persönliche Weiterentwicklung

Viewpoint Software:
Das Team Model von Learning Services

Beth Allen

Viewpoint Construction Software bietet Bauverwaltungs-, Kostenkalkulations- und Enterprise-Resource-Planning-Software für die weltweite Bau- und Bauunternehmerbranche an. Das Unternehmen hat seinen Hauptsitz in Portland, Oregon, und beschäftigt rund 700 Mitarbeiter in den Vereinigten Staaten, in Großbritannien und Australien.

Beth Allen ist bei Viewpoint die Chefin von Learning Services, der Abteilung, die Viewpoint-Kunden in der Verwendung der Produkte und Dienstleistungen des Unternehmens schulen soll. Beths Team entwickelt und pflegt Self-Service-Content (Hilfeseiten, Videos, Schnellanleitungen und so weiter), der den Kunden online kostenlos zur Verfügung steht. Das Team bietet auch kostenpflichtige Schulungen an und führt fünf Zertifizierungskurse für interne und externe Softwareberater durch, die Service und Support für Viewpoint-Produkte anbieten.

Als der langjährige CEO von Viewpoint in den Ruhestand ging und weitere wichtige Führungskräfte das Unternehmen verließen, stand Beth plötzlich einer völlig neuen Leitungsebene gegenüber, die sich über die Rolle von Learning Services nicht ganz im Klaren war. Um den Wert von Learning Services deutlich zu machen, beschloss Beth,

ein Team Business Model zu schaffen. Das Abbilden des Teammodells und seine mündliche Beschreibung gegenüber einem Kollegen ließen einen wichtigen Konflikt deutlich werden.

»Unsere Mission ist es, die Belastung des Kundenbetreuungsteams durch effektive Schulungen und durch das Self-Service-Angebot von Fachwissen zu verringern«, sagt Beth. »Aber wenn die Lernenden im Kundenportal veralteten Online-Content vorfinden, rufen sie häufiger bei der Kundenbetreuung an und verursachen dadurch mehr Kosten. Überholter Content ›kostet‹ mein Team nichts – doch er ist kostspielig für die Kundenbetreuung! Das Teammodell verdeutlicht diese Wechselwirkung und liefert ein starkes Argument für die Investition in die Aktualisierung oder Bereinigung veralteter Online-Schulungsmanagementsysteme.«

Beth entdeckte noch einen weiteren praktischen Nutzen beim Einsatz eines Team Business Model: »Ich hörte auf, Listen mit wichtigen Stichpunkten zu schreiben, und ging dazu über, die Dinge im Kontext eines Business Model zu beschreiben. Jetzt erkennen die Leute, wenn etwas echte Priorität hat. To-do-Aufgaben bieten keinen Kontext. Mit dem Team Business Model kann ich anderen etwas beibringen, insbesondere unserer neuen Führungsebene.«

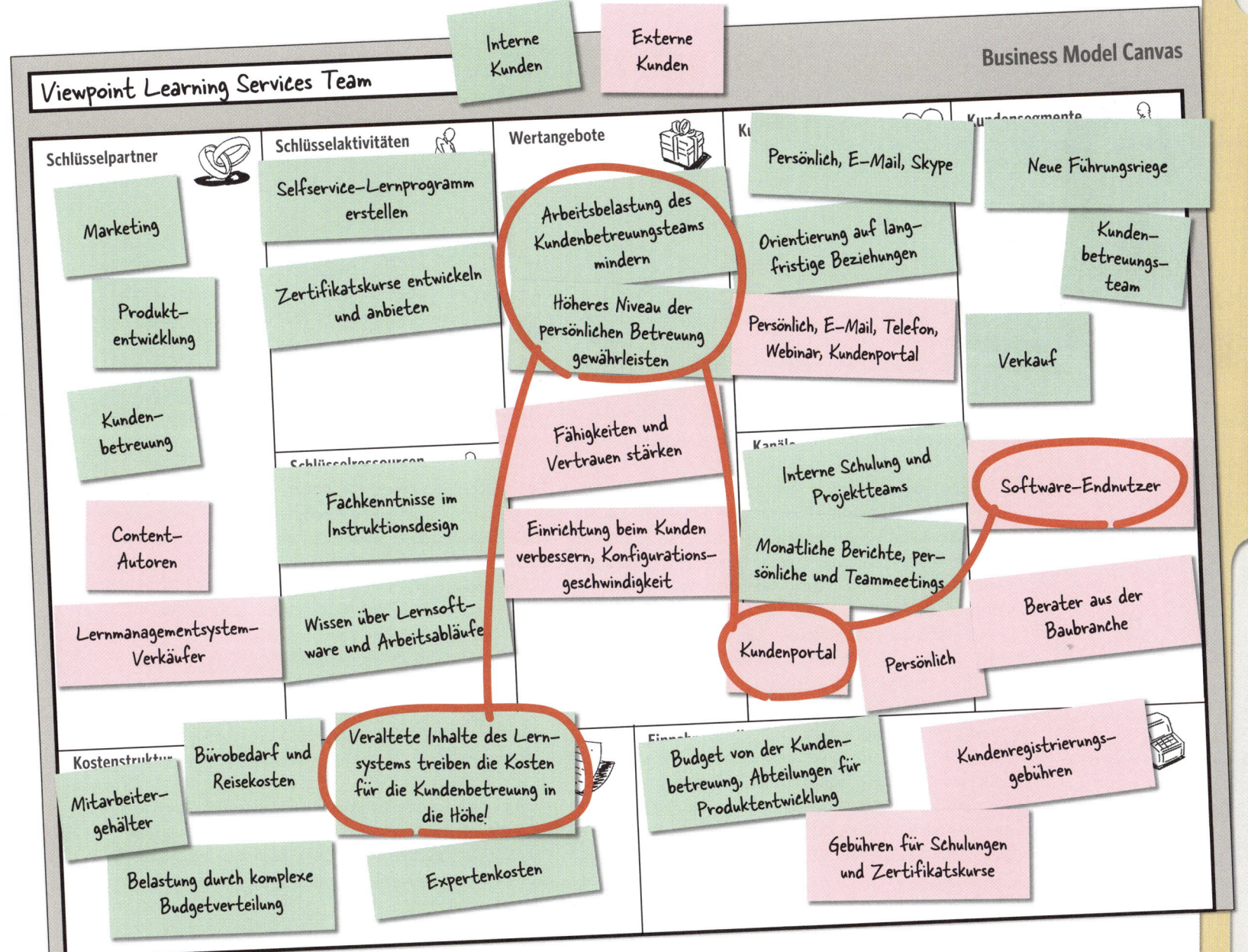

Viewpoint Learning Services Team

Interne Kunden

Externe Kunden

Schlüsselpartner

Marketing

Produktentwicklung

Kundenbetreuung

Content-Autoren

Lernmanagementsystem-Verkäufer

Schlüsselaktivitäten

Selfservice-Lernprogramm erstellen

Zertifikatskurse entwickeln und anbieten

Schlüsselressourcen

Fachkenntnisse im Instruktionsdesign

Wissen über Lernsoftware und Arbeitsabläufe

Wertangebote

Arbeitsbelastung des Kundenbetreuungsteams mindern

Höheres Niveau der persönlichen Betreuung gewährleisten

Fähigkeiten und Vertrauen stärken

Einrichtung beim Kunden verbessern, Konfigurationsgeschwindigkeit

Kundenbeziehungen

Persönlich, E-Mail, Skype

Orientierung auf langfristige Beziehungen

Persönlich, E-Mail, Telefon, Webinar, Kundenportal

Kanäle

Interne Schulung und Projektteams

Monatliche Berichte, persönliche und Teammeetings

Kundenportal

Persönlich

Kundensegmente

Neue Führungsriege

Kundenbetreuungsteam

Verkauf

Software-Endnutzer

Berater aus der Baubranche

Kostenstruktur

Mitarbeitergehälter

Belastung durch komplexe Budgetverteilung

Bürobedarf und Reisekosten

Veraltete Inhalte des Lernsystems treiben die Kosten für die Kundenbetreuung in die Höhe!

Expertenkosten

Einnahmequellen

Budget von der Kundenbetreuung, Abteilungen für Produktentwicklung

Kundenregistrierungsgebühren

Gebühren für Schulungen und Zertifikatskurse

Team Model unterstützt Wechsel des Enterprise Model

Isabella Panizza

Enel of Italy ist ein Stromerzeuger, der über 60 Millionen Haushalte in mehr als 30 Ländern beliefert und sich des größten Kundenstamms aller europäischen Energieanbieter rühmt. Im Jahr 2015 wurde Enel von _Fortune_ zu den 50 wichtigsten »weltverändernden« Unternehmen gezählt, noch vor Facebook, Alibaba und IBM.

Im selben Jahr begann Enel mit der Planung einer neuen strategischen Plattform für Wachstum namens Open Power. Sie sollte Wegbereiter eines »partizipatorischen« Branchenmodells sein, bei dem die Nutzer Energie produzieren und Enel über sein vollständig digitalisiertes Stromnetz und eine offene Internetplattform miteinbeziehen können. Isabella Panizza wurde die schwierige Aufgabe übertragen, die digitale Implementierung der neuen Markenpositionierung des Unternehmens zu entwickeln, die eingeführt worden war, um die Betriebsstrategie von Open Power zu unterstützen.

Isabella wandte sich hilfesuchend an Beople, ein Unternehmen, das sich auf die Innovation von Geschäftsmodellen spezialisiert hat. Beople verwendete sowohl Team Business Models als auch Personal Business Models.

Das Projekt begann mit einer Reihe von Schulungen für die Leiter der Enel-Unternehmensbereiche und der digitalen Abteilungen in aller Welt. Die Teilnehmer zeichneten ihre Personal Business Models einschließlich zu erledigender Aufgaben sowie Vor- und Nachteilen.[2] Das verdeutlichte die wesentlichen Kundensegmente des neuen Teams sowie die damit verknüpften Wertangebote und ermöglichte die Gestaltung des Team Business Model, das auf der gegenüberliegenden Seite abgebildet ist.

Als Nächstes wurden die Rollen und die Prozesse festgelegt, um die Einstellung von Personal für das neue digitale Open-Power-Implementierungsteam zu erleichtern. Sobald die neuen Teammitglieder an Bord waren, richtete Isabella einen Workshop ein, in dem die Teilnehmer die Alignment Canvas (siehe Seite 80) verwendeten, um ihre Teamrollen zu definieren. Dann nutzten die Teilnehmer die Branding Canvas, ein vom Beople-Gründer entwickeltes Tool, um zu bestimmen, wie sie die Open-Power-Botschaft bei Enel kommunizieren würden. Open Power wurde im Jahr 2016 erfolgreich eingeführt und ist jetzt das Gesicht des Unternehmens.

Isabella sagt, am meisten habe es sie befriedigt zu sehen, wie die internen Stakeholder die Rolle ihres neuen Teams als Schlüsselpartner begriffen. »Die Arbeit mit dieser Methodik, den visuellen Tools und der gemeinsamen Sprache, die sie ermöglichen, hat sich als wirkungsvoller Beschleuniger des gesamten Prozesses erwiesen«, sagt sie.

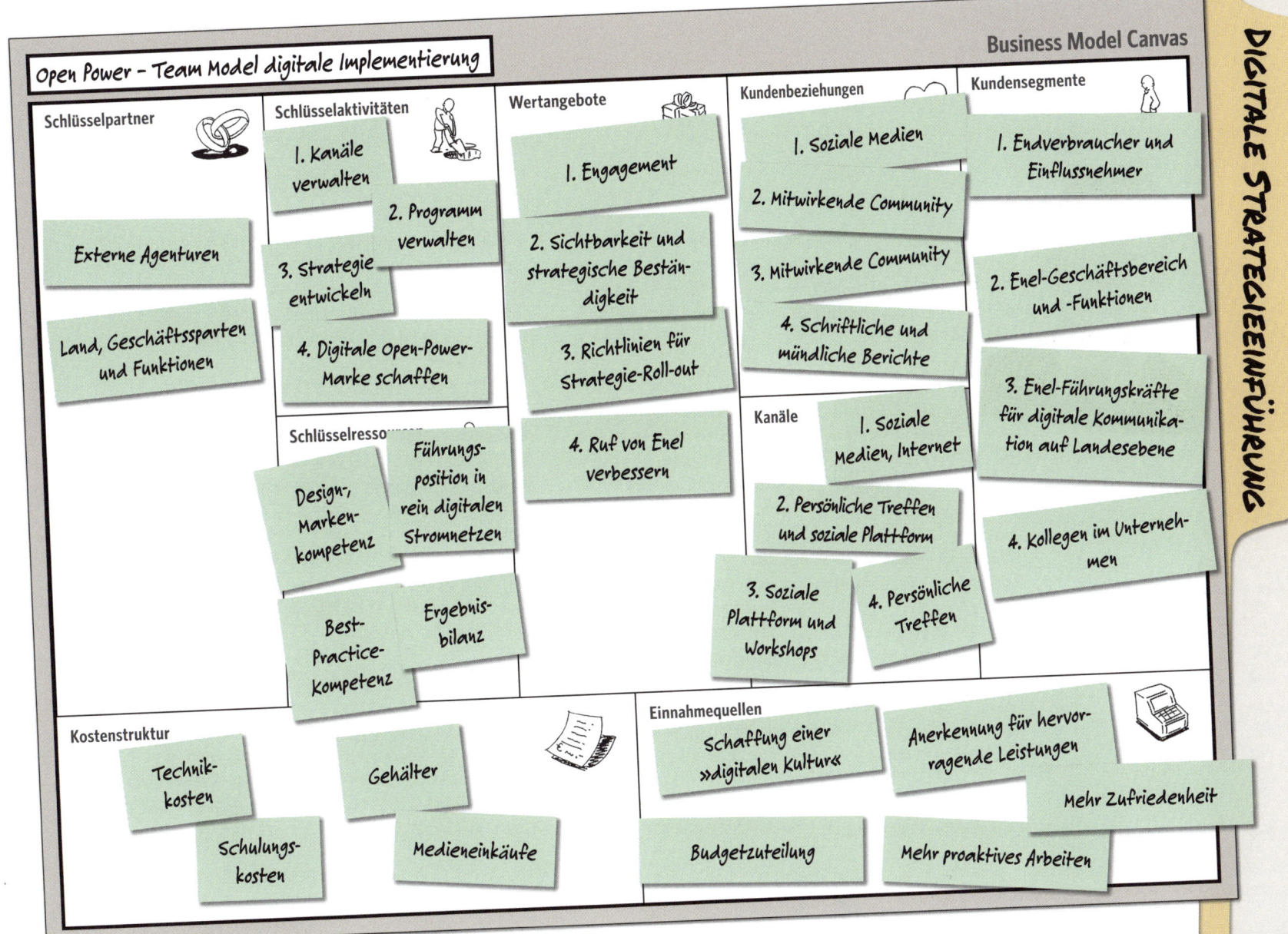

Open Power – Team Model digitale Implementierung

Schlüsselpartner

Externe Agenturen

Land, Geschäftssparten und Funktionen

Schlüsselaktivitäten

1. Kanäle verwalten

2. Programm verwalten

3. Strategie entwickeln

4. Digitale Open-Power-Marke schaffen

Schlüsselressourcen

Design-, Markenkompetenz

Führungsposition in rein digitalen Stromnetzen

Best-Practice-Kompetenz

Ergebnisbilanz

Wertangebote

1. Engagement

2. Sichtbarkeit und strategische Beständigkeit

3. Richtlinien für Strategie-Roll-out

4. Ruf von Enel verbessern

Kundenbeziehungen

1. Soziale Medien

2. Mitwirkende Community

3. Mitwirkende Community

4. Schriftliche und mündliche Berichte

Kanäle

1. Soziale Medien, Internet

2. Persönliche Treffen und soziale Plattform

3. Soziale Plattform und Workshops

4. Persönliche Treffen

Kundensegmente

1. Endverbraucher und Einflussnehmer

2. Enel-Geschäftsbereich und -Funktionen

3. Enel-Führungskräfte für digitale Kommunikation auf Landesebene

4. Kollegen im Unternehmen

Kostenstruktur

Technikkosten

Schulungskosten

Gehälter

Medieneinkäufe

Einnahmequellen

Schaffung einer »digitalen Kultur«

Budgetzuteilung

Anerkennung für hervorragende Leistungen

Mehr proaktives Arbeiten

Mehr Zufriedenheit

Ein internes Beratungsteam bei EY

Reinhard Dalz

Eine Organisation mit über 200 000 Beschäftigten steht einer verwirrenden Komplexität gegenüber – und bietet ein fruchtbares internes Lernfeld für Reinhard Dalz, der bei EY arbeitet (vormals Ernst & Young).

Reinhard leitet bei EY die People Advisory Services, eine Gruppe, die Klienten in Personalfragen berät. Aber People Advisory Services ist auch zuständig für die interne Entwicklung und für das Ausprobieren neuer Methoden zur Einrichtung besserer Arbeitsplätze. Mit Unterstützung seines Kollegen Markus Heinen, dem Chief Innovation Officer von EY für Deutschland, die Schweiz und Österreich, begann Reinhard intern mit Team Business Models und Personal Business Models zu experimentieren. »Wir verwenden Business Models schon lange für die externe Strategie, weil die Geschäftsmodelle von Kunden häufig durch wirtschaftliche, soziale oder technologische Trends über den Haufen geworfen werden«, sagt Reinhard. »Aber wir haben festgestellt, dass die Verwendung von Team Business Models eine wirkungsvolle Methode ist, die EY-Abteilungen voranzubringen.«

Reinhard stellte ein internes Beratungsteam zusammen (gegenüberliegende Seite) mit der Zielsetzung, jene Chief Operation Officers (COO) zu unterstützen, deren Abteilungen externe EY-Kunden bedienen. Reinhard und seine Kollegen stellten fest, dass im Vergleich zu Organisationsdiagrammen das Team Business Model der neuen Gruppe wesentlich effektiver für die Vermittlung von Verständnis und Zweck ist.

»Implizit haben wir die entscheidenden Erfolgsfaktoren des neuen Teams verstanden, aber wir haben sie nie klar zum Ausdruck gebracht, bevor wir ein Team Business Model gestaltet haben. Das Team Model ist ein viel wirkungsvolleres deskriptives Tool als ein Organisationsdiagramm – es ist wesentlich einfacher, Dinge zu erklären und Einvernehmen zu schaffen«, sagt Reinhard. »Außerdem hilft das Team Business Model neuen Mitgliedern, die notwendigen Kenntnisse und den tatsächlichen zu vermittelnden Wert herauszufinden.«

Reinhard und seine Kollegen experimentieren jetzt mit Personal Business Models, die individuelle Rollen innerhalb des Beratungsteams beschreiben. »Ein Personal Business Model verdeutlicht Erwartungen und Kompetenzprofile«, sagt er, »und es stellt sicher, dass die individuellen Ziele einer Person mit den Gruppenzielen übereinstimmen.«

Consulting-Team für interne Abteilungen bei EY

Schlüsselpartner

COOs der kundenorientierten Abteilungen

EY-Technologie-Teams

Qualitätsmanagement-Teams

Mitarbeiter der kundenorientierten Abteilungen

Schlüsselaktivitäten

Beratung zu strategischem Wandel

EY-Teams bei der Durchführung von Veränderungen unterstützen

Schlüsselressourcen

Lust zur Veränderung

Erfahrung mit Kundenprojekten

Branchenspezifische Kompetenzen

Wertangebote

Den Wandel herbeiführen

In anderen Branchen gelernte Lösungsansätze

Dienstleistungen an Kunden verbessern

Mitarbeitererfahrung verbessern

Kundenbeziehungen

COOs bei der Durchführung von Veränderungen beraten

Mitarbeiter beraten

Kanäle

Persönliche Meetings mit COO und Teams

Themenspezifische EY-online-Communitys

Kundensegmente

COOs der kundenorientierten Abteilungen

Mitarbeiter der kundenorientierten Abteilungen

Kostenstruktur

Betriebskosten

Investitionen in Veränderungsprojekte auf Grundlage der ROI-Analyse

Einnahmequellen

Ergebnisse der unterstützten Veränderungen

Das gute Gefühl, Dinge zu erledigen, die wirklich hilfreich sind

Mitarbeiterentwicklung (beruflich und persönlich)

Persönliche Anerkennung

Zeichnen Sie das Business Model Ihres Teams

Jetzt sind Sie an der Reihe! Nehmen Sie sich ein paar Haftnotizzettel und nutzen Sie die leere Canvas auf der gegenüberliegenden Seite, um das Business Model Ihres Teams darzustellen. Oder besser noch: Drucken Sie eine Canvas im Posterformat aus und zeichnen Sie das Modell gemeinsam mit Ihrem Team. Ein paar Erinnerungen sollen Ihnen dabei auf die Sprünge helfen.

1. Kunden
Wenn Sie mehr als einen Kunden haben, sollten Sie die Notizzettel nummerieren, um die Prioritäten aufzuzeigen und die Kunden mit den Wertangeboten abzustimmen. Sie können auch Zettel in unterschiedlichen Farben für die verschiedenen Kunden verwenden.

2. Wertangebot(e)
Jeder Kunde sollte ein eigenes Wertangebot haben. Achten Sie darauf, Ihr Wertangebot im Hinblick auf Nutzen, Lösung oder Ergebnis zu formulieren statt im Hinblick auf eine Tätigkeit.

3. Kanäle und Kundenbeziehungen
Unterschiedliche Kunden können unterschiedliche Kanäle oder Kundenbeziehungen erfordern. Nutzen Sie Zahlen oder verschiedenfarbige Zettel.

4. Schlüsselaktivitäten
Benennen Sie bestimmte Aktivitäten, die notwendig sind, um das Wertangebot zu schaffen und zu vermitteln (*Hinweis:* Häufig sind das Aktivitäten, welche die Mitarbeiter vermeiden wollen!). Lassen Sie Verwaltungs- und Routinearbeiten beiseite.

5. Schlüsselressourcen
Was brauchen Sie, um Ihr Wertangebot zu schaffen und zu vermitteln? Achten Sie auf wesentliche Elemente, die fehlen oder unterrepräsentiert sind.

6. Schlüsselpartner
Schließen Sie sowohl interne als auch externe Partner ein. Konkretisieren Sie, was sie bieten oder was sie tun werden. Vermerken Sie wie in David Blairs Fall auf Seite 66 die entscheidende Rolle, die Schlüsselpartner bei der Beziehungsentwicklung spielen können.

7. Einnahmequellen und Kosten
Vermerken Sie berufliche Entwicklungsmöglichkeiten und andere nicht finanzielle Vorteile, die Ihre Teammitglieder genießen werden.

Sobald Sie ein Team Model geschaffen haben, ist es an der Zeit herauszufinden, wie es mit anderen Teams zusammenhängt. Erfahren Sie, wie Beatriz Gonzalez Torres Team Models einsetzte, um ihre eigene Abteilung neu zu positionieren – und entdecken Sie eine ganz neue Gruppe von internen Kunden.

Schlüsselpartner

- Wer sind unsere Schlüssel- partner?
- Welche Schlüsselressourcen stellen sie zur Verfügung, oder welche Schlüsselaktivitäten führen sie aus?
- Was bieten sie, das für unser Modell unver- zichtbar ist?
- Wie Schlüsselpartner Nutzen schaffen:
  - Optimieren oder wirtschaftlicher machen
  - Risiken oder Unsicherheiten verringern
  - Ressourcen oder Aktivitäten zur Ver- fügung stellen, die ansonsten nicht erhältlich sind

Schlüsselaktivitäten

- Welche Schlüsselaktivitäten erfordern unsere Wertan- gebote, unsere Kanäle, unsere Kundenbeziehungen und unsere Einnahmequellen?
- Arten von Schlüsselaktivitäten:
  Machen: gestalten, entwickeln, produzieren, lösen, liefern
  Verkaufen: bilden, befürworten, vorführen, fördern, bewerben
  Betreuen: führen, warten, kontrollieren, anderweitig den Personen zur Seite stehen, die herstellen oder verkaufen

Schlüsselressourcen

- Welche Aktivposten erfordern unsere Wertangebote, Kanäle, Kundenbeziehungen und Einnahmequellen?
- Vier Arten von Schlüsselressourcen:
  Personal: qualifizierte Arbeitskräfte
  Materielle Güter: Fahrzeuge, Gebäude, Grundstücke, Ausrüstung, Werkzeuge
  Immaterielle Güter: Marken, Methoden, Systeme, Software, Patente, Urheberrechte, Lizenzen
  Finanzen: Barvermögen, Rücklagen, Außenstände, Dispokredite, finanzielle Garantieleistungen

Wertangebote

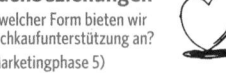

- Welche Vorteile bieten wir unseren Kunden?
  Zum Beispiel:
  Funktional
  - Verringertes Risiko
  - Geringere Kosten
  - Mehr Bequemlichkeit oder leichtere Bedienbarkeit
  - Verbesserte Leistung
  - Erledigung bestimmter Aufgaben
  Emotional
  - Genuss oder Vergnügen
  - Akzeptanz
  - Zugehörigkeit
  - Wertschätzung
  - Sicherheit
  Sozial
  - Verbesserter Status
  - Bestätigung von Geschmack und Stil
  - Verbundenheit

Kundenbeziehungen

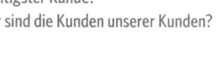

- In welcher Form bieten wir Nachkaufunterstützung an? (Marketingphase 5)
- Welche Art von Beziehungen pflegen wir zurzeit?
  Zum Beispiel:
  - Persönliche oder telefonische Hilfe
  - Automatisierte E-Mails oder Online- Formulare
  - Persönlicher Service via E-Mail, Chat, Skype etc.
  - Nutzer-Community oder Wiki
  - Mitgestaltung der Kunden
- Welche anderen Beziehungen die Kunden von uns aufzunehmen und zu pflegen erwarten?

Kanäle

- Über welche Kanäle erreichen wir die Kunden?
- Welche Kanäle funktionieren am besten?
- Gibt es andere Kanäle, die von den Kunden bevorzugt werden könnten?
- Marketingphasen 1–4
  1. Aufmerksamkeit: Wie entdecken uns die Kunden?
  2. Beurteilung: Wie können wir eine Beur- teilung auslösen?
  3. Kauf: Wie kaufen die Kunden?
  4. Auslieferung: Wie liefern wir?

Kundensegmente

- Wem bieten wir einen Nutzen?
- Mit welchen Kunden erzielen wir den größten Teil unserer Einnahmen?
- Wer ist strategisch gesehen unser wichtigster Kunde?
- Wer sind die Kunden unserer Kunden?

Kostenstruktur

- Was sind unsere größten Kosten?
- Welche Schlüsselressourcen und Schlüsselaktivitäten sind am teuersten?
- Welche negativen äußeren Effekte bewirken wir?
- Kostenarten:
  Fixkosten: Gehälter, Mieten
  Variable Kosten: Kosten für Waren und Dienstleistungen, Zeitarbeit
  Unbare Aufwendungen: Abschreibung, Firmenwert, externe Effekte

Einnahmequellen

- Für welchen Nutzen sind unsere Kunden wirklich zu zahlen bereit?
- Wie bezahlen sie jetzt?
- Welche Zahlungsweise könnten sie bevorzugen?
- Wie viel Umsatz erzeugt jeder Kunde?
- Welche positiven externen Effekte rufen wir hervor?
- Welche Formen der Bezahlung gibt es?

Zum Beispiel:
- Verkauf von Wirtschaftsgütern
- Leasing oder Miete
- Abonnement

- Franchising
- Courtage
- Werbekosten
- Auktionsbasierte dynamische Preisgestaltung

Beatriz A. González Torres

TECHNISCHE SCHULUNG

Das Team auf die Kundenziele einschwören

Beatriz Gonzalez Torres führt ein Schulungsteam, das für das 800 Mitarbeiter starke Elevator Innovation Center zuständig ist, eine Forschungs- und Entwicklungsabteilung von Thyssen Krupp, einem breit gefächerten, weltweit tätigen Branchengiganten mit über 150 000 Beschäftigten und 42 Milliarden Dollar Umsatz.

Der Zweck des Schulungsteams ist einfach: Es soll die Fertigkeiten der Innovation-Center-Mitarbeiter so weiterentwickeln, dass sie die zunehmend komplexen Thyssen-Krupp-Fahrsteige und -Aufzugsysteme vermitteln können, die in Gebäuden, Flughäfen und großen Einkaufscentern auf aller Welt verwendet werden.

Bei ihrer Arbeit als Leiterin des Schulungsteams stand Beatriz zwei miteinander zusammenhängenden Herausforderungen gegenüber.

Erstens musste sie dem Elevator Innovation Center – einem internen Kunden – angesichts zunehmender Budgetknappheit beweisen, dass ihr Schulungsteam zum Erfolg von Forschung und Entwicklung beitrug. Zweitens wollte sie neue Möglichkeiten finden, wie ihr Team sich einbringen und zusätzlichen Wert schöpfen konnte. »Wir mussten die Dinge aus einer anderen Perspektive betrachten, um zeigen zu können, wer von unserer Arbeit profitiert«, sagt sie.

Beatriz wollte versuchen, das Business Model ihres Teams mit dem des Innovation Center in Einklang zu bringen. Als Erstes gab sie dem Programmleiter des Innovation Center einen Überblick über die Business-Model-Methodik. Dann arbeiteten sie gemeinsam an einer Team-Canvas für das Innovation Center. Anschließend definierte sie das Team Model ihrer Schulungsabteilung. Und zum Schluss hängte sie das Team Model des Innovation Center oberhalb des Schulungsteam-Model auf, um die beiden miteinander vergleichen zu können.

Lesen Sie weiter und erfahren Sie, wie eine maßgebliche Unstimmigkeit und eine große Chance dabei unmittelbar erkennbar wurden.

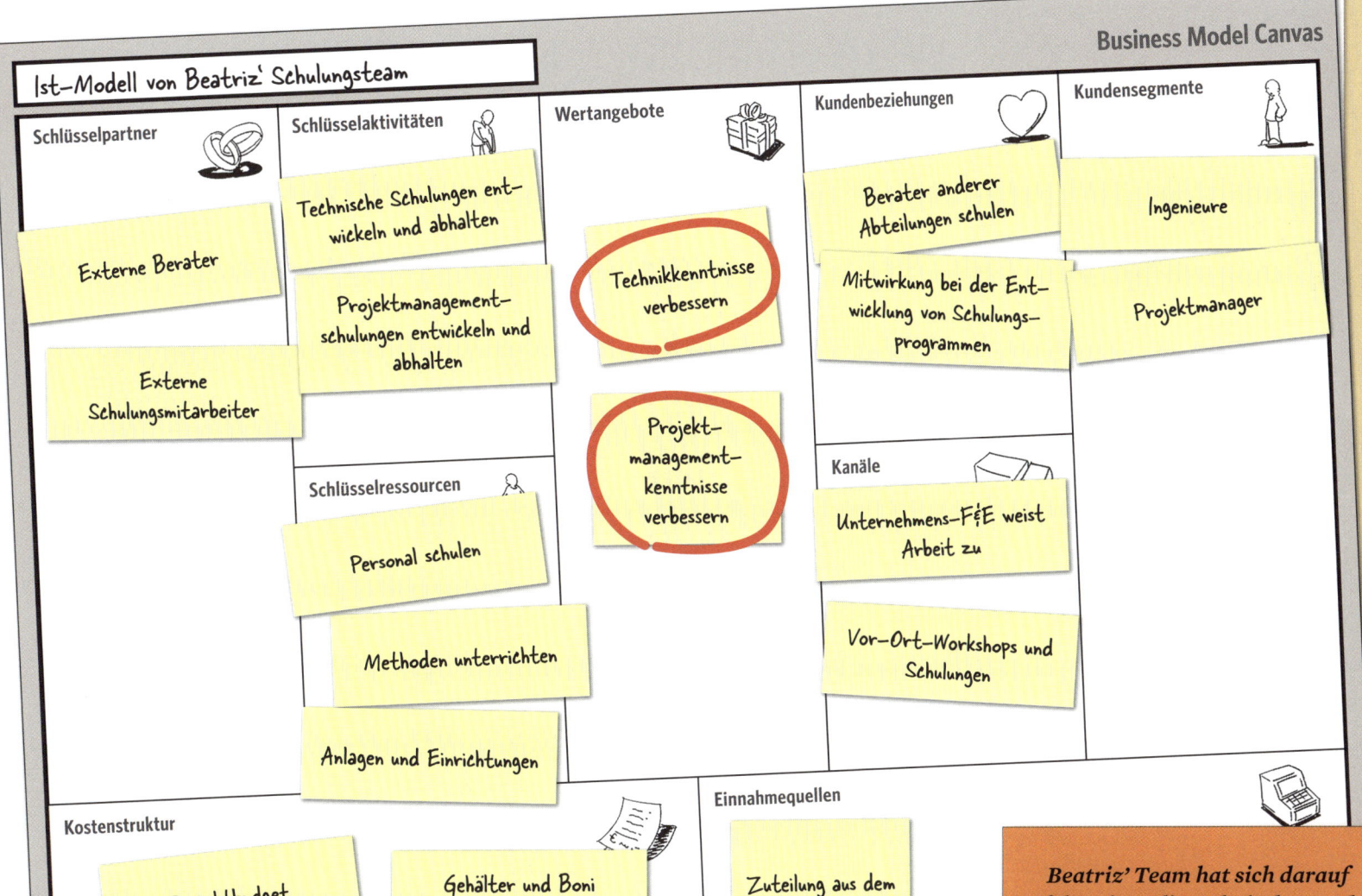

Ist-Modell von Beatriz' Schulungsteam

Schlüsselpartner

Externe Berater

Externe Schulungsmitarbeiter

Schlüsselaktivitäten

Technische Schulungen entwickeln und abhalten

Projektmanagementschulungen entwickeln und abhalten

Schlüsselressourcen

Personal schulen

Methoden unterrichten

Anlagen und Einrichtungen

Wertangebote

Technikkenntnisse verbessern

Projektmanagementkenntnisse verbessern

Kundenbeziehungen

Berater anderer Abteilungen schulen

Mitwirkung bei der Entwicklung von Schulungsprogrammen

Kanäle

Unternehmens-F&E weist Arbeit zu

Vor-Ort-Workshops und Schulungen

Kundensegmente

Ingenieure

Projektmanager

Kostenstruktur

Projektbudget

Gehälter und Boni der Mitarbeiter

Einnahmequellen

Zuteilung aus dem F&E-Budget

Beatriz' Team hat sich darauf fokussiert, die technischen und Projektmanagementkenntnisse innerhalb des 800 Mitarbeiter starken Innovation Center von Thyssen Krupp zu verbessern.

Wie Verbindungen Werte freisetzen

Das Wertangebot des Innovation Center lautete »neue Produkte auf den Markt bringen«. Doch die Visualisierung seines Modells durch Beatriz und die Abteilungsleiter zeigte deutlich, dass für das Schaffen neuer Produkte eine enge Koordination mit vier anderen Thyssen-Krupp-Abteilungen notwendig war: Produktion, Lieferkette, Verkauf und Finanzen. Die Mitarbeiter dieser fünf miteinander verknüpften Abteilungen hatten allerdings wenig Fachwissen im *Produkt*management – und Beatriz' Team hatte sich ausschließlich auf Schulungen im technischen und im Projektmanagementbereich konzentriert!

Beatriz erkannte sofort einen erheblichen Bedarf an *Produkt*managementschulungen sowie die Notwendigkeit, diese Schulungen vier weiteren Thyssen-Krupp-Abteilungen zukommen zu lassen, nicht nur dem Innovation Center. Das bedeutete, vier neue Kunden hinzuzufügen, ein neues Wertangebot zu schaffen und ihr Team Model um eine neue Schlüsselaktivität zu erweitern (die grünen Haftnotizen auf der gegenüberliegenden Seite). Sie rekrutierte neue Schlüsselpartner aus anderen Thyssen-Krupp-Geschäftsbereichen, um sie bei der Gestaltung und Vermittlung der neuen Schulungen zu unterstützen. Ihre neuen Kunden halfen ihr bei der Entwicklung der Lerneinheiten, wie im Baustein Kundenbeziehungen dargestellt.

Die Abstimmung des Schulungsteam-Modells mit dem Modell des Elevator Innovation Center versetzte Beatriz in die Lage, den Wert ihrer Abteilung zu verdeutlichen und sich ein größeres Budget zu sichern. Es verbesserte auch ihr Ansehen bei Thyssen-Krupp, denn sie galt jetzt als jemand, dessen Blickwinkel über die Grenzen einer reinen Stellenbeschreibung hinausreicht. »Diese zweistufige Analyse zwang uns, die Abstimmung mit einem internen Schlüsselkunden zu suchen, anstatt nur neue Ideen auszubrüten«, sagt Beatriz. »Es war eine Herausforderung, aber am Ende hat es sich absolut gelohnt.«

Was Beatriz gelernt hat

- »In einem technikorientierten Umfeld mit vielen Beschäftigten kann die Arbeit hochgradig kleinteilig werden. Diese Fraktionierung macht es unter Umständen überraschend einfach, übergreifende Falschausrichtungen zu überschauen.«
- »Nutzen Sie die Canvas lieber nicht für Erklärungen gegenüber Menschen, die nicht mit ihrer Verwendung vertraut sind – das kann sie verwirren. Geben Sie ihnen zunächst eine kleine Schulung in Sachen Business Model.«
- »Jeder lernt eine Menge dazu, wenn Leute aus unterschiedlichen Abteilungen gemeinsam ein Modell gestalten.

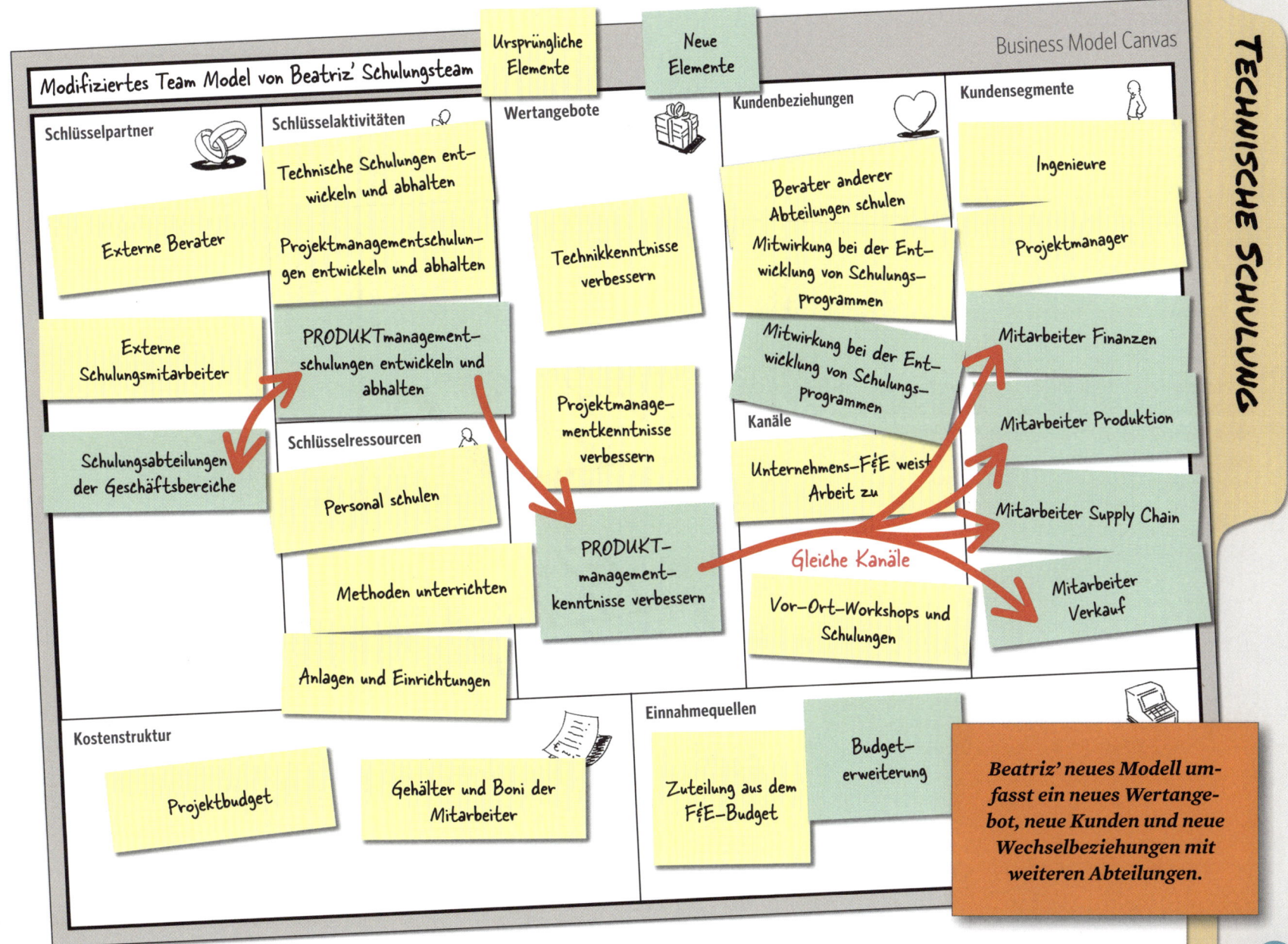

TECHNISCHE SCHULUNG

Modifiziertes Team Model von Beatriz' Schulungsteam

Ursprüngliche Elemente

Neue Elemente

Schlüsselpartner

Externe Berater

Externe Schulungsmitarbeiter

Schulungsabteilungen der Geschäftsbereiche

Schlüsselaktivitäten

Technische Schulungen entwickeln und abhalten

Projektmanagementschulungen entwickeln und abhalten

PRODUKTmanagementschulungen entwickeln und abhalten

Schlüsselressourcen

Personal schulen

Methoden unterrichten

Anlagen und Einrichtungen

Wertangebote

Technikkenntnisse verbessern

Projektmanagementkenntnisse verbessern

PRODUKTmanagementkenntnisse verbessern

Kundenbeziehungen

Berater anderer Abteilungen schulen

Mitwirkung bei der Entwicklung von Schulungsprogrammen

Mitwirkung bei der Entwicklung von Schulungsprogrammen

Kanäle

Unternehmens-F&E weist Arbeit zu

Gleiche Kanäle

Vor-Ort-Workshops und Schulungen

Kundensegmente

Ingenieure

Projektmanager

Mitarbeiter Finanzen

Mitarbeiter Produktion

Mitarbeiter Supply Chain

Mitarbeiter Verkauf

Kostenstruktur

Projektbudget

Gehälter und Boni der Mitarbeiter

Einnahmequellen

Zuteilung aus dem F&E-Budget

Budgeterweiterung

Beatriz' neues Modell umfasst ein neues Wertangebot, neue Kunden und neue Wechselbeziehungen mit weiteren Abteilungen.

79

Die Alignment Canvas

Beatriz hat das Modell ihres Schulungsteams mit dem des Innovation Center verglichen, um herauszufinden, wie sie ihre Arbeit besser auf die Kundenwünsche abstimmen kann. Die optimale Ausrichtung auf ein gemeinsames Ziel können Sie mit der Alignment Canvas erreichen.

Die Alignment Canvas zeigt zwei miteinander zusammenhängende Business Models auf demselben Blatt: ein untergeordnetes (weniger komplexes) und ein übergeordnetes (komplexeres). Das untergeordnete und das übergeordnete Modell können durch Hierarchien, Wechselbeziehungen, Stellvertretungsregelungen, Kundendienstleistungen oder eine Kombination dieser Elemente miteinander verbunden sein. So wie das Restaurant Modello ein Kunde des Küchenteams ist, ist das Elevator Innovation Center ein Kunde von Beatriz' Abteilung.

Die Begriffe »untergeordnet« und »übergeordnet« beziehen sich lediglich auf die Komplexität oder die Hierarchieebene – sie beinhalten kein Urteil und keine Wertung. Auf einer Alignment Canvas hat das übergeordnete Modell Vorrang vor dem untergeordneten: Für gewöhnlich wird das untergeordnete Modell modifiziert, um die Bedürfnisse des übergeordneten zu erfüllen.

Sehen Sie sich die Alignment Canvas auf der gegenüberliegenden Seite an.

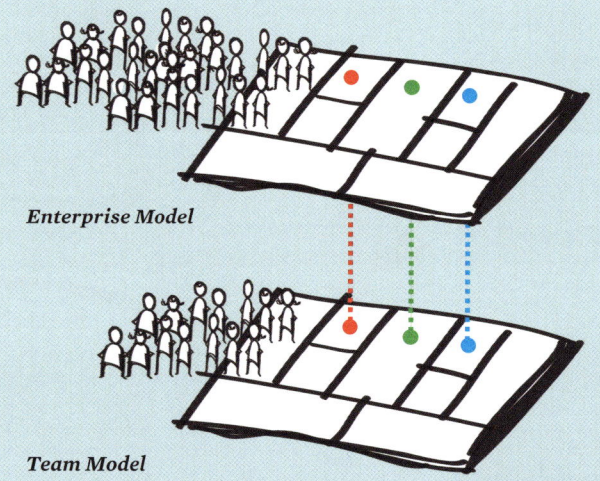

Enterprise Model

Team Model

Schlüsselpartner

Führen Sie Beteiligte auf, die uns versorgen entweder 1) mit Schlüsselressourcen versorgen oder 2) eine Schlüsselaktivität für uns ausüben.

Führen Sie Beteiligte auf, die Sie entweder
1) mit Schlüsselressourcen versorgen oder die
2) eine Schlüsselaktivität für Sie ausüben.

Kostenstruktur

Führen Sie die größten Kosten für Schlüsselressourcen, Schlüsselaktivitäten und Schlüsselpartner auf.

Schlüsselaktivitäten

Beschreiben Sie wesentliche fortlaufende Tätigkeiten, die unser(e) Wertangebot(e) schaffen, kommunizieren, die deren Bewertung ermöglichen, die sie verkaufen, vermitteln oder unterstützen.

Beschreiben Sie wesentliche fortlaufende Tätigkeiten, durch die Sie unser(e) Wertangebot(e) schaffen, kommunizieren, die deren Bewertung ermöglichen, die sie verkaufen, vermitteln oder unterstützen.

Schlüsselressourcen

Führen Sie die wichtigsten Ressourcen auf (personell, finanziell, intellektuell, physisch), die wir benötigen, um unser(e) Wertangebot(e) zu schaffen, zu kommunizieren, zu verkaufen, zu vermitteln und zu unterstützen.

Führen Sie die wichtigsten Ressourcen auf (personell, finanziell, intellektuell, physisch), über die Sie verfügen, um das/die Wertangebot(e) des Teams zu schaffen, zu kommunizieren, zu verkaufen, zu vermitteln und zu unterstützen.

Wertangebote

Beschreiben Sie Kundenprobleme, die wir lösen (zu erledigende Aufgaben), Vorteile, die wir bieten, und/oder Kundenwünsche, die wir erfüllen. Benennen Sie die Dienstleistungen/Namen.

Beschreiben Sie Kundenprobleme, die Sie lösen (zu erledigende Aufgaben), Vorteile, die Sie bieten, und/oder Kundenwünsche, die Sie erfüllen.

Kundenbeziehungen

Beschreiben Sie die Art von Beziehung, die wir haben, um 1) eine Nachkaufbetreuung zu gewährleisten und 2) dem Kunden weitere Angebote zu vermitteln.

Beschreiben Sie die Art von Beziehung, die Sie haben, um 1) eine Nachkaufbetreuung zu gewährleisten und 2) dem Kunden weitere Angebote zu vermitteln.

Kanäle

Führen Sie wichtige Berührungspunkte mit potenziellen Kunden auf, die 1) Aufmerksamkeit erzeugen, 2) eine Beurteilung auslösen, 3) den Kauf ermöglichen und 4) Wert vermitteln.

Führen Sie wichtige Berührungspunkte mit potenziellen Kunden auf, an denen Sie 1) Aufmerksamkeit erzeugen, 2) eine Beurteilung auslösen, 3) den Kauf ermöglichen und 4) Wert vermitteln.

Kundensegmente

Führen Sie der Reihe nach die wichtigsten Kundensegmente auf, denen wir Wert vermitteln.

Führen Sie der Reihe nach die wichtigsten internen oder externen Kundensegmente auf, denen Sie Wert vermitteln.

Einnahmequellen

Beschreiben Sie die speziellen Einkünfte und/oder Gewinne, die durch jedes Kundensegment erzielt werden.

Führen Sie die größten Kosten auf (finanziell, emotional, sozial, finanziell etc.), die durch Ihre Arbeit entstehen.

Beschreiben Sie Einkünfte oder Gewinne (finanziell, emotional, sozial, personell etc.), die Sie durch Kunden erzielen.

Wie man die Alignment Canvas verwendet

Für die Verwendung der Alignment Canvas beginnen Sie mit zwei zusammenhängenden Business Models. Zeichnen Sie das übergeordnete Modell in den oberen Bereich jedes Bausteins ein. Dann zeichnen Sie das untergeordnete Business Model in den unteren, grau hinterlegten Bereich jedes Bausteins ein (der Platz für Einträge ist begrenzt, also ist Prägnanz wichtig).

Die Alignment Canvas auf der gegenüberliegenden Seite zeigt Modello (das übergeordnete Modell) in blauen Notizzetteln und das Restaurantteam (das untergeordnete Modell) in gelben Notizzetteln.

Vergleichen Sie als Nächstes das obere und das untere Modell. Sie können mit zwei Fragen anfangen: Welches sind die Bereiche, in denen diese beiden Modelle die größten Ähnlichkeiten aufweisen? Und: Welches sind die Bereiche mit den größten Unterschieden?

Der Alignment Canvas auf der gegenüberliegenden Seite können Sie entnehmen, dass das Restaurant Modello drei verschiedene Kundensegmente bedient, die in der Reihenfolge ihrer Priorität nummeriert sind: 1) Abendgäste, 2) Mittagsgäste und 3) Privatveranstaltungen.

Die Gegenüberstellung der beiden Modelle auf der Alignment Canvas enthüllt einen entscheidenden Unterschied: Das Restaurantteam bedient nicht das dritte Kundensegment des Restaurants, die Privatveranstaltungen. Der Kanal, den Modello verwendet, um dieses Kundensegment zu erreichen, ist das Catering. Im Team Business Model des Restaurantteams fehlt demnach der Catering-Kanal.

Dank Dennis, einem Kellner mit großem situativem Know-how, sollte sich dies ändern.

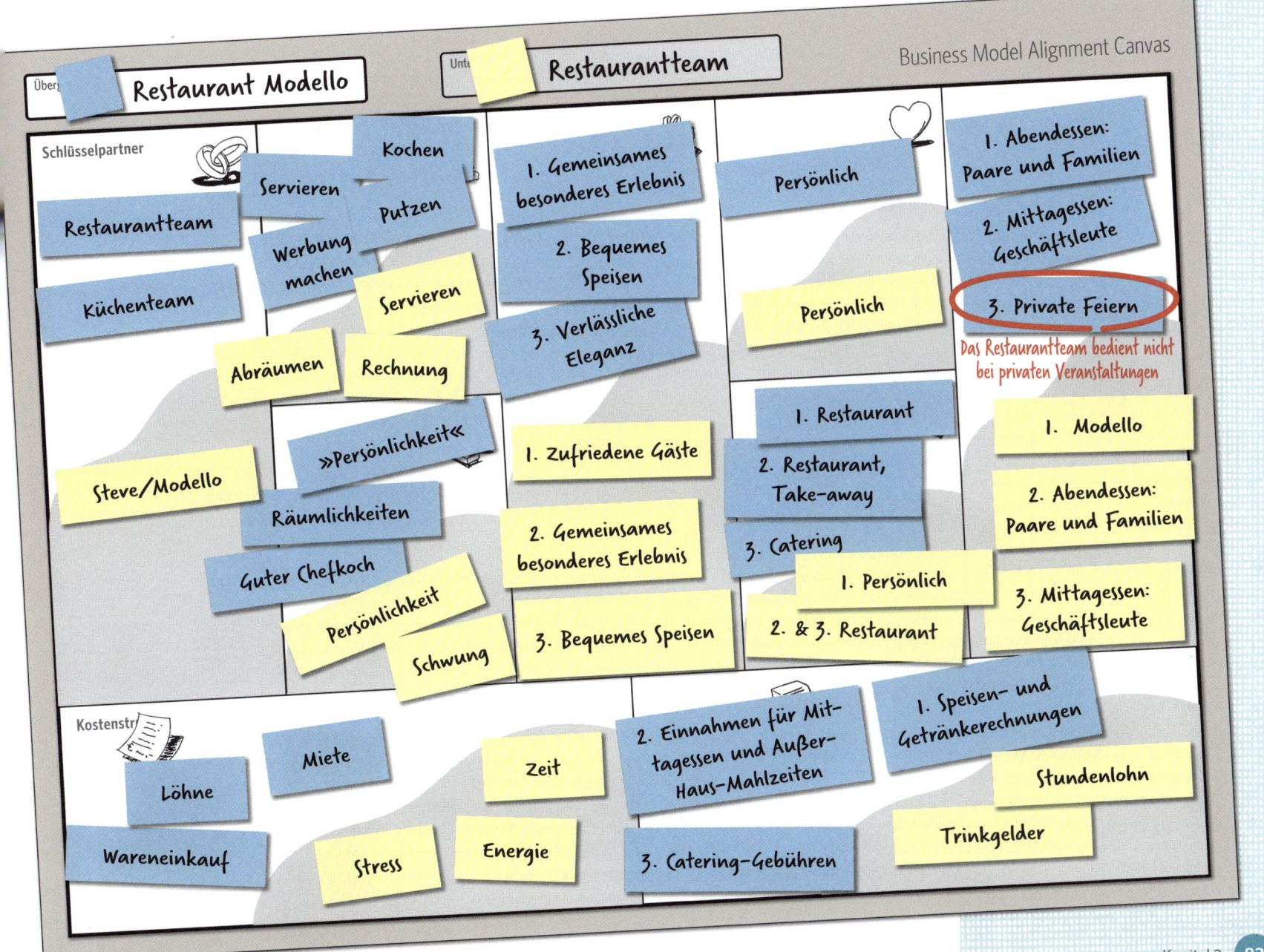

Restaurant Modello

Restaurantteam

Business Model Alignment Canvas

Schlüsselpartner

Restaurantteam

Küchenteam

Steve/Modello

Kochen
Servieren
Putzen
Werbung machen
Servieren
Abräumen
Rechnung

»Persönlichkeit«
Räumlichkeiten
Guter Chefkoch
Persönlichkeit
Schwung

1. Gemeinsames besonderes Erlebnis

2. Bequemes Speisen

3. Verlässliche Eleganz

1. Zufriedene Gäste

2. Gemeinsames besonderes Erlebnis

3. Bequemes Speisen

Persönlich

Persönlich

1. Restaurant

2. Restaurant, Take-away

3. Catering

1. Persönlich

2. & 3. Restaurant

1. Abendessen: Paare und Familien

2. Mittagessen: Geschäftsleute

3. Private Feiern

Das Restaurantteam bedient nicht bei privaten Veranstaltungen

1. Modello

2. Abendessen: Paare und Familien

3. Mittagessen: Geschäftsleute

Kostenstr...

Löhne
Miete
Wareneinkauf
Stress
Energie
Zeit

2. Einnahmen für Mittagessen und Außer-Haus-Mahlzeiten

3. Catering-Gebühren

1. Speisen- und Getränkerechnungen

Stundenlohn

Trinkgelder

Dennis' zufällige Entdeckung

Dennis ist einer der besten Kellner von Modello. Er arbeitet vier Schichten pro Woche im Restaurant und manchmal als Oberkellner bei privaten Veranstaltungen, für die Modello das Catering macht. Aufgrund seines freundlichen Naturells kennt Dennis eine Reihe von Stammkunden mit Namen. Ein regelmäßiger Mittagsgast, Phil, ist Vertriebsleiter eines Pharmaunternehmens.

Als Dennis Phil und seinen Begleiter eines Tages bediente, hörte er zu seiner Überraschung, wie die beiden hitzig über einen Lieferservice diskutierten. Noch erstaunter war Dennis, als Phil ihn um seine professionelle Empfehlung für einen guten örtlichen Caterer bat. »Also, unser Catering-Service liefert alles, was auf der Modello-Speisekarte steht, auch außer Haus«, erwiderte er. Dennis hatte die Unterhaltung rasch wieder vergessen. Doch Ende der Woche rief Phils Sekretärin ihn an und buchte ein Catering für 15 Personen.

Am nächsten Tag nahm Steve Dennis beiseite. »Phil hat ein 15-Personen-Menü für die Orthopädische Kinderklinik gebucht«, sagte er. »Danke, dass du unseren Lieferservice erwähnt hast. Ich hätte nie gedacht, dass zwei Vertreter mehr brauchen als ein Mittagessen.«

Dennis zuckte die Achseln. »Er und dieser Vertreterkollege waren anscheinend ziemlich verärgert über irgendein Problem mit der Essensauslieferung.«

Steve, scheinbar in Gedanken versunken, merkte plötzlich auf. »Kumpel, du hast mir gerade eine Idee zu unserem Geschäftsmodell eingegeben!«

Bei der nächsten Mitarbeiterversammlung präsentierte Steve die Alignment Canvas von der vorangehenden Seite und machte eine Ankündigung: Ihr alle kennt unseren Catering-Service, und einige von euch arbeiten daran mit. Aber als Dennis letzte Woche einen neuen Catering-Kunden angebracht hat, ist mir klargeworden, dass wir diesen Teil unseres Geschäfts gezielt ausbauen können.«

Steve deutete auf die Notiz »Private Feiern« auf der Alignment Canvas und fuhr fort: »Ab sofort gehen 8 Prozent der Gesamtrechnung in die Trinkgeldkasse, sobald ein Hinweis von euch zu einem Catering-Auftrag führt.« Ein begeistertes Murmeln war zu hören.

Steve klebte fünf neue rosafarbene Haftnotizzettel auf die Alignment Canvas, während er weitersprach. »Fangt an, private Feiern als eins eurer Kundensegmente zu betrachten, und macht ›Catering erwähnen‹ zu einer Schlüsselaktivität. Aber macht das bitte mit Bedacht und immer nur im passenden Kontext. Nicht jeder braucht Essen nach Hause geliefert.« Das Meeting endete im Gelächter der Mitarbeiter, und Steve und Dennis gingen gemeinsam ins Restaurant. »Jetzt ist es Zeit für eine Unterhaltung mit Phil«, sagte Steve. »Zeit für ein PINT.«

Dennis blickte verwirrt drein. »Du willst mit ihm ein Bier trinken gehen?«

Steve lachte. »Genau. Wir unterhalten uns über Problems, Issues, Needs und Trends (Probleme, Fragen, Erfordernisse und Trends) – und zwar bei einem Pint Bier!«

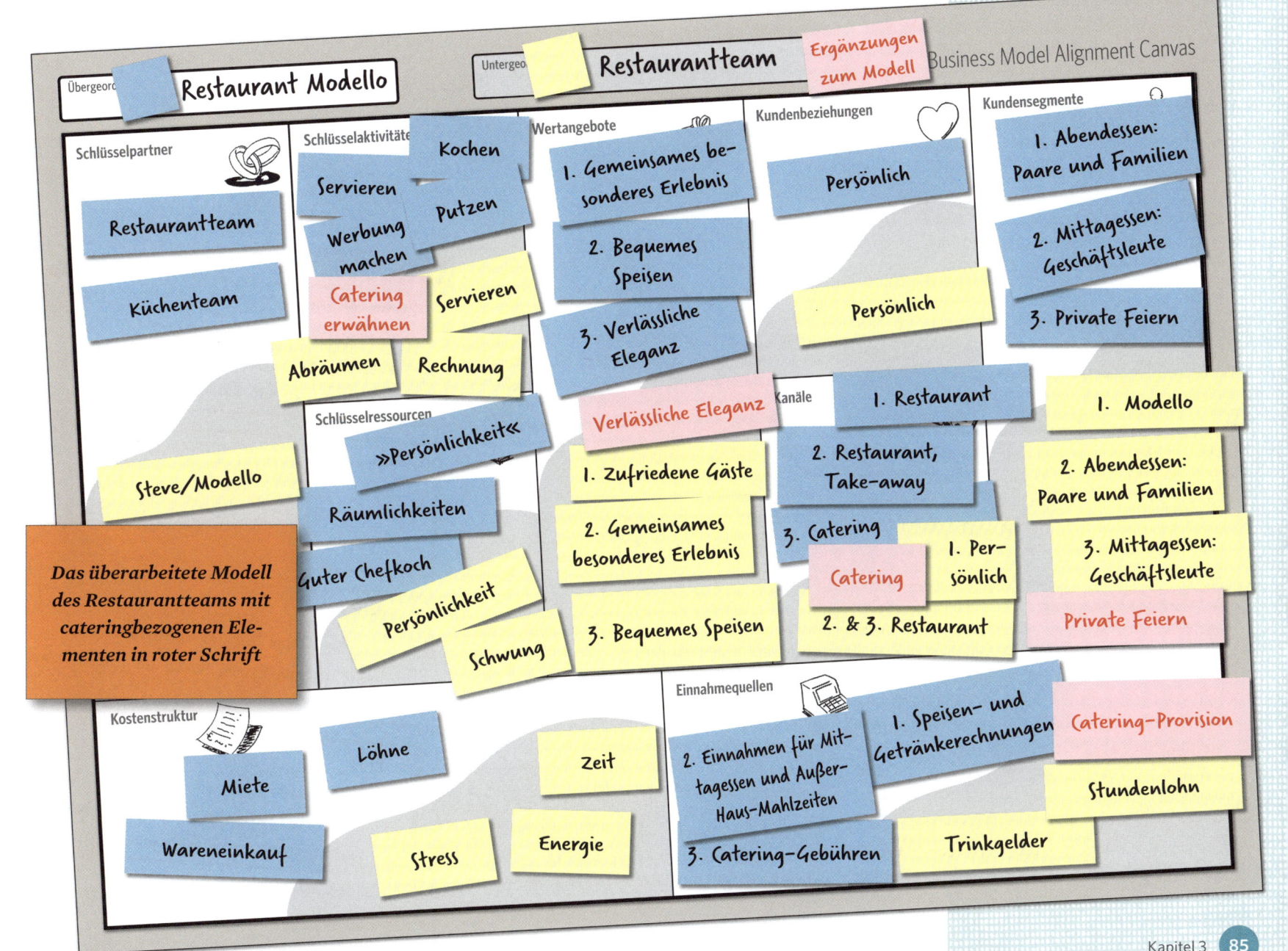

Business Model Alignment Canvas

Restaurant Modello — Übergeordnet

Untergeordnet: **Restaurantteam**

Ergänzungen zum Modell

Schlüsselpartner
- Restaurantteam
- Küchenteam
- Steve/Modello

Schlüsselaktivitäten
- Kochen
- Servieren
- Putzen
- Werbung machen
- Catering erwähnen
- Servieren
- Abräumen
- Rechnung

Schlüsselressourcen
- »Persönlichkeit«
- Räumlichkeiten
- Guter Chefkoch
- Persönlichkeit
- Schwung

Wertangebote
- 1. Gemeinsames besonderes Erlebnis
- 2. Bequemes Speisen
- 3. Verlässliche Eleganz
- Verlässliche Eleganz
- 1. Zufriedene Gäste
- 2. Gemeinsames besonderes Erlebnis
- 3. Bequemes Speisen

Kundenbeziehungen
- Persönlich
- Persönlich

Kanäle
- 1. Restaurant
- 2. Restaurant, Take-away
- 3. Catering
- Catering
- 1. Persönlich
- 2. & 3. Restaurant

Kundensegmente
- 1. Abendessen: Paare und Familien
- 2. Mittagessen: Geschäftsleute
- 3. Private Feiern
- 1. Modello
- 2. Abendessen: Paare und Familien
- 3. Mittagessen: Geschäftsleute
- Private Feiern

Das überarbeitete Modell des Restaurantteams mit cateringbezogenen Elementen in roter Schrift

Kostenstruktur
- Miete
- Löhne
- Zeit
- Wareneinkauf
- Stress
- Energie

Einnahmequellen
- 2. Einnahmen für Mittagessen und Außer-Haus-Mahlzeiten
- 1. Speisen- und Getränkerechnungen
- Catering-Provision
- 3. Catering-Gebühren
- Trinkgelder
- Stundenlohn

Ein Pharma-PINT (Probleme, Fragen, Erfordernisse und Trends)

»Danke, dass Sie sich die Zeit genommen haben, Phil«, sagte Steve, hob sein Pint und stieß mit dem Pharma-Vertriebsleiter an. »Sie haben bestimmt furchtbar viel zu tun.«

»Ich freue mich immer, einem Entrepreneur helfen zu können, Steve«, erwiderte Phil und leerte sein Glas mit einem Schluck um ein Viertel. »Was kann ich denn für Sie tun?«

Steve zog ein Notizbuch aus der Tasche. »Ich freue mich so, dass mit dem Mittagessen in der Orthopädischen Kinderklinik alles gut gelaufen ist. Ich bin neugierig – warum brauchten Sie jemanden, der das Essen anliefert, obwohl das Krankenhaus eine eigene Cafeteria hat?«

Phil schüttelte den Kopf, als könne er seine eigene Antwort auf diese Frage kaum glauben. »Beim Handel mit Medikamenten können wir nicht mehr einfach so in die Krankenhäuser und Kliniken gehen wie früher«, sagte er. »Die Branchenrichtlinien schreiben vor, dass alle unsere Vorführungen und Verkaufsgespräche außerhalb der Sprechstunden stattfinden müssen. Damit bleibt nur noch die Mittagspause, um mit den Ärzten reden zu können. Und die einzige Methode, sie alle zusammenzubringen, ist das Angebot eines guten kostenlosen Essens.«

Steve kritzelte wild in sein Notizbuch. Phil warf einen Blick über den Rand seines Glases. »Was bedeutet denn dieses orange-blaue Diagramm?«

»Das ist eine Methode, um Probleme, Fragen, Erfordernisse und Trends zu analysieren«, antwortete Steve. Er drehte sein Notizbuch um, sodass Phil die Buchstaben in den vier orangefarbenen Kästchen erkennen konnte, und deutete auf das mit dem T. »Hört sich an, als wäre Catering ein wachsender Trend.«

»Allerdings«, sagte Phil. »Meine Verkaufsmitarbeiter verbringen Stunden damit, online nach Cateringservices zu suchen und sie anzurufen. Keine besonders gute Nutzung ihrer Zeit.« Er leerte sein Glas und machte dem Kellner ein Zeichen, eine neue Runde zu bringen.

»Schauen wir mal, ob ich das alles richtig verstanden habe«, sagte Steve. Er deutete auf die Zeilen, die er in drei der orangefarbenen Kästchen geschrieben hatte. »Der Trend der Pharmaindustrie, die Produkte bei einem gemeinsamen Mittagessen vor Ort zu präsentieren, ruft ein Problem hervor: Die Verkäufer bringen zu viel Zeit damit zu, sich um das Essen zu kümmern. Das wiederum erfordert ein zuverlässiges Catering. Klingt das korrekt?«

»Sie haben's erfasst«, sagte Phil und nahm ein frisch gezapftes Bier vom Kellner entgegen. »Trinken wir auf Ihre PINT-Analyse!« Die Männer lachten.

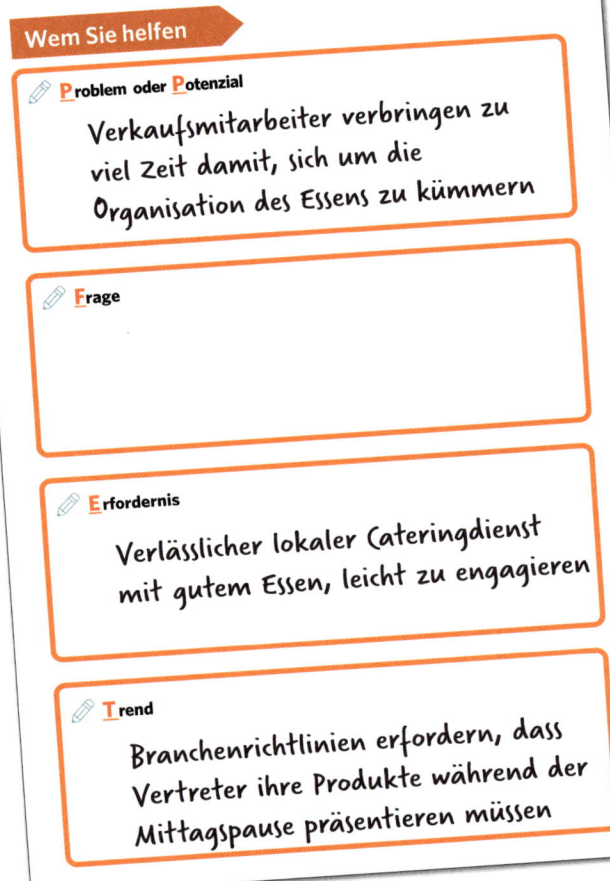

Wem Sie helfen

Problem oder **P**otenzial

Verkaufsmitarbeiter verbringen zu viel Zeit damit, sich um die Organisation des Essens zu kümmern

Frage

Erfordernis

Verlässlicher lokaler Cateringdienst mit gutem Essen, leicht zu engagieren

Trend

Branchenrichtlinien erfordern, dass Vertreter ihre Produkte während der Mittagspause präsentieren müssen

SIRP (Solutions, Innovation, Resources, Positioning Ideas - Lösungen, Innovationen, Ressourcen, Positionierungsideen)

»Lassen Sie mich Ihnen zeigen, wie das funktioniert«, bot Steve an. »Als Erstes füllen Sie die PINT-Elemente aus. Ist das so alles richtig?« Er zeigte auf die orangefarbenen Kästchen.

Phil nickte und nahm einen großen Schluck Bier.

Steve deutete mit dem Kugelschreiber auf die blauen Kästchen in dem Diagramm. »Als Nächstes denken Sie darüber nach, welche Lösungen, Innovationen, Ressourcen oder Positionierungsideen eine wirkungsvolle Entsprechung für die PINT-Elemente darstellen«, fuhr er fort. »In Ihrem Fall ist klar, dass Ihre Vertreter Caterer brauchen, die Verständnis für Last-Minute-Vereinbarungen haben. Vielleicht wäre es hilfreich, wenn Sie jederzeit online bestellen könnten, auch wenn das Restaurant geschlossen hat?«

Phil nickte zustimmend, und Steve notierte das in dem L- oder V-Kästchen.

»Das ist toll, Steve«, sagte Phil und setzte sein Glas auf dem Tisch ab. »Sagen Sie mir Bescheid, falls Sie jemals die Lust an der Gastronomie verlieren – jemanden wie Sie könnte ich in meiner Abteilung gebrauchen!«

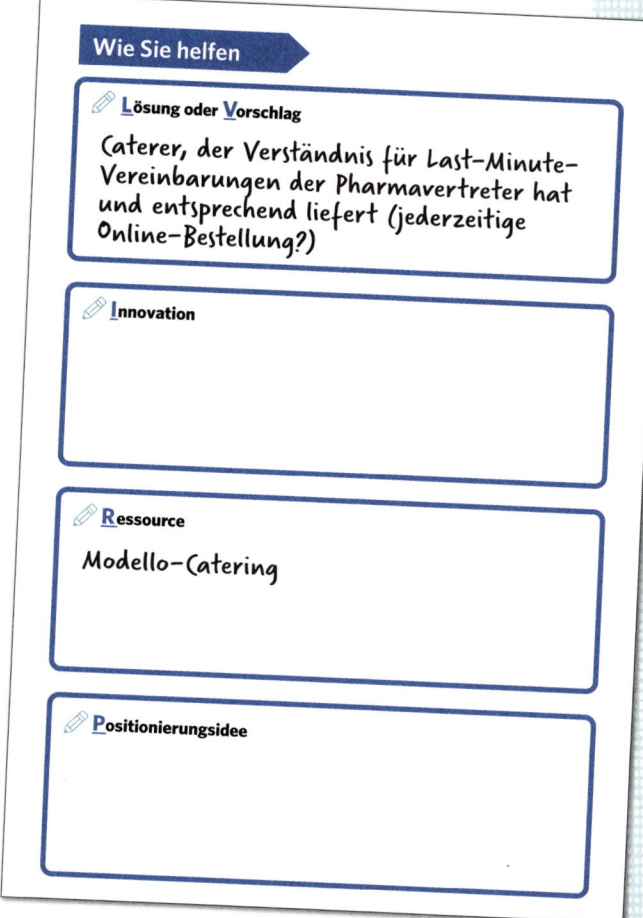

Wie Sie helfen

Lösung oder Vorschlag

Caterer, der Verständnis für Last-Minute-Vereinbarungen der Pharmavertreter hat und entsprechend liefert (jederzeitige Online-Bestellung?)

Innovation

Ressource

Modello-Catering

Positionierungsidee

Der Valuable Work Detector

Steve hatte das PINT-Schema von Sally gelernt, einer Freundin, die an einem MBA-Abendkurs teilgenommen hatte, während sie in Vollzeit für einen Medizingerätehersteller arbeitete. Es war Teil eines Tools, das Sally als **Valuable Work Detector** bezeichnete.

Steve erinnerte sich, dass er mit Sally ein simples, aber gravierendes Problem besprochen hatte: Was erzeugt Arbeit? Nur wenige Menschen dächten ernsthaft über diese Frage nach, hatte sie gesagt. Doch viele gingen davon aus, dass Arbeit irgendwie daraus erwachse, einen »Job« mit einer Bezeichnung wie *Buchhalter, Logistikleiter* oder *Marketingassistent* zu haben.

Diese stillschweigende Annahme, dass »Job gleich Arbeit« sei, sei ein Ärgernis für Führungskräfte, sagt Sally, weil es bedeute, dass die Leute 1) Arbeit als *Stellenbeschreibung definieren* und 2) Arbeit *auf Aktivitäten beschränken, die durch ihre Positionsbezeichnung* vorgegeben werden. Diese Auffassung schränke Selbstbestimmtheit und Engagement ein. *Die Leute brauchten eine übergeordnete Theorie der Arbeit*, hatte Sally erklärt.

Der Valuable Work Detector beruht auf der vernünftigen Idee, dass Arbeit durch vier Dinge

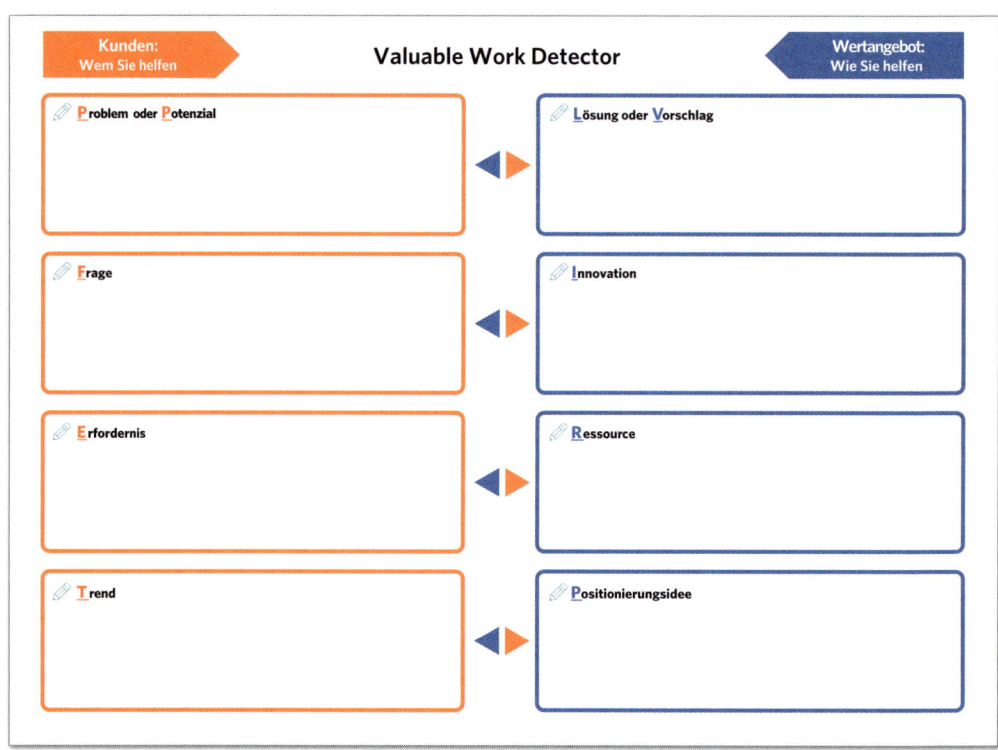

generiert wird, die allen Organisationen gemeinsam sind: Probleme oder Potenziale, Fragen, Erfordernisse und Trends (die PINT-Elemente). Jedes PINT-Element kann eine Quelle wertvoller Arbeit sein. Jedes Element dient als Brennglas für die Entdeckung von zu erledigender Arbeit, bevor die Arbeit durch eine Dienstleistung, ein Produkt, eine interne Aktion oder eine neue Stelle in Angriff genommen wird.

Die PINT-Elemente

Sally hat jedes der vier PINT-Elemente mit Beispielen aus ihrer eigenen Arbeitserfahrung als Mitarbeiterin einer Personalabteilung illustriert.

1. Problem oder Potenzial
Etwas ist kaputt oder funktioniert nicht gut, oder es existiert die Chance für etwas Neues. Zum Beispiel war die Mitarbeiterfluktuation in Sallys Firma zu hoch.

2. Frage
Nichts ist kaputt, aber Regeln, Vorschriften oder Bedingungen ändern sich. Zum Beispiel schien sicher, dass eine bevorstehende Gesetzesänderung sich auf die Möglichkeit von Sallys Firma auswirken würde, ausländische Studenten als Praktikanten oder Werkstudenten einzustellen.

3. Erfordernis
Etwas fehlt, oder es besteht der Wunsch nach etwas Neuem oder anderem. Zum Beispiel wollte Sallys Arbeitgeber in den südamerikanischen Markt eintreten und brauchte talentierte Mitarbeiter mit spanischen und portugiesischen Sprach- und kulturellen Kenntnissen.

4. Trend
Die Dinge ändern sich oder gehen in eine neue Richtung, oder die Menschen verhalten sich anders. Zum Beispiel deutete die zunehmende Verwendung der Robotik in der Medizin darauf hin, dass in Sallys Firma in Zukunft Ingenieure mit Robotikfachkenntnissen gebraucht würden.

Die Nutzung des Valuable Work Detector
Der erste Schritt besteht darin, sich einen Schlüsselkunden auszusuchen, für den Ihr Team arbeitet, und ein *Problem oder Potenzial,* eine *Frage,* ein *Erfordernis* oder einen *Trend* zu betrachten, mit dem der Kunde zu tun hat. Greifen Sie ein oder zwei Elemente heraus, die Ihnen wichtig erscheinen, und beschreiben Sie jedes davon schriftlich auf kurze, prägnante Art. Stellen Sie sich vor, dass die vier PINT-Elemente sich im Kundensegmente-Baustein einer Canvas befinden.

Wenn Sie direkte Kenntnis eines *Problems oder Potenzials,* einer *Frage,* eines *Erfordernisses* oder eines *Trends* des Kunden haben, stellt Ihre Beschreibung Fakten dar. Anderenfalls stellt sie eine Hypothese dar, die Sie mit Ihrem Kunden oder einem sachkundigen Insider überprüfen sollten.

Die **SIRP**-Elemente

Nachdem Sie ein oder mehrere stichhaltige PINT-Elemente identifiziert haben, erläutern Sie, wie Ihr Team darauf reagieren könnte. Eine Reaktion ist ein potenzielles Wertangebot, das die identifizierten PINT-Elemente thematisiert. Dieses Wertangebot könnte jedes der vier Elemente umfassen, die unter dem Begriff SIRP zusammengefasst sind.

1. Lösung oder Vorschlag

*Eine Korrektur, eine Reparatur oder der Vorschlag für eine neue Methode, eine neue Dienstleistung oder ein Produkt, das ein **Problem oder Potenzial** behandelt.* Zum Beispiel führte Sallys Personalabteilung gleitende Arbeitszeiten ein, nachdem die Befragung ausgeschiedener Beschäftigter ergeben hatte, dass Schlüsselmitarbeiter weggegangen waren, um angenehmere Arbeitszeiten zu haben.

2. Innovation

*Proaktive Veränderung von Dingen oder Umständen, um eine **Frage** aufzugreifen.* Zum Beispiel besuchten Sallys Mitarbeiter mehrere Universitätsveranstaltungen und erfuhren von zwei vielversprechenden Ingenieurstudiengängen für einheimische Studenten. Daraufhin passten sie ihre Einstellungsziele an, um die Abhängigkeit von im Ausland ausgebildeten Ingenieuren zu verringern.

3. Ressource

*Menschen, Geld, Material oder geistiges Eigentum, das ein **Erfordernis** erfüllt.* Zum Beispiel lud Sallys Abteilung Beschäftigte ein, an einer freiwilligen Umfrage zu Sprachkenntnissen teilzunehmen, und besetzte dann intern neue Positionen, die mit dem südamerikanischen Markt in Zusammenhang standen.

4. Positionierungsidee

*Ein Vorschlag, wie ein **Trend** genutzt oder ein Risiko minimiert werden kann.* Zum Beispiel setzte sich Sallys Team für die Einrichtung eines Lehrstuhls für Robotertechnik an einer örtlichen Universität ein.

Sallys Abteilung nahm alle vier PINT-Elemente in Angriff, *ohne irgendwelche neuen Jobbezeichnungen oder Positionen zu schaffen.*

Auf Grundlage ihrer PINT-Analyse erweiterten die Teammitglieder schlichtweg ihre Definition dessen, was zu tun war, und dann taten sie es – ob es nun unter eine »Stellenbeschreibung« fiel oder nicht. Beachten Sie, dass der Valuable Work Detector sowohl mit internen als auch mit externen Kunden verwendet werden kann.

Nun sind Sie an der Reihe. Wenden Sie den Valuable Work Detector auf der nächsten Seite an, um wertvolle Arbeit zu entdecken, die für einen *Ihrer* Kunden getan werden muss (Sie können kostenlose PDF-Versionen aller Tools in diesem Buch erhalten, wenn Sie sich bei BusinessModelsForTeams.com registrieren).

Valuable Work Detector

 Problem oder **P**otenzial

Etwas ist kaputt oder funktioniert nicht gut, oder es besteht die Chance auf etwas Neues.

Lösung oder **V**orschlag

Eine Korrektur, eine Reparatur oder der Vorschlag für eine neue Methode, eine neue Dienstleistung oder ein Produkt.

 Frage

Nichts ist kaputt, aber Regeln, Vorschriften oder Bedingungen ändern sich.

Innovation

Proaktive Veränderung von Dingen oder Umständen, um Fragen aufzugreifen.

 Erfordernis

Etwas fehlt, oder es besteht der Wunsch oder das Bedürfnis nach etwas Neuem oder anderem.

Ressource

Menschen, Geld, Material oder geistiges Eigentum, das ein Erfordernis oder einen Wunsch erfüllt.

 Trend

Die Dinge ändern sich oder gehen in eine neue Richtung, oder die Menschen verhalten sich anders.

Positionierungsidee

Vorschläge, wie Trends genutzt oder Risiken minimiert werden können.

Was Sie Montagmorgen mal ausprobieren können

Entwerfen Sie Ihre Teamwork-Tabelle

Versuchen Sie als Erstes, eine Teamwork-Tabelle für eine Gruppe zu entwerfen, die Sie leiten oder der Sie Hilfestellung leisten. Dies ist eine Vorlage.

Rolle	Aufgaben	Kunde	Ergebnis der Aufgabenerfüllung	Konsequenz einer nicht erfüllten Aufgabe

Entwerfen Sie eine Alignment Canvas

Als Nächstes nehmen Sie ein paar Haftnotizen und versuchen, Ihre Abteilung und übergeordnete Business Models auf einer Alignment Canvas abzubilden.

Nutzen Sie die ausgefüllte Canvas, um Dinge zu erkennen, die Sie

1. beheben oder verbessern,
2. eliminieren (weniger tun),
3. verstärken (mehr tun),
4. neu ausrichten,
5. zu Ihrem Vorteil verwenden können.

Schlüsselpartner

Führen Sie Beteiligte auf, die uns entweder
1) mit Schlüssel ressourcen versorgen oder
2) eine Schlüsselaktivität für uns ausüben.

Führen Sie Beteiligte auf, die Sie entweder
1) mit Schlüsselressourcen versorgen oder die
2) eine Schlüsselaktivität für Sie ausüben.

Schlüsselaktivitäten

Beschreiben Sie wesentliche fortlaufende Tätigkeiten, die unser(e) Wertangebot(e) schaffen, kommunizieren, die deren Bewertung ermöglichen, die sie verkaufen, vermitteln oder unterstützen.

Beschreiben Sie wesentl fortlaufende Tätigkeiten, d die Sie unser(e) Wertangebo schaffen, kommunizieren, die d Bewertung ermöglichen, die sie kaufen, vermitteln oder unterstüt

Schlüsselressourcen

Führen Sie die wichtigsten Ressourcen auf (personell, finanziell, intellektuell, physisch), die wir benötigen, um unser(e) Wertangebot(e) zu schaffen, zu kommunizieren, zu verkaufen, zu vermitteln und zu unterstützen.

Führen Sie die wichtigsten Ressource (personell, finanziell, intellektuell, physisch), übe Sie verfügen, um das/die Wertangebot(e) des Team schaffen, zu kommunizieren, zu verkaufen, zu vermit und zu unterstüt

Kostenstruktur

Führen Sie die größten Kosten für Schlüsselressourcen, Schlüsselaktivitäten und Schlüsselpartner auf.

Übergeordnetes Modell:

Untergeordnetes Modell:

Wertangebote

Beschreiben Sie Kundenprobleme, die wir lösen (zu erledigende Aufgaben), Vorteile, die wir bieten, und/oder Kundenwünsche, die wir erfüllen. Benennen Sie die Dienstleistungen/Namen.

Beschreiben Sie Kundenprobleme, die Sie lösen (zu erledigende Aufgaben), Vorteile, die Sie bieten, und/oder Kundenwünsche die Sie erfüllen.

Kundenbeziehungen

Beschreiben Sie die Art von Beziehung, die wir haben, um
1) eine Nachkaufbetreuung zu gewährleisten und
2) dem Kunden weitere Angebote zu vermitteln.

Beschreiben Sie die Art von Beziehung, die Sie haben, um 1) eine Nachkaufbetreuung zu gewährleisten und 2) dem Kunden weitere Angebote zu vermitteln.

Kanäle

Führen Sie wichtige Berührungspunkte mit potenziellen Kunden auf, die
1) Aufmerksamkeit erzeugen,
2) eine Beurteilung auslösen,
3) den Kauf ermöglichen und
4) Wert vermitteln.

Führen Sie wichtige Berührungspunkte mit potenziellen Kunden auf, an denen Sie 1) Aufmerksamkeit erzeugen, 2) eine Beurteilung auslösen, 3) den Kauf ermöglichen und 4) Wert vermitteln.

Kundensegmente

Führen Sie der Reihe nach die wichtigsten Kundensegmente auf, denen wir Wert vermitteln.

Führen Sie der Reihe nach die wichtigsten internen oder externen Kundensegmente auf, denen Sie Wert vermitteln.

Einnahmequellen

Beschreiben Sie die speziellen Einkünfte und/oder Gewinne, die durch jedes Kundensegment erzielt werden.

Führen Sie die größten Kosten auf (finanziell, emotional, sozial, finanziell etc.), die durch Ihre Arbeit entstehen.

Beschreiben Sie Einkünfte oder Gewinne (finanziell, emotional, sozial, personell etc.), die Sie durch Kunden erzielen.

Jeder hat ein Zimmer mit Aussicht verdient

Die meisten Organisationen bemühen sich in irgendeiner Form um strategische Planung. Sie verfassen Mission- oder Vision-Statements, erstellen Strategiepapiere oder machen Fünf-Jahres-Pläne.

An dieser Stelle setzt die eigentliche Herausforderung ein: Wie kann man die Strategie über die kleine, ausgewählte Gruppe hinaus kommunizieren, die sie entwickelt hat?

Diese zentrale Aufgabe ist eine echte Bewährungsprobe für die Fähigkeit einer Führungskraft, zu erklären und zu lehren. Was den Strategieentwicklern brillant vorkommt, ist für den Rest der Organisation oft verwirrend, weil ihm die Ausbildung oder die Erfahrung in Marktanalyse, Strategieplanung oder Organisationsdesign fehlen. Infolgedessen neigen die Leute dazu, sich übermäßig auf das zu fokussieren, was ihnen klar und vertraut vorkommt: die Aufgaben in ihrer Stellenbeschreibung.

Damit Mitarbeiter eine Strategie verstehen und verfolgen, muss sie 1) in leicht verständlichen Worten formuliert sein und 2) das tatsächliche Verhalten lenken.

Stellen Sie sich die Enterprise und Team Business Models als musterhafte Fenster vor, die jedem ein »Zimmer mit Aussicht« geben – ein unverstelltes Bild dessen, wie die Organisation funktioniert und wie jeder Einzelne sich darin einfügt.

Der letzte Schritt auf dem Weg dorthin ist die Definition von Personal Business Models, und das ist Thema des folgenden Kapitels.

Kapitel 4

Personal Business Models gestalten

Unternehmen, Abteilungen und Individuen

Sie haben nun bereits gesehen, wie nützlich es ist, wenn man Abteilungen als Business Models betrachtet, welche die Enterprise Models ergänzen. So hat auch jeder Einzelne ein *persönliches* Business Model, das zeigt, was er zu einem Team beiträgt.

Ein persönliches Modell formuliert den eigentlichen Sinn der Tätigkeit einer Person als Wertangebot. Wenn das persönliche Modell jedes Einzelnen im Einklang mit den Teamzielen steht, leiten Sie eine unschlagbare Abteilung. Andererseits sind Anpassungen erforderlich, wenn die Mitarbeiter nicht im Einklang mit ihrem Team stehen. Als Führungskraft, die sich zwischen persönlichen und Gruppenbedürfnissen hin und her bewegt, ist es Ihre Aufgabe, die Unstimmigkeiten aufzuspüren und Abhilfe zu schaffen.

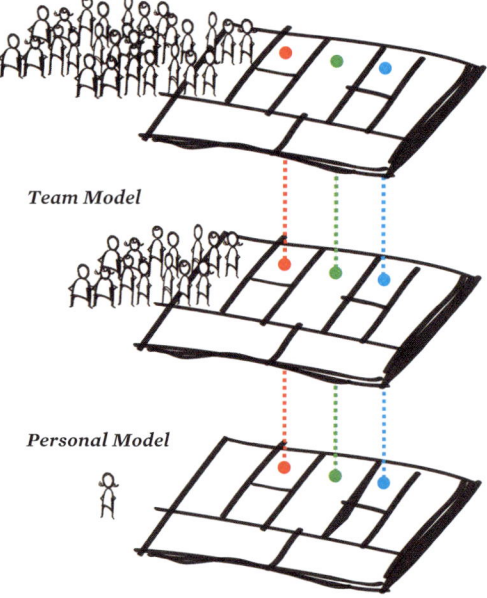

Enterprise Model

Team Model

Personal Model

In diesem Kapitel sollen Sie 1) lernen, wie man die Personal Business Model Canvas dazu verwendet, um Personal Business Models zu entwerfen und zu nutzen, und 2) Möglichkeiten finden, um Unstimmigkeiten zwischen Individuen und Teams aufzuspüren. Die Personal Business Model Canvas stützt sich auf die Terminologie des Enterprise Business Model, um individuelle Arbeit im Hinblick auf das Team und die Organisationsziele zu formulieren. Gleichzeitig ermöglicht sie den Mitarbeitern, ihre Individualität auszudrücken und in der bestgeeigneten organisatorischen Rolle ihre persönliche Zielsetzung zu verfolgen.

Personal Business Models

Beachten Sie bitte zunächst einige Unterschiede zwischen Gruppen- und persönlichen Modellen:

- In einem Personal Business Model sind *Sie* die Schlüsselressource: Ihre Interessen, Kenntnisse und Fähigkeiten, Ihre Persönlichkeit und Ihre Wertvorstellungen. Verglichen mit einem Unternehmen oder einer Abteilung ist ein Individuum »ressourcenbeschränkt« – ein weiterer Grund dafür anzuerkennen, wie stark wir von anderen abhängig sind, um Erfolg zu haben.

- Im Gegensatz zu Teams oder Unternehmen, die durch ihre Modelle Produkte an externe Kunden liefern, stellen Individuen ihre Arbeitskraft eher als *Dienstleistung* zur Verfügung. In den meisten Fällen wird diese Dienstleistung gegenüber internen Kunden erbracht.

- Ein Personal Business Model berücksichtigt nicht quantifizierbare »weiche« Kosten (wie zum Beispiel Stress) und »weiche« Vorteile (wie zum Beispiel berufliche Weiterentwicklung). Die meisten Unternehmensmodelle ziehen hingegen nur finanzielle Kosten und Nutzen in Betracht.

Stellen Sie sicher, dass Sie Ihr eigenes Personal Business Model erstellt haben, ehe Sie Personal Business Models gemeinsam mit Kollegen verwenden.[1]

Die Bausteine eines Personal Business Model

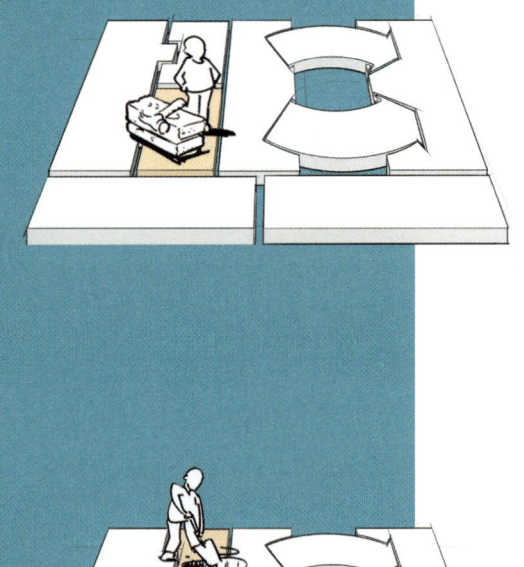

Im Folgenden geben wir einen Überblick über jeden der neun Bausteine einer Personal Business Model Canvas. Die Bausteine sind dieselben wie bei den Team- und den Unternehmens-Canvases, tragen aber andere Bezeichnungen, damit die Sprache der Business Models auf persönliche Weise aufgefasst werden kann. Die folgende Beschreibung der Bausteine geht davon aus, dass Sie die Personal Canvas verwenden, um Ihr eigenes Modell darzustellen.

Wer Sie sind/Was Sie haben (Schlüsselressourcen)

Dieser Baustein legt verschiedene zentrale Aktivposten fest: 1) Ihre Interessen und was Sie für wichtig erachten, 2) Ihre Kenntnisse und Fähigkeiten, 3) Ihre Persönlichkeit und 4) Ihre berufliche Identität. Ihre Interessen – also die Dinge, für die Sie brennen – können durchaus Ihre wertvollste Ressource sein. Für Sie als Führungskraft ist dies eine gute Gelegenheit, um einzuschätzen, wie Sie in Ihre derzeitige Rolle passen. Stimmen Ihre persönlichen Interessen mit den Zielen Ihres Teams und des Unternehmens überein? Stellen Sie dies sicher, ehe Sie andere bitten, Ihrem Beispiel zu folgen!

Was Sie tun (Schlüsselaktivitäten)

Was Sie tun erwächst aus dem, was Sie sind. Kurz gefasst werden Sie von Ihren Schlüsselressourcen »angetrieben«. Ein Beruf hat im Allgemeinen eine erkennbare Konstellation von Schlüsselaktivitäten. Die meisten Universitätsprofessoren zum Beispiel lehren, forschen und leisten irgendeine Art von Gemeinschaftsdienst. Beschreiben Sie Ihre Schlüsselaktivitäten mit aktiven Verben wie verkaufen, montieren oder anwerben.

Um Wert zu schöpfen, ist für gewöhnlich eine Kombination mehrerer Aktivitäten notwendig, doch die Kunden sind nur selten der Meinung, dass Aktivität alleine von Wert ist. Denken Sie daran, dass die Schlüsselaktivitäten nicht dasselbe sind wie Wert. Das Entwerfen von Personal Business Models hilft Ihnen und Ihrem Team, Schlüsselaktivitäten und Wert voneinander zu unterscheiden.

Wem Sie helfen (Kundensegmente)

Wie beim Enterprise Business Model ist Ihr wichtigster Kunde derjenige, der für Ihre Dienstleistung zu bezahlen entscheidet. Sie können jedoch noch andere Kunden haben, und es mag gar nicht so einfach sein, sie zu benennen. Zu den internen Kunden können Ihr Chef, andere Führungskräfte, Ihre eigenen Angestellten oder bestimmte Schlüsselpartner gehören. Externe Kunden sind einfacher zu erkennen. Denken Sie daran, dass externe Kunden für einen Wert bezahlen oder Wert ohne Gegenleistung erhalten und von zahlenden Kunden, Steuerzahlern oder Spendern mitfinanziert werden. Doch in den meisten Organisationen haben nur wenige Arbeitskräfte direkten Kontakt mit externen Kunden und sind sich daher vielleicht nur am Rande bewusst, dass externe Kunden letztlich für nahezu alles bezahlen. Eine gute Methode, um ein Kosten- und Gewinnbewusstsein zu schaffen, besteht darin, die Mitarbeiter Personal Business Models erstellen zu lassen, die sowohl interne als auch externe Kunden zeigen – diejenigen, die wirklich die Rechnungen bezahlen.

Wie Sie helfen (Wertangebot)[2]

Das ist das Herzstück Ihres Personal Business Model: Ihr persönliches Wertangebot beschreibt, warum Ihre Arbeit für Ihren Kunden von Bedeutung ist. Es definiert eher den vermittelten Nutzen als die ausgeführten Tätigkeiten. Eine Hauseigentümerin zum Beispiel, die einen neuen Gartenzaun aufstellen will, benötigt eine Reihe von Löchern in bestimmten Abständen – das Graben der Löcher selbst interessiert sie nicht. Das Wertangebot eines Arbeiters ist daher nicht »Graben«, sondern vielmehr »Löcher erzeugen, wann und wo die Hausbesitzerin sie braucht«. Ihr persönliches Wertangebot bildet den Kern Ihrer beruflichen Identität, was später in diesem Kapitel noch thematisiert werden wird.

Sie können Ihr persönliches Wertangebot gut ermitteln, indem Sie die Fragen beantworten: *Für welche Tätigkeit »engagiert« mich mein Kunde? Welchen Nutzen hat mein Kunde davon, wenn ich diese Tätigkeit ausführe?*[3] Vergessen Sie nicht, dass Nutzen häufig immateriell ist. Er kann zum Beispiel bestehen in *verringertem Risiko, treffsicheren Entscheidungen, verbessertem Ruf, geringeren Kosten, mehr Kunden* und so weiter. Wertangebot und Kunden sind die beiden wichtigsten Bestandteile Ihres Personal Business Model. Definieren Sie das Wertangebot und die Kunden, und Sie haben es schon fast geschafft – das restliche Modell zu entwickeln ist dann nur noch eine geradlinige Angelegenheit. Stellen Sie nur sicher, dass Ihr persönliches Wertangebot zu Ihrer Abteilung und den Zielen Ihrer Organisation passt!

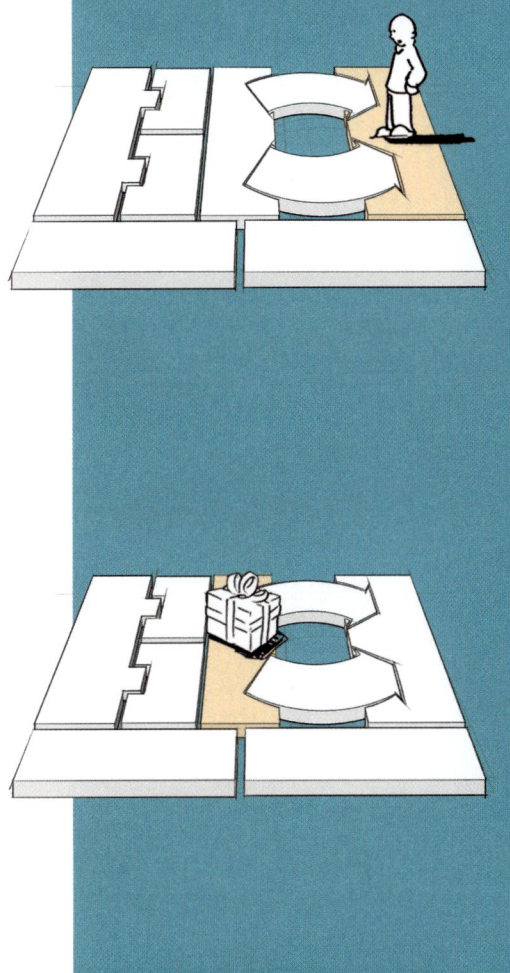

Noch mehr Bausteine des Personal Business Model

Wie man auf Sie aufmerksam wird/Wie Sie liefern (Kanäle)

Was wir hier als Kanäle bezeichnen, ist tatsächlich der Marketingprozess: 1) Aufmerksamkeit erzeugen, 2) eine Beurteilung auslösen, 3) verkaufen, 4) liefern und 5) Kundennachbetreuung (die im Baustein Kundenbeziehungen stattfindet). Die meisten Menschen verbinden Kanäle mit der Auslieferung. Sie können Ihre Arbeit in Form schriftlicher Berichte ausliefern, im Gespräch mit anderen, durch den Upload von Daten auf einen Server, durch das Führen eines Fahrzeugs und auf viele andere Arten. Aber hüten Sie sich vor einem übertriebenen Fokus auf die Auslieferung und die nachfolgenden Vertriebskanalphasen. Langjährige Angestellte ein und derselben Organisation befinden sich oft in einer endlosen Schleife der Arbeitsablieferung und des Nachfassens und versäumen es, sich selbst intern zu »vermarkten«, indem sie Aufmerksamkeit für ihren Wert an anderer Stelle in der Organisation erzeugen.

Wie Sie interagieren (Kundenbeziehungen)

Ein guter Verkäufer, der einen Kunden akquiriert, fasst nach der Auslieferung noch mal nach, um sicherzustellen, dass der Kunde zufrieden ist. Dieses Nachfassen kann im persönlichen Gespräch stattfinden, per E-Mail/Telefon/Video/Chat, in schriftlicher Form, bei einer persönlichen Inspektion, im Wiki, im Blog, in Intranet- oder Internetbeiträgen und so weiter. Dies ist eine Gelegenheit für die Mitarbeiter, neue Kollegen darüber zu informieren, welche Hilfe sie anbieten können. Für diejenigen, die vorrangig mit internen Kunden zusammenarbeiten, bietet sich eine weitere Gelegenheit, die Verbindungen innerhalb der Abteilung oder des Unternehmens zu erkennen und zu stärken.

Wer Ihnen hilft (Schlüsselpartner)

Bei der Arbeit in Teams ist dies der Ort, an dem man Hilfe erhält. Schlüsselpartner können Teamkollegen sein, Ihr Vorgesetzter oder Ausbilder, direkte Unterstellte, Zulieferer oder externe Partner, gleichgestellte Kollegen in verschiedenen Bereichen der Organisation, Branchenkollegen oder sogar externe Kunden (denken Sie daran, dass ein einzelner Bestandteil wie etwa der Kunde innerhalb eines Business Model an mehreren Stellen auftauchen kann). Schlüsselpartner können auch ganz persönlicher Natur sein: zum Beispiel Ihr Partner, andere Familienmitglieder, persönliche oder geistige Mentoren oder gute Freunde. Für Führungskräfte ist es oft ein großer Gewinn, wenn sie ihre Mitarbeiter bestärken, ihre gesamte Persönlichkeit in die Arbeit einzubringen, statt sich um ein eingeschränktes, strikt berufsbezogenes »Gesicht« zu bemühen. Dies gilt besonders dann, wenn Führungskräfte ein solches Verhalten selbst vorleben.[4]

Lohn (Einnahmequellen)

Zum Lohn gehören »harte« Vergütungen wie Gehalt, Gebühren, Aktienoptionen, Lizenzzahlungen, Boni oder andere geldwerte Zahlungen. »Harte« Vorteile sind Kranken- und Rentenversicherungszahlungen, Kindererziehungszeiten, Ausbildungsbeihilfen und so weiter. »Weiche« Vorteile sind Weiterentwicklung, Anerkennung, soziale Einbindung, Kollegialität, Zugehörigkeitsgefühl, flexible Arbeitszeiten und so weiter.

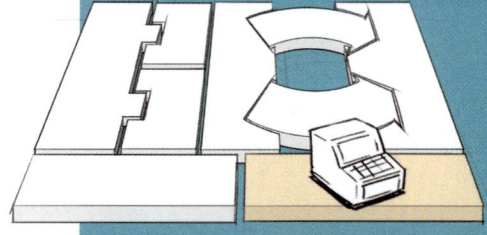

Vielen Menschen sind weiche Belohnungen wichtiger als harte, daher kann es zur Aufgabe einer Führungskraft gehören, angemessene Vergütungen einzuführen oder auszuhandeln. Suchen Sie nach Gelegenheiten, weiche Vergütungen zu schaffen, die sich unmittelbar auf die vier intrinsischen menschlichen Motivationskräfte beziehen.

Intrinsische Motivation	Weiche Vergütung
Zweck	Soziale Einbindung, anderen helfen
Selbstbestimmung	Flexible Arbeitszeiten oder -orte, Mitbestimmungsrecht sowohl beim Was als auch beim Wie der Arbeit
Beziehung	Anerkennung, Gemeinschaftssinn, Erlaubnis, sich ganz in die Arbeit einzubringen
Kompetenz	Lernen, berufliche Weiterentwicklung

Investitionen (Kostenstruktur)

Menschen investieren erhebliche Zeit und Energie in ihre Arbeit – und manchmal zahlen sie dafür den Preis in Form von Stress. Weitere Investitionen können Pendel- oder Reisezeiten sein, unbezahlte Überstunden oder die Erwartung, nach Feierabend noch Arbeiten zu erledigen, sowie nicht erstattete Kosten für Ausbildung, Werkzeug oder Bekleidung.

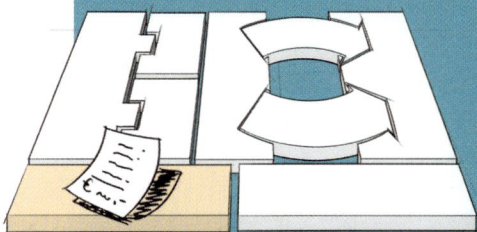

Viele sagen, es gebe im Leben zwei Währungen: Zeit und Geld. Wir glauben, dass es noch eine dritte Währung gibt: Flexibilität. Zeitliche und räumliche Flexibilität kann geopfert werden (wird also zu Kosten) oder gewonnen werden (wird zu Lohn). Unterschätzen Sie nicht die Wichtigkeit von Flexibilität – manchmal ist sie noch wichtiger als die finanzielle Vergütung!

Die Personal Business Model Canvas

Hier finden Sie eine vollständige Personal Business Model Canvas einschließlich einiger »Hinweisfragen«, die Ihnen beim Ausfüllen der Bausteine helfen sollen. Warum nehmen Sie sich nicht gleich mal ein paar Haftnotizen und versuchen, Ihr eigenes Personal Business Model zu entwerfen?

Wer Ihnen hilft
(Schlüsselpartner)

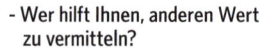

- Wer hilft Ihnen, anderen Wert zu vermitteln?
- Wer unterstützt Sie auf andere Weise und wie?
- Stellt irgendjemand für Sie Schlüsselressourcen zur Verfügung oder übt Schlüsselaktivitäten aus?
- Könnte jemand das tun?

Schlüsselpartner können sein:
- Freunde
- Familienangehörige
- Dienstvorgesetzte
- Personalmitarbeiter
- Kollegen
- Zulieferer
- Mitglieder von Berufsverbänden
- Mentoren oder Berater etc.

Was Sie tun
(Schlüsselaktivitäten)

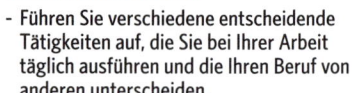

- Führen Sie verschiedene entscheidende Tätigkeiten auf, die Sie bei Ihrer Arbeit täglich ausführen und die Ihren Beruf von anderen unterscheiden.
- Welche dieser Schlüsselaktivitäten sind erforderlich für Ihr Wertangebot?
- Welche Aktivitäten erfordern Ihre Kanäle und Kundenbeziehungen?

Berücksichtigen Sie, wie Ihre Aktivitäten sich den folgenden Bereichen zuordnen lassen:
- Machen (bauen, schaffen, lösen, vermitteln etc.)
- Verkaufen (informieren, überreden, lehren etc.)
- Unterstützen (verwalten, berechnen, organisieren etc.)

Wer Sie sind/Was Sie haben
(Schlüsselressourcen)

- Wofür können Sie sich bei der Arbeit am meisten begeistern?
- Sortieren Sie Ihre Vorlieben: Arbeiten Sie am liebsten mit 1) Menschen, 2) Informationen/Ideen oder 3) Gegenständen/draußen?
- Beschreiben Sie ein paar Ihrer Fähigkeiten (Dinge, die Ihnen von Natur aus leichtfallen) und ein paar Ihrer Kenntnisse (Dinge, die Sie erlernt haben).
- Führen Sie einige Ihrer sonstigen Ressourcen auf: persönliches Netzwerk, Ruf, Erfahrung, körperliche Fähigkeiten etc.

Investitionen (Kostenstruktur)

- Was investieren Sie in Ihre Arbeit (Zeit, Energie etc.)?
- Was geben Sie auf, um arbeiten zu können (Familie oder Zeit für sich selbst etc.)?
- Welche Schlüsselaktivitäten sind am »teuersten« (anstrengend, belastend etc.)?

Führen Sie weiche und harte Kosten auf, die mit Ihrer Arbeit verbunden sind:

Weiche Kosten:
- Stress oder Unzufriedenheit
- Mangel an persönlichen oder beruflichen Entwicklungsmöglichkeiten
- Geringes Ansehen oder Mangel an sozialer Einbindung
- Fehlende Flexibilität, übertriebene Erwartungen an die Verfügbarkeit

Harte Kosten:
- Übermäßiger Zeit- oder Reiseaufwand
- Nicht erstattete Pendel- oder Reisekosten
- Nicht erstattete Schulungen, Weiterbildungen, Werk Materialien und andere Kosten

Wie Sie helfen
(Wertangebot)

- Welchen Wert vermitteln Sie den Kunden?
- Welches Problem lösen Sie oder welches Bedürfnis erfüllen Sie?
- Beschreiben Sie den speziellen Nutzen, den Kunden als Ergebnis Ihrer Arbeit genießen.

Überlegen Sie, ob Ihre Hilfe:
· Risiken verringert
· Kosten senkt
· Bequemlichkeit oder Nützlichkeit erhöht
· Leistung verbessert
· Genuss vermittelt oder ein Grundbedürfnis erfüllt
· ein soziales Bedürfnis erfüllt (Marke, Status, Anerkennung etc.)
· ein emotionales Bedürfnis erfüllt

Wie Sie interagieren
(Kundenbeziehungen)

Kanal-Phase 5. Nachfassen: Wie betreuen Sie die Kunden weiterhin und sorgen für ihre Zufriedenheit?
- Welche Art von Beziehungsaufbau und -pflege erwarten Ihre Kunden von Ihnen?
- Beschreiben Sie die bestehenden Beziehungen.

Beispiele sind etwa:
· Persönliche Unterstützung
· Hilfestellung via Telefon, E-Mail, Chat, Skype etc.
· Kollegen- oder Nutzer-Community
· Mitgestaltung
· Selbstbedienung oder automatisierte Leistungen

Wie man auf Sie aufmerksam wird/Wie Sie liefern
(Kanäle)

- Durch welche Kanäle wollen Ihre Kunden erreicht werden?
- Wie erreichen Sie sie jetzt?
- Welche Kanäle funktionieren am besten?

Kanal-Phasen:
1. **Aufmerksamkeit:** Wie erfahren potenzielle Kunden von Ihnen?
2. **Beurteilung:** Wie helfen Sie potenziellen Kunden, Ihren Wert zu schätzen?
3. **Kauf:** Wie mieten oder kaufen neue Kunden Ihre Dienstleistung?
4. **Auslieferung:** Wie vermitteln Sie den Kunden Wert?

Wem Sie helfen
(Kundensegmente)

- Für wen schöpfen Sie Wert?
- Wer ist Ihr wichtigster Kunde?
- Wer verlässt sich auf Ihre Arbeit, um seine eigenen Aufgaben zu erfüllen?
- Wer sind die Kunden Ihrer Kunden?

Lohn (Einnahmequellen)

- Für welche Werte sind Ihre Kunden tatsächlich zu zahlen bereit?
- Wofür bezahlen sie jetzt?
- Wie bezahlen sie jetzt?
- Wie könnten sie lieber bezahlen wollen?

Beschreiben Sie den Lohn

Zu den harten Vergütungen gehören:
· Gehalt
· Löhne oder Honorare
· Kranken- und Berufsunfähigkeitsversicherung
· Rentenbezüge
· Aktienoptionen oder Gewinnbeteiligung
· Ausbildungszuschüsse, Fahrkostenerstattung, Kostenübernahme für Kinderbetreuung etc.

Zu den weichen Vergütungen gehören:
· Zufriedenheit, Spaß
· Berufliche Weiterentwicklung
· Anerkennung
· Gemeinschaftsgefühl
· Soziale Mitwirkung
· Flexible Arbeitszeiten oder -bedingungen

Beispiel für ein Personal Business Model

Sean Backus war ein herausragender Hochschulabsolvent, der bei zwei Unternehmen nacheinander in der Programmierabteilung arbeitete, und jedes Mal ließen die Führungskräfte ihn gehen. Dabei war Seans Wertangebot – geschäftliche Probleme mit der Software lösen – perfekt auf jedes der Unternehmen abgestimmt. So sah Seans Personal Business Model während seiner ersten beiden Jobs aus:

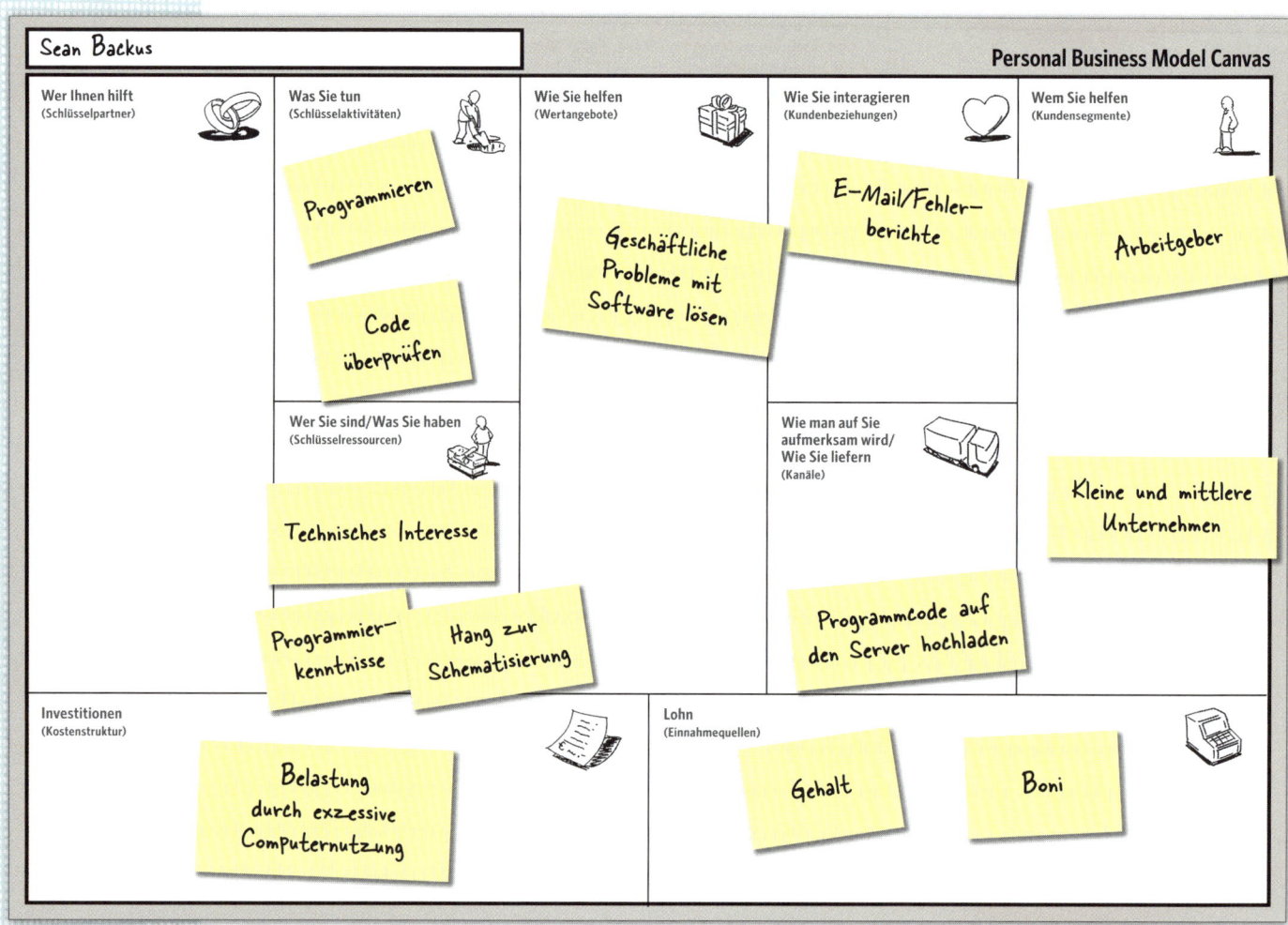

Glücklicheres Teammitglied, stärkeres Team

Bei seiner dritten Anstellung erkannte Sean, dass er seine starken sozialen Tendenzen vernachlässigt hatte. Reine Programmiertätigkeiten hatten ihn frustriert, weil die unmittelbare Arbeitsumgebung – das einsame Programmieren am Schreibtisch – nur sein technisches Interesse befriedigte. Sean erzählte seinem Vorgesetzten von seinem Interesse am Unterrichten, und die beiden vereinbarten, dass er andere Programmierer in Techniken der Fehlersuche unterweisen sollte. Seans Zufriedenheit stieg dank vielfältigerer und geselligerer Arbeitsinhalte, hinzu kam noch ein neu entwickeltes Kompetenzstreben, sowohl für ihn selbst als auch für andere Angestellte. In seiner neuen Position leistete er sogar einen noch größeren Beitrag, denn weniger Programmierfehler bedeuteten zufriedenere Kunden.

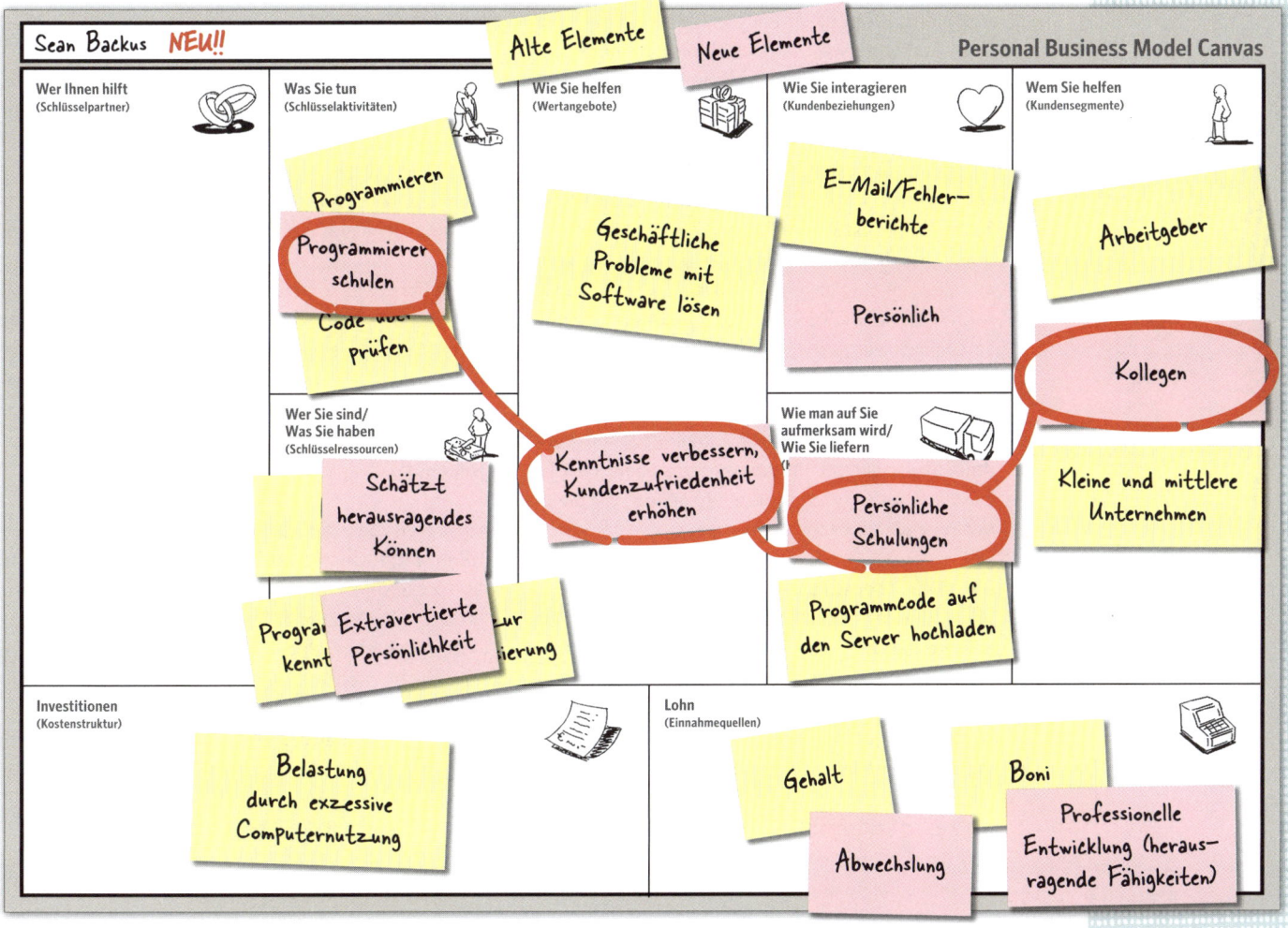

Teamstärkung durch berufliche Identität

Der schwere Job eines Vorgesetzten

Führungskräfte haben es nicht leicht. Sie müssen ihren Mitarbeitern helfen, 1) mehr zum Team beizusteuern, 2) an einen anderen Arbeitsplatz in der Organisation zu wechseln, an dem sie mehr beisteuern können, oder 3) die Organisation zu verlassen, wenn kein gutes Einvernehmen mehr existiert. Um die Übereinstimmung mit dem Team oder der Organisation zu bestimmen, muss man eher im Sinne von *Rollen* als von *Kenntnissen* (oder »Jobs«) denken. Seans Vorgesetzte zum Beispiel haben ihn fortwährend nur im Sinne von *Kenntnissen* betrachtet: Sie waren eher auf die Aufgaben fokussiert, die er erfüllen konnte, als auf die Rollen, die er übernehmen könnte. Tatsächlich war Sean hochqualifiziert, und seine ersten beiden Vorgesetzten erkannten nicht, dass sein Arbeitsengagement nachließ. Zum Glück sowohl für Sean als auch für seinen Arbeitgeber hatte sein dritter Vorgesetzter das Rollenkonzept begriffen. Um in Rollen zu denken, gibt es eine Technik, die Sie mit Business Models koppeln können.

Berufliche Identität

Sean wurde ausschließlich als Programmierer wahrgenommen. Als er jedoch seine extravertierte Persönlichkeit und seinen Wunsch nach überlegenem Können in die Arbeit einbrachte – etwas, das er zuvor nicht getan hatte –, schufen er und sein Vorgesetzter eine neue Rolle für ihn *als jemand, der die Programmqualität verbessert und sicherstellt.* In seiner neuen Rolle steuerte Sean nicht nur mehr Wert bei, sondern begann auch, seine *wahre berufliche Identität* zum Ausdruck zu bringen.

Berufliche Identität ist die fortgesetzte arbeitsbezogene Essenz, die, zusammen mit der Art der Wertvermittlung, einen Beschäftigten vom anderen unterscheidet.

Betrachten Sie Ihre eigene berufliche Identität als den Nutzen, den Sie den Kunden als Ein-Personen-Geschäftsmodell kontinuierlich bieten. Diese Identität bliebe erhalten, selbst wenn Ihnen alle Stellenbezeichnungen, Auszeichnungen, Universitätsabschlüsse, Zertifikate oder Lizenzen entzogen würden. So wie die Persönlichkeit Ihre psychologische Essenz beschreibt, steht die berufliche Identität für Ihre arbeitsbezogene Essenz. Sie enthält die Art und Weise, wie Sie Wert vermitteln. In Seans Fall war dies eine Kombination aus lässigem, selbstironischem Humor und müheloser technischer Kompetenz, welche die Auszubildenden als überzeugend und nützlich empfanden.

Anderen bei der Entwicklung ihrer beruflichen Identität zu helfen ist eine gute Methode, sie bei einer besseren Mitwirkung in ihrem Team zu unterstützen – oder eine andere Möglichkeit der Mitwirkung zu finden. Und anderen dabei zu helfen, ihre berufliche Identität zu beanspruchen, zählt zu den befriedigendsten Dingen, die Sie als Führungskraft erreichen können. Wenn Sie wissen wollen warum, betrachten Sie die traditionellen Methoden, wie Organisationen Mitarbeiter angeworben, befördert und versetzt haben.

Traditionelle Übereinstimmung von Anforderungen und Ressourcen

Traditionell haben Organisationen ihre Mitarbeiter angeworben, befördert und versetzt, indem sie die *Anforderungen und die Ressourcen miteinander abstimmten.* Dinge, die getan werden mussten, galten als »Anforderungen« und Mitarbeiter als »Ressourcen«. Außerdem wurde »Ressource« im Hinblick auf *Qualifikationen, Kenntnisse und Fähigkeiten* definiert (QKF). Stellenanzeigen listeten die erforderlichen QKF auf, und jemand mit den entsprechenden Qualifikationen, Kenntnissen und Fähigkeiten wurde eingestellt, befördert oder versetzt.

Die Übereinstimmung von Anforderungen und Ressourcen erhöht sicherlich die Wahrscheinlichkeit, dass jemand seinen Beitrag zu einem Team leistet. Aber QKF sind eine unvollständige Betrachtungsweise von Menschen. Die berufliche Identität dagegen drückt sein Talent aus, seine Fähigkeit der Aufgabenerfüllung und, was am wichtigsten ist, sein Wertangebot. Und die Vereinbarung von persönlichen Wertangeboten mit Abteilungs- oder Unternehmenszielen ist die Essenz der Personalführung.

Teammitgliedern bei der Definition der beruflichen Identität helfen

Wie können Sie Ihren Teammitgliedern helfen, ihre berufliche Identität zu entdecken? Zunächst einmal sollten Sie eine klare Vorstellung von der Mitarbeiterentwicklungspolitik Ihrer Organisation haben. Eine zunehmende Anzahl progressiver Organisationen hat die Einstellung übernommen, dass die Mitarbeiterentwicklung nicht in ihren Aufgabenbereich fällt. Stattdessen wird den Beschäftigten die Möglichkeit gegeben, sich selbst zu entwickeln, indem sie für die Organisation arbeiten.[5]

Nachdem Sie Ihre Grundsätze geklärt haben, bedenken Sie die Wichtigkeit von Feedback. Nur wenige Menschen sind von Natur aus selbstkritisch, deshalb brauchen sie eine Menge Feedback. Aus diesem Grund ist es ein entscheidender Aspekt der Führungsverantwortung, für ein feedbackorientiertes Umfeld zu sorgen – für Sie selbst und für Ihre Mitarbeiter. Vergessen Sie nicht, dass Sie die wichtigste Feedbackquelle für Ihre Mitarbeiter sind. Der Teamwork-Consultant Patrick Lencioni sagt, dass abgesehen vom Ehepartner niemand so viel leistet wie ein Vorgesetzter, um den Sinn der Mitarbeiter für das berufliche Selbst zu bestimmen.[6] Ein echtes persönliches Interesse an Ihren Mitarbeitern – und ihnen die Möglichkeit einzuräumen, ihre »ganze Persönlichkeit« in die berufliche Arbeit einzubringen – ist das Allerwichtigste, das Sie tun können, um ein informelles, fortgesetztes Feedback zu erteilen, das wesentlich wirkungsvoller ist als formelle, gelegentliche Gespräche zur beruflichen Weiterentwicklung.

Betrachten Sie sich selbst als Feedback gebendes und Feedback empfangendes Werkzeug. Wenn Sie Ihre Runden drehen und mit Kollegen und ihren Kunden sprechen, bieten Sie eine objektive Perspektive, die den anderen dabei hilft, ihre persönlichen Meinungen einer Realitätsüberprüfung zu unterziehen. Auch interne Umfragen können hilfreich sein. Sie könnten einen Personalprofi bitten, eine Umfrage für Ihre Teammitglieder zu entwickeln, oder auf eine etablierte Methode wie 360 Reach zurückgreifen.[7]

Übung: Bestimmen Sie Ihre berufliche Identität

Die folgende Übung hilft Mitarbeitern, ihre berufliche Identität zu bestimmen. Sie können die Übung durchführen im Rahmen eines Gesprächs mit jemandem, der zu Ihrem Team hinzustoßen soll oder es verlassen will, während einer formellen Entwicklungsbesprechung oder schlicht als Unterbrechung der üblichen Routine mit Mitarbeitern, die Sie führen oder betreuen. Diese vierstufige Übung lässt sich am besten in zwei Sitzungen durchführen, wobei die Aufgaben in Schritt 1 und Schritt 2 – das Zusammentragen von Zitaten und die Stilbeschreibung – als »Hausaufgabe« in einer separaten Sitzung erfüllt werden können (reife oder sehr selbstreflektierte Teilnehmer können die Übung auch in einer einzigen Sitzung machen). Die einzigen Erfordernisse sind Papier, Stift und ein ruhiges Plätzchen, um das Gespräch zu führen – vorzugsweise in einer Kantine, einem Café oder an sonst einem Ort, an dem Sie sich normalerweise nicht mit der Person treffen. Schritt 1 der Übung kann auch mit einer Gruppe durchgeführt werden. Beginnen Sie mit der Versicherung, dass es sich hierbei nicht um eine Leistungsüberprüfung handelt – es ist eine Ausführungsüberprüfung!

Schritt 1. Bestimmen Sie die Ergebnisse, die Sie erbringen

Bitten Sie drei verschiedene Menschen, die Sie gut kennen, kurz die Ergebnisse zu beschreiben, die Sie bei der Arbeit erbringen. Die zitierten Personen können aktuelle oder frühere Kunden sein, Partner, Chefs, Teamkollegen, ein Coach, ein befehlshabender Offizier, ein Lehrer, ein Geistlicher. Ihre Zitate sollten Ergebnisse beschreiben, keine Aktivitäten. Bitten Sie die Zitatgeber auch, Ihren Arbeitsstil zu beschreiben; wie Sie auf andere wirken, während Sie Ergebnisse erzielen. Sie sollten Rückmeldungen und Beobachtungen von 150 bis 250 Wörtern anstreben und sie auf ein Blatt Papier schreiben. Betrachten Sie das Beispiel von Ellen, die in der Unternehmenskommunikation von Boeing arbeitete.

Schritt 2. Beschreiben Sie Ihren Stil

Gehen Sie die Zitate sorgfältig durch. Fassen Sie dann den Stil zusammen, den die Zitatgeber Ihnen bei der Erzielung von Ergebnissen zuschreiben. Nutzen Sie dazu Schlüsselwörter aus Ihrer Zitatensammlung, aber auch eigene Formulierungen. Schreiben Sie diese Zusammenfassung auf ein separates Blatt Papier oder einen Haftnotizzettel. Dies hier hat Ellen für Schritt 2 geschrieben:

Schritt 1. Die Ergebnisse von Ellens Untersuchungen zur ökologischen Verantwortung haben uns dabei geholfen, das Umweltschutzprogramm zu verändern. Sie tat mehr, als nur ein paar Interviews mit umweltbewussten Angestellten zu führen, und unterfütterte die Gedanken in ihrem Bericht nicht nur mit Leidenschaft, sondern auch mit Fakten.
(Leiter Umweltdienstleistungen)

Als sie die Initiative Design for Environment während der Technikwoche organisierte, hatten wir mehr Freiwillige, als wir einsetzen konnten. Wir mussten sogar einige Leute wegschicken. Sie setzt sich deutlich für die Qualität und den Schutz der Umwelt ein und kann andere für diese Themen begeistern.
(Leitender Ingenieur Supplier Services Group)

Ellen hat das Team gegründet und mitgeführt, das ein erfolgreiches Kundendiensterkennungsprogramm geschaffen hat, trotz Richtungsänderungen von neu eintretenden Vorgesetzten und einer Neuorganisation der Abteilung. Aufgrund ihrer diplomatischen Art gelang es ihr jederzeit zu vermitteln, sodass das Programm nicht abgesetzt wurde.
(Leiter Unternehmenskommunikation)

Schritt 2. Ich kann andere mitreißen und begeistern. Ich hebe die Arbeit anderer hervor. Diplomatisch. Stabil angesichts sich ändernder Zielsetzungen. Ich übertreffe die üblichen Erwartungen.

Wenn Sie die Schritte 1 und 2 als Hausaufgaben aufgegeben haben, lassen Sie die Teilnehmer jeweils zwei Kopien ihrer Aufzeichnungen zur nächsten Sitzung mitbringen. Geben Sie die Anleitung zu Schritt 3 und lesen Sie dann die Schriftstücke, während die Teilnehmer an Schritt 3 arbeiteten.

Schritt 3. Fassen Sie Ihre berufliche Identität zusammen
Fassen Sie Ihre Zitatensammlung in einem kurzen, in der ersten Person (»Ich«) verfassten Statement zusammen. Dies sollte eine präzise Zusammenfassung dessen sein, was Sie bieten – Ihr Wertangebot – und wie Sie es vermitteln. Beschränken Sie Ihr Statement auf 50 Wörter oder weniger. Ellen schrieb das Folgende:

> Schritt 3. Ich entdecke intuitiv verborgene Geschichten, die mitgeteilt werden sollten.
>
> Die Leute empfinden Stolz und Erfüllung, wenn sie lesen, was ich über sie schreibe.
>
> Ich bin ein Unternehmensdiplomat, der organisatorische Grenzen überschreitet, um strategische, sinnvolle Geschichten zu produzieren.

Schritt 4. Nachbesprechung
Vergleichen Sie die von Ihren Kollegen zusammengetragenen Zitate aus Schritt 1 mit der Stilbeschreibung aus Schritt 2. Haben sie genau erfasst, was andere über sie gesagt haben? Zeigen sie ein Bewusstsein für ihren eigenen Wertvermittlungsstil?

Vielleicht helfen Ihnen einige der folgenden Nachbesprechungsfragen.

- Haben Sie eine Stärke, die andere an Ihnen bemerkt haben, die Sie aber nicht interessiert?
- Was sind laut dieser Zitate und Beschreibungen Schlüsselwerte, die Sie verwenden, um Beurteilungen, Wahlen oder Entscheidungen zu treffen?
- Was wäre ein ideales, aber realisierbares Szenario, um diese berufliche Identität anwenden und weiterentwickeln zu können?

Die berufliche Identität eines Kollegen entwickelt sich und verändert sich im Laufe der Zeit, häufig ohne dass dieser es bemerkt. Deshalb ist es wichtig, mit dieser Übung rechtzeitig zu beginnen und sie regelmäßig mit direkt unterstellten Mitarbeitern oder von Ihnen betreuten Kollegen zu wiederholen. Sie tragen Rückmeldungen darüber zusammen, wie die Leute sich in verschiedenen Rollen positionieren. Wir alle kennen Mitarbeiter, die solide Ergebnisse hervorbringen, aber eine Schneise von Konflikten, Zwietracht oder Widerstand hinterlassen. Es kommt darauf an, wie Ergebnisse erzielt werden.

Wie bei allen Führungstechniken sind Sie gut beraten, zuerst einmal selbst zu üben, ehe Sie anderen helfen. Machen Sie die Übung zur Bestimmung Ihrer beruflichen Identität gemeinsam mit einem Kollegen oder einem anderen Mitdenker.

Mehr Teamorientierung durch berufliche Identität

Als Führungskraft haben Sie vielleicht schon entdeckt, dass die Entwicklung der beruflichen Identität weitaus größere Gewinne bringt als nur Titel, Positionen oder Status. Wenn Sie Ihre Kollegen dabei unterstützen, ihre beruflichen Identitäten zu verfolgen, steigert dies ihr Engagement und verhilft ihnen zu mehr Teamorientierung.

Ein Beispiel: Sarah, Leiterin einer Werbeagentur, schätzte Randy, einen Kundenbetreuer, für seine außergewöhnliche Fähigkeit zu inspirierenden Kundenpräsentationen. Doch sie bemerkte auch Randys Tendenz, übermäßig unterhaltsam zu sein – und dabei den Wunsch der Kunden zu übersehen, eine quantitative Untermauerung seiner kreativen Ideen zu erhalten.

Sarah ließ Randy die Übung zur beruflichen Identität machen. Nachdem Randy das Statement verfasst hatte: *Jede Begegnung hinterlässt sie erfreut und entmystifiziert,* bat Sarah ihn, zwei Rollen zu benennen, die er häufig spielte. Er nannte »Entertainer« und »Professor«. Sie machte ihm daraufhin deutlich, dass »Entertainer« sein vorherrschender Stil war und dass er nötigenfalls bewusst in den »Professor«-Modus wechseln müsse. Die Verwendung der beruflichen Identität half Sarah, ihre Coaching-Rolle aufrechtzuerhalten und sich nicht allzu detailliert in Randys Arbeit einzumischen.

Der Einsatz der beruflichen Identität für Koordination und Engagement

Die meisten Menschen streben danach, bei der Arbeit ihr Bestes zu geben. Jeder hat etwas Besonderes zu bieten, das über die Grundqualifikation oder das Wissen hinausgeht, das ihn in Ihr Team gebracht hat. Doch viele tun sich schwer damit, die Talente zu erkennen, die über Qualifikationen, Kenntnisse und Fähigkeiten hinausgehen: Sie brauchen Unterstützung, um sie in ein lohnenswertes Wertangebot umzuwandeln. Ein guter erster Schritt ist es, sie Personal Business Models zeichnen zu lassen. Wenn die Kollegen dann ihre beruflichen Identitäten bestimmen, werden sie bewusster erkennen, wie ihre Wertangebote **Probleme, Fragen, Erfordernisse** und **Trends** in Angriff nehmen können.

Denken Sie daran, dass unerfahrene Kollegen vielleicht nicht genügend Fertigkeiten besitzen, um ihren Einfluss zu beschreiben. Ermutigen Sie sie, sich selbst aufmerksam zu beobachten, auch ihre kleinsten Ergebnisse – nicht nur ihre Aktivitäten – festzuhalten und diejenigen, für die sie arbeiten, um Feedback zu bitten. Im nächsten Abschnitt lesen Sie, wie ein Vorgesetzter mithilfe der beruflichen Identität nicht nur seine Firma davor bewahrte, einen wertvollen Mitarbeiter zu verlieren, sondern außerdem die Geschäftsentwicklung in einem wichtigen neuen Sektor ankurbelte.

Raten Sie mal, wer eingestellt wurde?

Eine bewusst gemachte berufliche Identität enthüllt häufig neue Möglichkeiten, die nicht durch Jobkategorien eingeschränkt werden. Ein Beispiel: Während eines Bewerbungsgesprächs bei einem Hersteller von medizinischen Geräten wich Hitoshi Koba, Doktorand der Ingenieurswissenschaften, der über robotergesteuerte medizinische Geräte forschte, von seiner technikorientierten Selbstbeschreibung ab und schilderte seine berufliche Identität spontan als »Kämpfer in der Schlacht gegen die Arteriosklerose«. Sein Gegenüber im Einstellungsgespräch war beeindruckt: Kobas berufliche Identität hob ihn über die ausgeschriebene Kategorie »Ingenieur« hinaus und ließ sofort seine Übereinstimmung mit der Zielsetzung des Arbeitgebers deutlich werden. Raten Sie mal, wer eingestellt wurde?

Ziel verfehlt

»Hab ich mir jetzt selbst ins Knie geschossen, weil ich die Ausschreibung von GHS und vom Staat verloren habe? Ich hab das Gefühl, ich hab meinen Schwung verloren ...«, sagte Wayne. Er sah bekümmert aus.

Jim Thomas, Personalchef der Verkehrs-Consultantfirma FLR, wurde wachsam. Er hörte aus Waynes Worten eine Mischung aus Frustration, Geständnis und Hilfeschrei heraus – und erkannte sofort, dass FLR in Gefahr schwebte, einen wichtigen Mitarbeiter zu verlieren.

Wayne war leitender Verkehrsingenieur, der weiterhin auf seine Beförderung in den nächsthöheren Rang warten musste, nachdem zwei Ausschreibungen an die Konkurrenz von FLR gegangen waren. Jim mutmaßte, dass Wayne bei der Planung und Vorbereitung der Ausschreibungspräsentation für den Kunden allzu sehr dem Projektleiter nachgegeben hatte, der dazu neigte, stark zahlenorientierte PowerPoint-Präsentationen anzufertigen. Frustriert und entmutigt durch die verlorenen Ausschreibungen hatte Wayne um ein vertrauliches Gespräch mit dem Personalchef gebeten.

Bei FLR galt Wayne als Nerd. Er war zwar eigentlich kein IT-Profi, hatte jedoch viele der Tools vorgeschlagen, mit denen die Firma ihre Nutzung der Cloud-Technologie hatte verbessern können. Jetzt, so kam es Jim vor, hatte Wayne den Blick für seine eigene Mitwirkung verloren – und vielleicht auch den für einen vielversprechenden neuen Markt. Jim bat Wayne, Teil 1 der Übung »Berufliche Identität definieren« zu machen und in zwei Tagen zu einem weiteren vertraulichen Gespräch wiederzukommen. Bei ihrem zweiten Treffen zeigte Wayne ihm diese Aufzeichnung zum Thema »Bestimmen Sie die Ergebnisse, die Sie hervorbringen«:

> Ich erkenne Trends, die sich in den riesigen von uns erhobenen Datenmengen verbergen. Aber ich bin kein Programmierer oder Softwarespezialist – ich kann rätselhaften Zahlen ihre Geheimnisse entlocken.
>
> Ich verwandle sie in Informationen, mit denen die Kunden Entscheidungen treffen und reale Verkehrsprobleme lösen können.

In Jims Beisein schrieb Wayne dann Folgendes zu Schritt 3, »Fassen Sie Ihre berufliche Identität zusammen«:

> Nerd, der Erkenntnisse schafft, indem er Geschichten über Zahlen erzählt

Jim und Wayne besprachen Waynes Äußerungen und wandten sich dann Entscheidungen zu, die bei einer noch nicht lange zurückliegenden strategischen Planungsklausurtagung getroffen worden waren. Das FLR-Management hatte vorhergesehen, dass die computergesteuerten Autos von Google früher als erwartet zum Teil des Stadtbilds werden würden und dass intelligente Autobahnen sowie überall integrierte Monitore in Echtzeit abbilden konnten, wo sich jemand aufhielt und wohin er unterwegs war. Sich darauf vorzubereiten, würde jedoch einen enormen Aufwand an technischer und datenwissenschaftlicher Arbeit bedeuten – eine Arbeit, auf die FLR gut vorbereitet war.

Bei der Tagungsklausur hatte die Firma ihr Geschäftsmodell deshalb dahingehend angepasst, dass sie formal ein neues Wertangebot hinzugefügt hatte (die Ausstattung von Städten mit cloudbasierten Verkehrsnetzen, welche die Beförderungskapazität der bestehenden Infrastruktur verdoppeln können), eine neue Schlüsselressource (hohe Datenauswertungskapazität) und eine neue Schlüsselaktivität (intelligente Verkehrssysteme für Städte entwickeln).

Jim bat Wayne, einen übergroßen Valuable Work Detector an die Wand des Büros zu hängen und mindestens ein Element einzutragen, das mit der jüngsten strategischen Entscheidung von FLR in Zusammenhang stand. Rasch brachte Wayne sein persönliches Wertangebot mit drei PINT-Elementen in Übereinstimmung.

Jim lächelte zufrieden, während er zusah, wie Wayne eine wirkungsvolle neue Methode darstellte, um seinen Beitrag zu FLR zu leisten. »Diese Tools haben meine Arbeit wirklich leichter gemacht«, dachte er. *Es ist einfach großartig, sich auf ein externes Objekt und eine physische Aufgabenstellung zu konzentrieren.* Kopfschüttelnd dachte der Personalchef an all die Jahre zurück, in denen er noch ganz anders gearbeitet hatte.

Innerhalb einer Stunde erkannten beide Männer mit erstaunlicher Deutlichkeit, dass Wayne beste Voraussetzungen mitbrachte, um die neue Initiative für intelligente Verkehrssysteme bei FLR zu leiten. Ein paar Tage später erklärte sich der CEO mit diesem Schritt einverstanden. Voller Freude nahm Jim sich seiner neuen Aufgabenstellung bei FLR an – und Jim genoss das befriedigende Gefühl, eine gute Führungskraft zu sein.

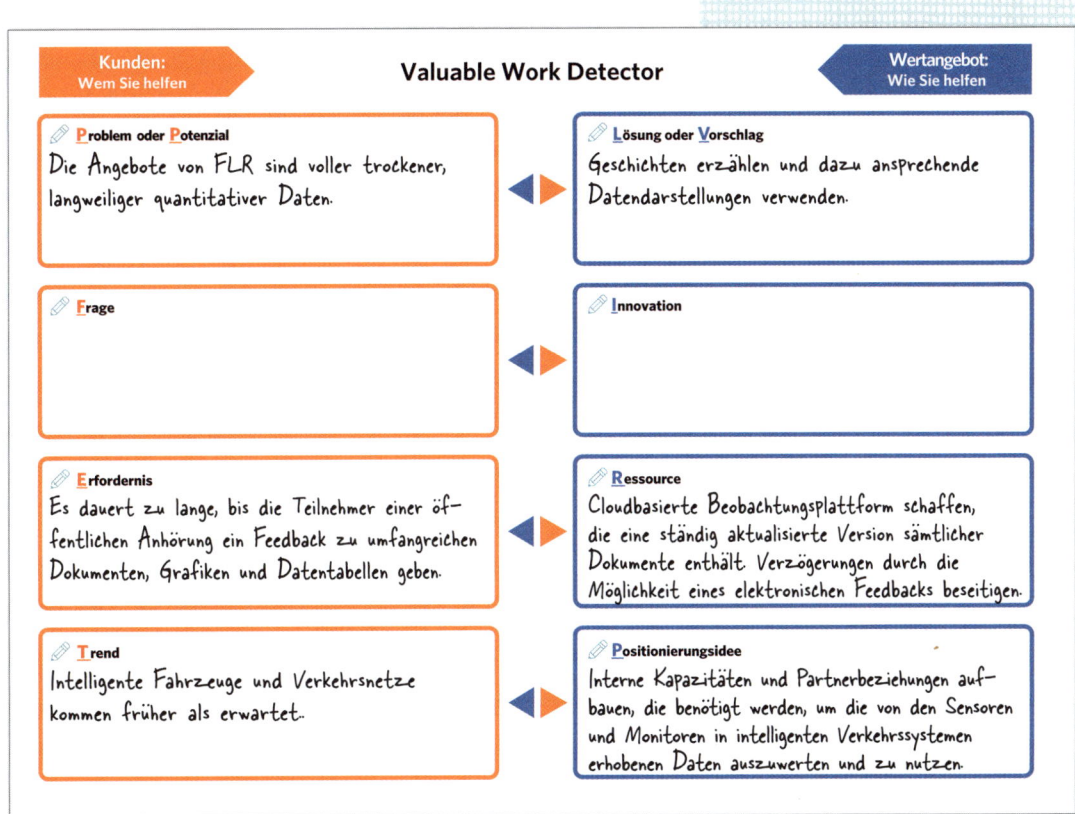

Valuable Work Detector

Kunden: Wem Sie helfen

Wertangebot: Wie Sie helfen

Problem oder Potenzial
Die Angebote von FLR sind voller trockener, langweiliger quantitativer Daten.

Lösung oder Vorschlag
Geschichten erzählen und dazu ansprechende Datendarstellungen verwenden.

Frage

Innovation

Erfordernis
Es dauert zu lange, bis die Teilnehmer einer öffentlichen Anhörung ein Feedback zu umfangreichen Dokumenten, Grafiken und Datentabellen geben.

Ressource
Cloudbasierte Beobachtungsplattform schaffen, die eine ständig aktualisierte Version sämtlicher Dokumente enthält. Verzögerungen durch die Möglichkeit eines elektronischen Feedbacks beseitigen.

Trend
Intelligente Fahrzeuge und Verkehrsnetze kommen früher als erwartet.

Positionierungsidee
Interne Kapazitäten und Partnerbeziehungen aufbauen, die benötigt werden, um die von den Sensoren und Monitoren in intelligenten Verkehrssystemen erhobenen Daten auszuwerten und zu nutzen.

Hier ist *Skyle* gefragt

Skill + Style

Manchmal haben die Probleme eines Mitarbeiters innerhalb eines Teams mehr mit dem Stil zu tun als mit den Inhalten. Zum Teil liegt das daran, dass Führungskräfte häufig eine eindimensionale Vorstellung von Talent besitzen. Sie legen allzu viel Augenmerk auf die Qualifikation und vernachlässigen dabei die Wichtigkeit des Stils, mit dem die Ergebnisse vermittelt werden. Diese Kombination aus Qualifikation (skill) und Vermittlungsstil (style) wird als *Skyle* bezeichnet und zielt nicht nur darauf ab, was die Leute können, sondern umfasst auch, wie sie es tun. Guter *Skyle* bedeutet, angenehm und freundlich im Umgang mit anderen zu sein und eine Übereinstimmung von Rolle, Vorgesetztem, Team, Organisation und Kunden zu schaffen. Schlechter *Skyle* heißt, anderen gegenüber unangenehm oder distanziert aufzutreten oder Spannungen zu erzeugen, die zu schlechteren Ergebnissen führen.

Sie können anderen bei dieser Übereinstimmung helfen – und Ihre Führungsqualitäten verbessern –, indem Sie ein Gespür für den Vermittlungsstil Ihrer Mitarbeiter entwickeln. Der erste Schritt ist zu erkennen, dass die berufliche Identität der Leute auch einen persönlichen Stil umfasst, der unterschiedlich effektiv ist. Wenn jemand einen guten Arbeitsstil aufweist, besteht die Aufgabe des Vorgesetzten darin, dessen kontinuierlichen Einsatz zu fördern – und eine Übersteigerung zu verhindern. Ein suboptimaler Stil erfordert dagegen ein frühzeitiges und möglicherweise häufiges Coaching.

Wenn jemandes Stil zu wünschen übrig lässt, kann ein Gespräch über Veränderungen eine ziemliche Herausforderung sein. Ist jedoch die Qualifikation angemessen und das Problem liegt nur im Stil begründet, können Sie das Gespräch ausgleichen, indem Sie beides thematisieren. Eine gute Methode dafür ist die Verwendung eines weiteren Drittobjekt-Tools: der Skyle-Zonen.

Skyle-Zonen

Die Skyle-Zonen sind eine Vier-Felder-Matrix, die auf der horizontalen Achse den Grad der Qualifikation darstellt und auf der vertikalen Achse die Effektivität des Stils. Jemand mit geringer Qualifikation und einem ineffektiven Stil wäre beispielsweise im unteren linken Quadranten anzusiedeln: der O-nein!-Zone. Jemand mit hoher Qualifikation und gutem Stil gehört in den oberen rechten Quadranten: die Flow-Zone, und so weiter.

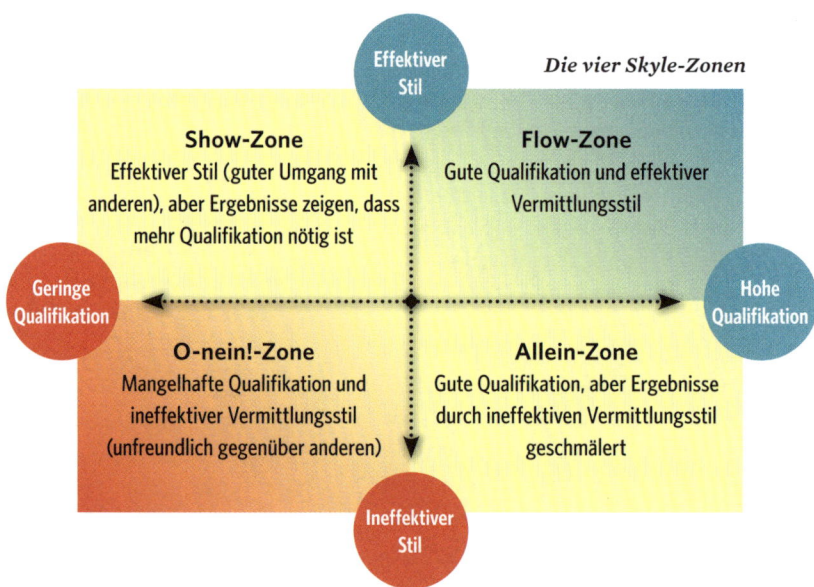

Die vier Skyle-Zonen

Erinnern Sie sich an Randy, den Kundenbetreuer einer Werbeagentur? Seine Chefin Ellen ist die Skyle-Zonen mit ihm durchgegangen und hat ihm erläutert, wie Randy sich bei seiner letzten Kundenpräsentation in die Allein-Zone verirrt hat. Randy war durch eine kreative Strategie nach der anderen gehetzt und hatte gar nicht bemerkt, dass der Kunde im Anschluss an die Präsentation jeder Option nach belastbaren Zahlen fragen wollte. Kurz gesagt, er war stärker auf seine eigenen Ideen fokussiert gewesen als auf die Interessen des Kunden.

Nachdem sie Randy an seine Stärken sowohl als »Entertainer« wie auch als »Professor« erinnert hatte, beschrieb Ellen mehrere verpasste Hinweise des Kunden, die er hätte nutzen können, um während des Meetings vom »Entertainer«- in den »Professor«-Stil zu wechseln.

Sie einigten sich auf gewisse Signale, die sie ihm bei künftigen Meetings geben würde, wenn sie der Meinung wäre, dass ein Umschalten notwendig sei. Dadurch war Randy besser gerüstet, um seinen Stil zur Unterstützung seines Teams anzupassen – und mehr persönlichen Erfolg zu erleben.

Skyle-Zonen bieten sowohl Führungskräften als auch den Geführten eine Möglichkeit, die Diskussion auf die Leistungen zu fokussieren und notwendige Anpassungen vorzunehmen. Ehe Sie die Skyle-Zonen mit jemandem verwenden, sorgen Sie dafür, dass Sie besondere Beobachtungen und eine Beschreibung dessen vorbereiten, wie andere auf das Verhalten dieser Person reagiert haben. Dazu kann es notwendig sein, Feedback von Kollegen und anderen Mitarbeitern einzuholen. Stützen Sie sich möglichst nicht ausschließlich auf Ihre eigenen Ansichten oder Reaktionen.

Jede Führungskraft geht das Risiko ein, qualifizierte Personen einzustellen, die sich aufgrund ihres ineffektiven Stils als unfähig (oder unwillig) erweisen, Team- oder Organisationsbedürfnisse zu erfüllen. Nur zu häufig gehen Führungskräfte oder Personalleiter irrtümlich davon aus, dass Qualifikationen für nachhaltigen Erfolg sorgen, nur um dann zu entdecken, dass der Stil der Anwendung dieser Qualifikationen sie konterkariert.

Sammeln Sie nun Erfahrungen mit den Skyle-Zonen, indem Sie die Übung auf den nächsten Seiten durchführen.

Was Sie Montag-morgen mal ausprobieren können

Helfen Sie jemandem bei der Verbesserung seines Skyle

Skyle-Zonen können Ihnen bei schwierigen Mitarbeitergesprächen von Nutzen sein. Probieren Sie sie mit jemandem aus, der einen positiven Anstoß in Richtung der Flow-Zone benötigt oder einen ineffektiven Stil ablegen muss, der ihn in der O-nein-Zone! oder in der Allein-Zone festhält. Skyle-Zonen sorgen für ein objektives Gespräch, weil sie sich eher auf das Verhalten als auf die Persönlichkeit beziehen.

Sitzung 1. Bitten Sie ein Teammitglied oder einen direkten Untergebenen um ein Gespräch über die Qualifikationen und den Stil, den er in seiner Arbeit anwendet. Erläutern Sie die Skyle-Zonen und dass sie Gespräche über den Arbeitsstil objektiv und konstruktiv machen. Als Hausaufgabe bitten Sie ihn, das Skyle-Zonen-Diagramm zu zeichnen, kürzlich gezeigte Verhaltensweisen auf Notizzettel zu schreiben und diese dann in die entsprechende Zone zu kleben. Sagen Sie ihm, dass Sie dasselbe tun werden, und in der nächsten Besprechung vergleichen Sie die Ergebnisse.

Sitzung 2. Wenn Sie sich erneut treffen, versuchen Sie zunächst zu verstehen – und dann verstanden zu werden. Schauen Sie sich sein Skyle-Zonen-Diagramm sorgfältig an. Bitten Sie ihn um eine Verhaltensbeschreibung, bis Sie die identifizierten Verhaltensweisen verstehen (auch wenn Sie nicht notwendigerweise zustimmen). Wenn der Betroffene präzise ein problematisches oder wünschenswertes Verhalten erkannt hat, stimmen Sie seiner Einschätzung zu und besprechen Sie die nächsten Schritte. Achten Sie darauf, die von ihm identifizierten Verhaltensweisen zu bestätigen und ihnen Beachtung zu schenken – und erklären Sie dann, welche davon Sie vermissen oder für auf dem Diagramm falsch eingeordnet halten. Das ist wertvolles Feedback und kann die für eine Verbesserung notwendigen Einsichten erzeugen.

Vielleicht steht die Verhaltensweise, über die Sie sprechen möchten, lediglich auf Ihrem Skyle-Zonen-Diagramm. Falls dem so ist, weisen Sie darauf hin. Sorgen Sie dafür, das Verhalten 1) mit objektiven Beobachtungen (möglichst aus mehreren Quellen) zu beschreiben und 2) auf die daraus entstehenden (oder ausbleibenden) Ergebnisse hinzuweisen. Sprechen Sie darüber und einigen Sie sich dann darauf, wie der bevorzugte Stil aussehen sollte.

Wenn es Ihnen schwergefallen ist, bestimmte Verhaltensweisen für diese Person zu bestimmen, stellen Sie sich vor, wie viel schwieriger das bei Menschen ist, mit denen Sie sogar noch weniger Zeit zubringen! Doch auch diese Kollegen benötigen Ihr Feedback. Sie sollten in Betracht ziehen, Ihre Skyle-Beobachtungen regelmäßig aufzuzeichnen.

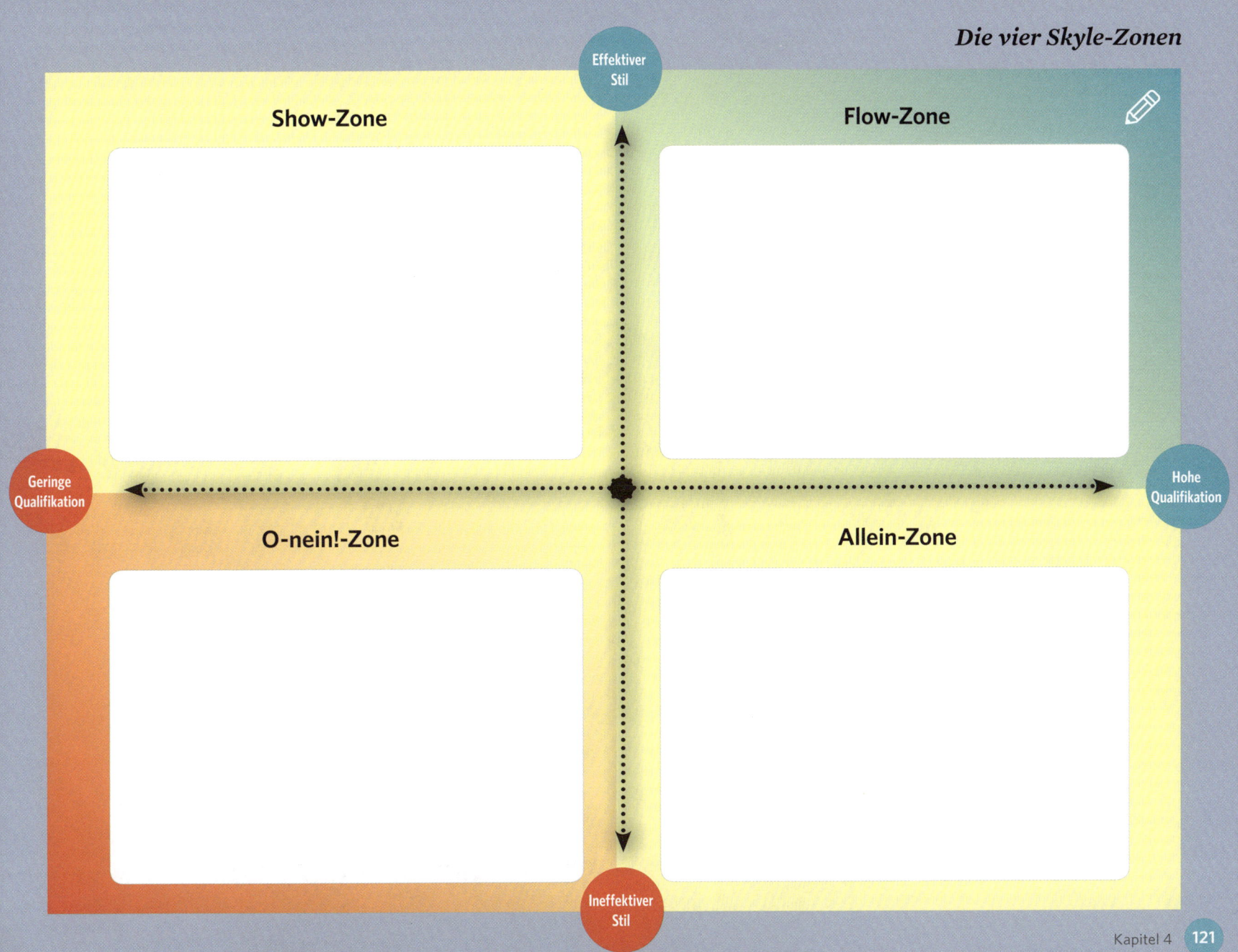

Effektiver Stil

Show-Zone

Flow-Zone

Geringe Qualifikation

Hohe Qualifikation

O-nein!-Zone

Allein-Zone

Ineffektiver Stil

Kurzer Rückblick – und Vorschau auf das Kommende

Ein kurzer Rückblick

Ein Personal Business Model, das anhand der Canvas dargestellt wird, verdeutlicht die Logik, nach der ein Individuum Wert an die Kunden vermittelt und dafür sowohl mit »harten« als auch mit »weichen« Vorteilen belohnt wird. Was am wichtigsten ist: Es legt ein persönliches Wertangebot fest, das mit den Wertangeboten des Teams oder des Unternehmens abgeglichen werden kann.

Die berufliche Identität beschreibt die arbeitsbezogene Essenz einer Person: die erzielten Ergebnisse in Verbindung mit dem Stil, in dem sie vermittelt werden.

Der persönliche Stil, in dem Wert vermittelt wird, ist ein maßgebliches Element der beruflichen Identität. Die erfolgreiche Vermittlung erfordert eine Kombination aus Qualifikationen und Stil (Skyle). Nutzen Sie Skyle-Zonen für die Beurteilung und um Feedback zu geben, wenn Mitarbeiter ihren Stil verändern müssen, um dem Team von größerem Nutzen zu sein und mehr persönliche Erfolge zu erzielen.

Was kommt als Nächstes?

Was können Sie jedoch tun, wenn ein kompetenter Mitarbeiter es nicht schafft, zu den Zielen Ihres Teams etwas beizusteuern? Oder wenn jemand, den Sie anleiten, sich als wenig kompetent herausstellt? Wie können Sie die Abteilungsziele verfolgen und gleichzeitig ein effektiver Mentor sein? In Kapitel 5 erweitern wir die übergeordnete Theorie der Arbeit, um uns diesen Fragen zu widmen – und machen Sie mit neuen Methoden bekannt, sie zu beantworten.

Teil III

Teamwork

Stärken Sie das Teamwork mit neuen Tools, die das
Business-Model-Denken ergänzen.

Kapitel 5

Beginnen Sie mit dem *Ich*

Beginnen Sie mit dem *Ich*

Es gibt nur wenig Befriedigenderes für Sie als Führungskraft, als zu sehen, wie sich jemand dank Ihrer Anleitung und Ermutigung fortentwickelt. Und nur wenig ist schwieriger, als Mitarbeiter zu disziplinieren, zu versetzen oder zu entlassen. Eine einzelne Führungsstrategie kann nicht gleichzeitig die Schwierigkeiten verringern und für Befriedigung sorgen. Doch die meisten Vorgesetzten sind sich darüber einig, dass es außerordentlich wertvoll wäre, nach Möglichkeit unmittelbar aufzugreifen, was Menschen motiviert.

Intrinsische Antriebskraft	Definition
Zweck	Das Verlangen, das zu tun, was wir im Dienste einer höheren Sache tun
Selbstbestimmung	Der Wunsch, unser Leben selbst in die Hand zu nehmen
Beziehung	Der Drang, von anderen anerkannt und mit ihnen verbunden zu sein
Kompetenz	Das Bedürfnis, unsere Fähigkeiten bei dem, was uns wichtig ist, zu erweitern

Was Menschen am Arbeitsplatz motiviert, ist inzwischen eine wissenschaftliche Tatsache. Jahrzehntelange Forschungen haben vier intrinsische menschliche Antriebskräfte ergeben: *Zweck, Selbstbestimmung, Beziehung und Kompetenz*.[1] Jeder dieser vier Motivatoren ist in der Tabelle links beschrieben. Schauen Sie doch mal, ob sie auch auf Sie zutreffen.

Die Frage für Führungskräfte ist nun nicht, was Menschen motiviert – sie lautet vielmehr, wie sie sich diese vier Motivationsquellen zunutze machen können. Wie können Sie praktisch unmittelbar an den Stellschrauben des Verhaltens drehen?

Die Antwort ist einfach. Für ihr Verständnis bedarf es jedoch eines gewissen logischen Hintergrunds.

Zunächst steht fest, dass Vorgesetzte die Team- oder Unternehmensziele irgendwie mit den intrinsischen Antriebskräften auf individueller Ebene verknüpfen müssen. Bei der Entwicklung von Mitarbeitern werden diese an keiner Stelle erklären, sie hätten ein inneres Verlangen danach, die Umsätze für das vierte Quartal zu steigern oder bis zum Sommer das nächste Software-Upgrade herauszubringen oder die Zahl erfolgreicher Adoptionen bei einer Sozialbehörde zu verdoppeln. Solche Ziele sind unternehmerische Meilensteine, die Führungskräfte traditioneller Organisationen motivieren. Was den Einzelnen motiviert, sind dagegen Zweck, Selbstbestimmung, Beziehung und Kompetenz.

Das heißt, der häufigste Motivationsansatz – das mechanische Fördern einer Ausrichtung auf Team- oder Unternehmensziele, ohne die sehr menschlichen Antriebskräfte zu berücksichtigen – führt für beide Seiten unweigerlich zu einer Enttäuschung. Vorgesetzte brauchen eine Methode, um alle vier menschlichen Antriebskräfte gleichzeitig anzusprechen. Betrachten Sie jede Einzelne davon und in welchem Bezug sie zur Arbeit steht:

Zweck: Arbeit bedeutet, anderen Menschen zu helfen. Der Einzelne kann verstehen, wem seine Organisation hilft, indem er das unternehmerische Geschäftsmodell kennen lernt. Er kann sein Ziel auch darin sehen, anderen zu helfen, ihre Arbeit besser zu bewältigen.

Selbstbestimmung: Menschen können lernen, ihre eigene Arbeit zu organisieren, besonders unter der Anleitung eines guten Vorgesetzten. »Selbstbestimmung« wird hier im psychologischen Sinne der Handlungsfähigkeit oder Selbstwirksamkeit gesehen, nicht unabhängig von einer Gruppe. Nur wenige mögen es, wenn man ihnen vorschreibt, was sie tun sollen; die meisten sind gerne Teil eines Teams.

Beziehung: Vielen Menschen bietet die Arbeit ein starkes Gefühl der Zugehörigkeit und der sozialen Interaktion. Und Anerkennung durch eine formale Autoritätsperson ist für beinahe jeden ein starker Motivationsfaktor.

Kompetenz: Auf der Arbeit entwickeln die meisten Menschen Kenntnisse und Erfahrungen. Führungskräfte, die dies ermöglichen, verdienen sich damit Loyalität und Respekt.

Diese vier Antriebskräfte werden auch von der Familie, von Freunden, Hobbys, sportlicher Betätigung, dem Glauben und anderen Faktoren bereitgestellt. Doch für die meisten Menschen ist der Arbeitsplatz – und die Tätigkeit als solche – die Schlüsselquelle der vier Motivatoren. Und für die meisten formen sich verschiedene Formen der Arbeit im Laufe der Zeit zu dem, was man als berufliche Laufbahn bezeichnet. Die berufliche Laufbahn ist eine Angelegenheit, die unmittelbar alle vier intrinsischen Antriebskräfte berührt – jene Stellschrauben, die das Verhalten prägen. Und der gegenwärtige Status der Berufslaufbahn eines jeden kann präzise durch das Personal Business Model dargestellt werden. Wenn Sie sich fragen, wie Sie Menschen motivieren können, klopfen Sie an die Tür, auf der Karriere steht.

Career Collaboration

Das Schöne an beruflichen Laufbahnen ist, dass jeder eine hat! Die einen bewältigen sie ein bisschen eleganter als andere, aber die meisten sind daran interessiert, so schnell wie möglich so weit wie möglich zu kommen. Gute Vorgesetzte erkennen diesen Wunsch und gehen darauf ein, indem sie auf eine Weise helfen, wie es nur wenige Führungskräfte tun: Sie zeigen ihren Mitarbeitern, wie sie vorankommen, *indem sie die Arbeit des Teams oder des Unternehmens tun.* Career Collaboration ist ein wirksames Mittel für Führungskräfte, um sich die individuelle Motivation zunutze zu machen.

Mit der Career Collaboration helfen Sie anderen, ihre Beziehung zur Arbeit zu gestalten, indem sie nach intrapersönlichen, interpersönlichen und marktorientierten Erkenntnissen handeln.[2]

Die unangenehme Wahrheit ist: Die meisten Menschen üben eine mehr oder weniger zufällige *Aneinanderreihung von Jobs* aus, die im Laufe der Zeit hoffentlich auf ein allgemeines Motiv hinauslaufen. Kurz gesagt, die meisten Karrieren entwickeln sich eher durch Zufall als geplant. Diese passive Herangehensweise an den beruflichen Fortschritt könnte man als »Karriere aneinandergereihter Jobs« bezeichnen.[3] Die meisten Menschen würden gerne über diese Aneinanderreihung von Tätigkeiten hinausgehen und eine Arbeit finden, die sie wirklich begeistert. Dazu brauchen sie eine übergeordnete

Theorie der Arbeit – eine, die ihr berufliches Verhalten sowohl mit den Teamzielsetzungen als auch mit ihrem persönlichen Fortschritt in Verbindung bringt.

Career Collaboration bietet sowohl eine übergeordnete Theorie der Arbeit als auch die Werkzeuge, um diese Theorie in die Praxis umzusetzen. Career Collaboration überträgt die primäre Verantwortlichkeit für die Entwicklung auf den Einzelnen. Aber der Vorgesetzte gibt regelmäßig Feedback und Anleitung, um demjenigen bei der Weiterentwicklung zu helfen, indem er die Arbeit des Teams ausführt – und die des Unternehmens.

Wie man verschiedene Generationen am Arbeitsplatz eint

Um talentierte Mitarbeiter anzulocken und zu halten, haben Organisationen viel Mühe darauf verwendet, die verschiedenen arbeitsfähigen Jahrgänge zu analysieren – Baby Boomer, Millennials, Generation-Z-»Screenager« und so weiter – und herauszufinden, wie sie mit den Unterschieden zwischen diesen Altersgruppen umgehen sollen. Aber statt sich über Generationenunterschiede den Kopf zu zerbrechen, sollte man sich vielleicht lieber darauf konzentrieren, was diese Gruppen vereint. Jeder Generation ist ein entscheidendes übergeordnetes Element gemeinsam – ein Element, das jedem Mitarbeiter auf jeder Hierarchieebene in jedem Unternehmen zu eigen ist: **die berufliche Laufbahn.**

Nie gesehene Beweise direkt vor unseren Augen

Die amerikanische Gallup Corporation ist eine Forschungs- und Managementberatungsfirma, die Daten über 25 Millionen Beschäftigter weltweit zusammengetragen hat. Das Unternehmen verwendet einen einfachen 12-seitigen Fragebogen namens Q12, um die innere Bindung zu bewerten, die es als emotionales *Engagement der Mitarbeiter für ihre Vorgesetzten* bezeichnet. Ein Blick auf die Q12-Fragebögen von Gallup zeigt, dass fast die Hälfte der Fragen unmittelbar mit Karrierebelangen in Verbindung steht.

Q12-Engagement-Frage	Lektion für Führungskräfte
1 Bei der Arbeit habe ich die Möglichkeit, jeden Tag das zu tun, was ich am besten kann.	Der Karrierefortschritt liegt in der Entwicklung von Fachwissen und Kompetenz begründet, nicht im Befördertwerden.
2 Mein Vorgesetzter oder jemand am Arbeitsplatz scheint sich für mich als Menschen zu interessieren.	Eine persönliche Beziehung zu einem Vorgesetzten ist wesentlich, damit die Leute sich nicht nur *bewertet* fühlen, sondern *wertgeschätzt*.
3 Jemand am Arbeitsplatz fördert meine Weiterentwicklung.	Die Leute wünschen sich für ihr berufliches Fortkommen Unterstützung aus der Führungsebene.
4 In den letzten sechs Monaten hat jemand am Arbeitsplatz mit mir über meine Fortschritte gesprochen.	Wachstum erfordert regelmäßiges Feedback durch einen Vorgesetzten.
5 Im letzten Jahr hatte ich bei der Arbeit die Möglichkeit, zu lernen und zu wachsen.	Gute Vorgesetzte schätzen die individuelle *Entwicklung*, nicht nur die individuelle *Produktivität*.

Separate Studien haben ergeben, dass ein Mangel an Fortschrittsmöglichkeiten der häufigste Grund ist, eine Organisation zu verlassen.[4] Andere Untersuchungen zeigten, dass die meisten Beschäftigten der Meinung sind, Vorgesetzte und Kollegen sollten eine gemeinsame Verantwortung für die Karriereentwicklung tragen.[4]

Die Ironie an der Sache ist jedoch: Die meisten Bindungsstärkungsprogramme, die von Beratungsfirmen angeboten werden, konzentrieren sich auf Neueinstellungen, Vorteils- und Bonusprogramme, Führungstrainings, bessere Kommunikation und häufigere Befragungen. Gewiss, keine dieser Aktivitäten verringert die Mitarbeiterbindung. Aber sie bündeln die ohnehin bereits knappen Führungsressourcen auf Aspekte, welche die entscheidende Notwendigkeit zur Career Collaboration nicht erfüllen. Nur wenige Vorgesetzte bringen ihren Leuten heutzutage bei, wie man vorankommt. Was werden Sie Ihren beibringen?

Das Career-Collaboration-System: Die drei Fragen

Drei entscheidende Fragen – ob sie nun bewusst gestellt werden oder nicht – liegen den Entscheidungen derjenigen Mitarbeiter zugrunde, die nach beruflichem Fortschritt streben. Die drei Fragen berücksichtigen das gesamte Universum an Möglichkeiten karrierebezogener Handlungen. Wenn Sie diesen Abschnitt lesen, nehmen Sie den Standpunkt eines Mitarbeiters ein, der an seinem beruflichen Fortkommen interessiert ist.

F1

Ist es Zeit für einen *Schritt nach oben?*

Wenn Sie Ihren Beruf, Ihre Organisation und Ihre Position darin mögen – und vorankommen wollen –, ist es vielleicht an der Zeit für einen *Schritt nach oben*. *Einen Schritt nach oben zu machen bedeutet voranzukommen, nicht notwendigerweise befördert zu werden.* Für dieses Vorankommen gibt es unterschiedliche Definitionen. Für die einen bedeutet es mehr Verantwortung und höhere Bezüge. Für andere heißt es, in eine befriedigendere Position zu wechseln, unabhängig von der Hierarchie oder dem Gehalt.

F2

Ist es Zeit *zu gehen?*

Wenn keine gute Übereinstimmung mehr mit Ihrem Beruf, Ihrer Organisation oder Ihrer Position darin besteht, könnte es Zeit sein *zu gehen*. Beachten Sie, dass »gehen« bedeuten kann, in derselben Organisation zu bleiben, aber eine Abteilung oder eine Position zu verlassen (oder ein Vorgesetztenverhältnis zu verändern), die nicht länger passend sind. Progressiv denkende Führungskräfte verstehen, dass ein Gespräch über die Optionen des »Weggehens« nichts mit einem Infragestellen der Loyalität zu tun haben. Gute Vorgesetzte wollen für ihre Mitarbeiter den besten Platz finden, damit sie ihr Talent entfalten können.

F3

Ist es Zeit für eine *Anpassung des Arbeitsstils?*

Wenn Ihnen Ihr Beruf, Ihre Organisation und Ihre Position darin gefallen, Ihnen jedoch das berufliche Vorankommen fehlt, kann es an der Zeit sein, *Ihren Arbeitsstil* anzupassen. Beachten Sie dabei zweierlei: Erstens fällt Stagnation höchstwahrscheinlich in Ihre eigene Verantwortung und ist nicht die Schuld von jemand anderem. Zweitens ist Konkurrenz vermutlich nicht das Problem. Vielmehr ist es wahrscheinlich, dass der Stil, mit dem Sie Wert vermitteln, angepasst werden kann, um sich besser in die Gegebenheiten einzufügen. Um eine notwendige Stiländerung zu erkennen und anzugehen, sind ein gutes Feedback und Coaching notwendig (siehe S. 118 zum Thema Vermittlungsstil).

Fünf Dinge, die Sie sich über die drei Fragen merken sollten

Erstens, jeder muss sich diese drei Fragen immer und immer wieder beantworten. Das liegt nicht daran, dass er jedes Mal die falschen Antworten gibt! Der Grund ist vielmehr, dass der Mensch sich als Individuum fortwährend weiterentwickelt, ebenso wie die Märkte, in denen er arbeitet. Das bedeutet, dass die Personal Business Models ständig modifiziert werden müssen: den Stil anpassen, zu einem anderen Team oder einem anderen Chef wechseln oder aufsteigen, um wirkungsvoller zur Zielsetzung einer Gruppe beisteuern zu können.

Zweitens, es ist nicht notwendig, sich diese drei Fragen täglich zu stellen. Die Fragen spielen nur für diejenigen eine Rolle, die das Gefühl haben, dass eine berufliche Veränderung anstehen könnte – oder wenn äußere Einflüsse es erforderlich machen.

Drittens, Führungskräfte, die diese drei Fragen verwenden, stellen durch ihr Handeln unter Beweis, dass sie es sowohl mit ihrer eigenen Entwicklung als auch mit der ihrer Mitarbeiter ernst meinen. Durch ihr Handeln bitten Sie andere, die Verantwortung für die Bewältigung von Aufgaben zu übernehmen, die der Erreichung der Teamziele dienen. Diese geteilte Verantwortung nimmt die Last von den Vorgesetzten, die bereits stark unter dem Druck stehen, dem Coaching mehr Zeit zu widmen.

Viertens, die Vorgehensweise der drei Fragen rechtfertigt das Bedürfnis sowohl des Vorgesetzten als auch der Mitarbeiter, Optionen des Fortkommens, des Wechselns und der Stilanpassung offen zu diskutieren. Die Leute können über die Arbeit nachdenken und für sich Entscheidungen treffen. Aber es ist weitaus effektiver, wenn sie die drei Fragen gemeinsam mit einer Führungskraft erwägen und ein gegenseitiges Einvernehmen erzielen, wie ihr Talent am besten innerhalb einer Abteilung oder eines Unternehmens zur Geltung gebracht werden kann. Dieses Vorgehen verwandelt die berufliche Entwicklung – häufig ein passives gedankliches Konzept – in eine konkrete Aktivität.

Zuletzt, die Verwendung dieser drei Fragen erleichtert schwierige arbeitsbezogene Gespräche.

Wie man die drei Fragen verwendet

Viele Vorgesetzte fürchten sich vor Gesprächen über die Leistung, den beruflichen Fortschritt, die »Anpassung«, Versetzungen oder Kündigungen mit ihren Mitarbeitern. Solche Unterhaltungen sind meist angespannt, heikel und stark mit Emotionen befrachtet. Die drei Fragen können an dieser Stelle helfen. Sie geben den Diskussionsparteien ein gemeinsames Vokabular und einen neutralen Ansatzpunkt, um drei Möglichkeiten für karriereentscheidende Veränderungen zu erfassen und zu beschreiben. Wenn beide Parteien die Vorgehensweise verstehen, signalisiert eine Einladung zu einem »Gespräch über die drei Fragen« eine konstruktive, offene Diskussion unter Verwendung einer einvernehmlichen Terminologie. Das baut die Spannung ab und macht schwierige Gespräche leichter. Haben Sie sich erst einmal mit der Methode vertraut gemacht, können Sie diesen fünfstufigen Prozess mit Kollegen ausprobieren:

1. Vorbereiten

Ein Drei-Fragen-Gespräch erfordert die Vorbereitung durch beide Seiten. Bitten Sie Ihr Gegenüber, sich die Fragen anzusehen. Leihen Sie ihm dieses Buch, oder geben Sie ihm die online kostenlos erhältlichen Materialien. Es ist unverzichtbar, das Konzept und die Terminologie im Vorfeld zu verstehen. Erst die Vorbereitung macht es möglich, dass diese Unterhaltungen sowohl kurz als auch effektiv verlaufen.

2. Einladen

Laden Sie Ihren Kollegen zu einem »Drei-Fragen-Gespräch« in ein paar Tagen oder in einer Woche ein. Bitten Sie ihn, zwei Dinge für das Treffen vorzubereiten: 1) ein aktuelles Personal Business Model und 2) seine Gedanken dazu (nicht notwendigerweise schriftlich), welche der drei Fragen für ihn zurzeit die interessanteste ist. Sie selbst sollten darauf vorbereitet sein, das aktuelle Business Model Ihres Teams durchzusprechen.

3. Bindung herstellen

Dies ist eine probate Methode, ein solches Gespräch zu führen:

a) Fragen Sie: »Welche Frage scheint Ihnen derzeit am relevantesten?«

b) Nachdem Sie eine Antwort erhalten haben, gehen Sie nicht unmittelbar auf die gewählte Frage ein. *Sprechen Sie stattdessen zunächst über die anderen beiden Fragen.* Sie könnten beispielsweise sagen: »Interessant – lassen Sie uns gleich auf diese Frage zurückkommen. Aber erzählen Sie mir doch zunächst mal etwas über die Gedanken und Gefühle, die in Ihnen entstehen, wenn Sie an die anderen beiden Fragen denken.« Sie können Ihren Gesprächspartner veranlassen, sich Arbeitsszenarios auszudenken, die ihm zu einer der beiden anderen Fragen in den Sinn kommen.

Oder bitten Sie ihn, mithilfe seiner Personal Business Model Canvas zu zeigen, was die anderen beiden Fragen für ihn bedeuten.

c) Kehren Sie zu der ursprünglich gewählten Frage zurück. Erkundigen Sie sich, warum ihn diese Frage zu Beginn des Gesprächs am meisten interessiert hat. Überprüfen Sie dann, ob die Frage im Hinblick auf die Kommentare zu b) immer noch die meiste Relevanz besitzt. Bitten Sie Ihr Gegenüber zu bestätigen, welche Frage jetzt die interessanteste ist.

d) Wenn Sie mit Ihrem Gesprächspartner übereinstimmen, skizzieren Sie gemeinsam ein neues individuelles »Soll«-Modell, das sich auf die vereinbarte Frage bezieht (oder erklären Sie dies zur Hausaufgabe für ein späteres Treffen). Stimmen Sie nicht mit der Wahl der Frage überein, könnten Sie sagen: »Nennen Sie mir bitte Gründe dafür, warum Sie der Meinung waren, dass diese Frage die größte Relevanz hat.« Danach können Sie Folgendes anbieten:

- Anmerkungen zum Verhalten oder zum Vermittlungsstil,
- Beobachtungen über erreichte oder verfehlte Ergebnisse,
- Einsichten in Team Business Models, die für die Entwicklung Ihres Gesprächspartners relevant sind.

Wenn keiner von Ihnen die Notwendigkeit sieht oder den Wunsch hat, irgendetwas zu verändern, ist das Treffen beendet. Zweck dieser Gespräche ist es nicht, um jeden Preis etwas zu verändern oder »in Ordnung zu bringen«. Manchmal müssen Sie einfach nur bestätigen, dass alles seinen geregelten Gang geht. Ruhig bleiben und weiter geht's! Wenn einer von Ihnen oder Sie beide die Notwendigkeit oder den Wunsch nach Veränderung empfinden, nehmen Sie Schritt 4 vor.

4. Schließen

Beenden Sie das Treffen. Geben Sie Ihrem Gegenüber ein paar Tage Zeit, um über die Unterhaltung nachzudenken und mit einem überarbeiteten Personal Business Model zurückzukehren. Wenn Sie in einer kleineren Organisation arbeiten, können Sie vielleicht im Hinblick auf einen formalen Aufstieg nicht viel anbieten. Doch in der Regel gibt es noch andere Möglichkeiten. Als gemeinsam an der beruflichen Laufbahn Wirkende können Sie und Ihr Partner in Erwägung ziehen, einen anderen Arbeitsplatz in der Organisation zu wählen, einen größeren Aufgabenbereich zu übernehmen, gegenseitige Schulungen mit anderen Kollegen durchzuführen, es mit JobCrafting[6] zu probieren oder irgendeinen anderen Weg zu gehen, der das Wachstum ohne formelle Beförderung ermöglicht. Der Schlüssel ist, die Leute nicht in Passivität verfallen zu lassen – oder auf die Idee, sie hätten das Recht zum Aufstieg. Wenn jemand ungerechtfertigterweise den Eindruck hat, er habe eine Beförderung verdient, führt man mit ihm am besten ein ehrliches Gespräch über das Ausscheiden oder über die Stilanpassung, statt zu hoffen, dass sich schon alles irgendwie von alleine regelt.

5. Nachfassen

Führen Sie ein zweites Drei-Fragen-Gespräch, um das überarbeitete Personal Model des Mitarbeiters noch mal zu überprüfen. Denken Sie daran, dies ist eine Partnerschaft, also legen Sie vielleicht als Erstes die Modalitäten fest, wie Sie gemeinsam an dem Soll-Modell arbeiten. Dies ist keine alles entscheidende Präsentation Ihres Mitarbeiters. Sehen Sie sich noch mal die beherrschende der drei Fragen an, die im Modell Ihres Kollegen gestellt werden. Gehen Sie die Erkenntnisse und das Feedback durch, die er durch die Gestaltung des Modells hervorgerufen hat. Sie befinden sich jetzt in der Rolle des Coaches und gleichen die im Soll-Modell präsentierten Möglichkeiten mit der Realität ab. Das ist ein guter Zeitpunkt, um sich noch mal einen der Kernpunkte des Business Modeling ins Gedächtnis zu rufen: Es ist ein schrittweiser Prozess. Sie können nur einen Teil des Soll-Modells aufgrund aktueller Umstände und Ressourcen nutzen und implementieren. Das ist ein Gestaltungserfolg. Schaffen Sie Klarheit darüber, was jede Seite tun wird, um das Soll-Modell umzusetzen. Die Hauptverantwortung liegt bei dem Mitarbeiter, aber vielleicht müssen Sie bestimmte Schritte durchführen oder Ressourcen zur Verfügung stellen.

Zu Anfang ist es wichtig, die Drei-Fragen-Gespräche häufiger durchzuführen. Streben Sie alle vier bis sechs Wochen eine 20-minütige Sitzung an. Später können Sie auf einmal alle drei Monate zurückgehen. Entscheidend ist, die Drei-Fragen-Gespräche oft genug durchzuführen, dass Sie sehen können, wie die Leute Aktivitäten durchführen, um auf ihre größten Wachstumsherausforderungen oder -gelegenheiten zu reagieren. Wie bei allen Gesprächen gilt auch hier: Je dichter das Feedback auf das Verhalten folgt, desto größer die Wirkung. Unmittelbar vor oder nach dem Beenden eines großen Projekts zum Beispiel ist ein guter Zeitpunkt für ein Drei-Fragen-Gespräch.

F1

Ist es Zeit **für einen Schritt nach oben?**

F2

Ist es Zeit **zu gehen?**

F3

Ist es Zeit **für eine Anpassung des Arbeitsstils?**

Schwierige Gespräche führen

Viele Vorgesetzte vermeiden berufslaufbahnbezogene Gespräche und hoffen einfach, dass die Dinge sich von alleine klären. Aber Hoffnung ist keine Strategie. Es ist sowohl für Führungskräfte als auch für die Geführten hilfreich zu begreifen, warum leistungsbezogene Gespräche oft unangenehm oder gar von Streit geprägt sind: Das liegt daran, dass Vorgesetzte zugleich die Interessen jener vertreten müssen, für die sie arbeiten, als auch jener, die für sie arbeiten.

Manchmal benötigt die Gruppe etwas, das ein Teammitglied nicht bieten kann. Das ist für alle eine unangenehme Situation. Wenn Ihre Leute sorgfältig ausgewählt und gut geschult wurden, wird das nur selten vorkommen. Aber bei bestimmten Leuten kommt es einfach unweigerlich zu Diskrepanzen – und diese bleiben ungeklärt. Dann müssen Sie das vielleicht schwierigste Gespräch führen: Ist es Zeit zu gehen?

Denken Sie zunächst daran, dass »Gehen« nicht notwendigerweise bedeutet, aus der Organisation auszuscheiden. Es kann auch heißen, eine bestimmte Position oder die Zusammenarbeit mit einem bestimmten Vorgesetzten zu verlassen oder aus einem Team auszuscheiden und anderswo zum Einsatz zu kommen, wo Stärken und Schwächen besser mit der Arbeit in Übereinstimmung gebracht werden können. Das ultimative Ausscheiden bedeutet natürlich, die Organisation vollständig zu verlassen. Das könnte aufgrund mangelhafter individueller Leistungen geschehen

oder aufgrund von Problemen, die außerhalb der Kontrolle des Einzelnen liegen, zum Beispiel einer wirtschaftlichen Flaute oder der Einstellung einer Dienstleistung oder eines Produkts.

Häufig kommt es aufgrund mangelhafter Übereinstimmung zum Ausscheiden, aber die meisten Menschen empfinden es zunächst als Scheitern. Führungskräfte müssen den Kontext zu einigen grundlegenden Gedanken herstellen:

1. Beruflicher Erfolg erfordert mehr als Talent – er erfordert auch den richtigen Kontext. Wenn jemand gut qualifiziert ist, aber nicht gut mit bestimmten Kunden oder Kollegen zurechtkommt, kann es an der Zeit sein auszuscheiden.

2. Jede Stelle ist etwas Vorübergehendes. Jeder Job entwickelt sich mit dem Wandel von Kunden, Märkten oder der Organisation.

3. Entlassungsgespräche müssen auf der Grundlage von Fakten stattfinden. Fakten beschränken sich nicht auf die Produktivitätsstatistik. Führungskräfte können es offen ansprechen, wenn übermäßig viel Zeit gebraucht wurde, um die Arbeit zu erledigen, wenn ein bestimmter Vermittlungsstil zu emotionalen Reaktionen führt oder wenn jemand bei der Arbeit besonders viele Hilfestellungen benötigt.

Klare Worte stärken den Ruf eines Arbeitgebers

Nicht jeder Vorgesetzte besitzt die emotionale Intelligenz oder die zwischenmenschlichen Fähigkeiten, um schwierige Gespräche zu meistern. Eine amerikanische Firma für Verkehrstechnik löste dieses Problem, indem sie zwei Führungskräfte mit einander ergänzenden Qualifikationen zusammenspannte, um ein schwieriges Entlassungsgespräch mit einem fehlplatzierten Ingenieur zu führen. Monate später erwartete die beiden Vorgesetzten eine Überraschung, denn der entlassene Ingenieur stattete ihnen einen Besuch ab und dankte ihnen dafür, dass sie ihm geholfen hatten zu verstehen, was »bessere Übereinstimmung« bedeutet, statt in der falschen Position steckenzubleiben. Das Ereignis verwandelte einen entlassenen Mitarbeiter in einen wohlmeinenden Botschafter – und stärkte den Ruf des Unternehmens als Arbeitgeber.

F1

Ist es Zeit
**für einen
Schritt nach
oben?**

F2

Ist es Zeit
zu gehen?

F3

Ist es Zeit
**für eine
Anpassung des
Arbeitsstils?**

Ein Anfängerfehler im Umgang mit den drei Fragen

Karen arbeitete als Geschäftsführerin eines Nahrungsmittelproduzenten mit breiter Produktpalette, darunter Tiefkühlteige und Aufbackgebäck, für die hochspezialisierte Maschinen notwendig sind. Sie hatte ein Problem mit Allan, einem Abteilungsleiter, der für die Produktion von Tiefkühlnahrung zuständig war. Allan war ein hervorragender Techniker für die Produktionsmaschinen, aber in der von ihm geführten Abteilung wuchsen die Beschwerden über seinen aggressiven, herablassenden Führungsstil. Karen runzelte die Stirn, als sie an ihr bevorstehendes Gespräch mit Allan dachte. Die Lage schien mehr als eine Abmahnung zu verlangen, aber Karen wollte konstruktiv bleiben. Sie hatte von den drei Fragen gelesen und beschloss, diese Vorgehensweise mal auszuprobieren.

Bei dem Treffen erläuterte Karen die drei Fragen und fragte, welche Allan am relevantesten vorkam. Das Gespräch geriet schnell in eine Sackgasse und endete damit, dass Karen ein nervöses Ultimatum stellte: Ändern Sie Ihren Stil, oder gehen Sie!

Später wurde Karen klar, dass es bei der Situation um Personalfragen ging, die jenseits ihrer Kompetenzen lagen, deshalb bat sie den Personalchef, für Allan einen Coach zu finden. Bei ihrer ersten Sitzung entdeckte der Coach rasch, dass Allan zwar nichts lieber tat, als schwierige technische Probleme zu lösen, seine eigene Problemlösungskompetenz jedoch gar nicht als solche erkannte. Infolgedessen ging er davon aus, dass andere Schwierigkeiten genau wie er voraussehen und vermeiden müssten. Das war der Auslöser für seine aggressive, abschätzige Art des Behebens von Problemen in Echtzeit vor einer gedemütigten Kollegenschaft. Der Coach bestätigte Allans groben Stil durch kurze Einzelgespräche mit mehreren Mitarbeitern.

Bei ihrem zweiten Meeting fragte der Coach Allan: »Ist diese Führungsposition etwas, das Sie wirklich wollen? Sie scheint nicht so recht zu Ihrem Stil und Ihrem Temperament zu passen.« In dem entspannten, geschützten Rahmen dieser Unterhaltung war Allan in der Lage, die Wahrheit einzugestehen. »Ich löse gerne Probleme, aber ich mag es eigentlich überhaupt nicht, Leute zu führen.«

Die Lösung? Allan blieb im Unternehmen, aber er verließ seine Führungsposition. Expertise für technische Problemlösung wurde in vielen Bereichen gebraucht, daher einigten Karen und Allan sich, dass Allan als interner Berater eingesetzt werden sollte. Er behielt seine Positionsbezeichnung, wurde jedoch von der Personalverantwortung entbunden. Das gesamte Unternehmen profitierte von dieser Veränderung.

Erkenntnisse

Zuerst die Methodik kommunizieren

Karen versuchte, durch die Verwendung der drei Fragen einen Ausweg aus der Krise zu finden, wobei der Situation besser gedient gewesen wäre, wenn sie die Methode übernommen hätte, *bevor* die Probleme auftauchten. Zumindest hätte sie Allan im Vorfeld bitten sollen, sich mit der Vorgehensweise der drei Fragen vertraut zu machen und sich auf ein »Drei-Fragen-Gespräch« vorzubereiten. Stattdessen machte sie einen klassischen Lehrerfehler: eine neue Technik zu vermitteln und gleichzeitig ihre Anwendung unter Druck zu erzwingen.

Die Wichtigkeit von Skyle anerkennen

Karen hatte das richtige Gespür für Persönlichkeit in dieser Situation. Es wäre jedoch besser gewesen, wenn sie früher erkannt hätte, dass Kollegen ihren Wert nicht nur durch Kompetenz vermitteln, sondern durch eine Kombination aus Qualifikation und Stil, also durch *Skyle*. Ein Gefühl für die Wichtigkeit von *Skyle* hätte die Einschaltung eines Dritten, also eines Coaches, vielleicht überflüssig gemacht. Viele Gespräche über die berufliche Entwicklung geraten aus dem Gleis, wenn der Mitarbeiter berechtigterweise darauf hinweist, dass seine Qualifikation der Aufgabenstellung angemessen ist. Derweil versucht der Vorgesetzte, sich auf den Stil zu fokussieren, in dem diese Qualifikation vermittelt wird. Es zahlt sich aus, den Mitarbeitern den Unterschied zwischen Qualifikation und Stil deutlich zu machen – und was *Skyle* für ihr berufliches Fortkommen bedeutet.

Vertrauen ist alles

Karens Autorität schüchterte Allan ein und ließ ihn zögern, ihr eine schwer einzugestehende Wahrheit zu enthüllen. Doch diese Wahrheit einzugestehen half Allan, wie sich zeigen sollte, *beruflich voranzukommen*. Die drei Fragen schaffen gegenseitiges Vertrauen, indem sie explizit anerkennen, dass berufliche Zusammenarbeit ein gemeinsames Bemühen ist, talentierten Mitarbeitern zu größerem Erfolg zu verhelfen – und Probleme anzugehen, ehe sie ein komplettes Team schädigen.

Dem *Ich* zum Fortschritt verhelfen

Wenn Vorgesetzte die Drei-Fragen-Technik praktizieren, unterstützen sie ihre Mitarbeiter dadurch, regelmäßig ihr berufliches Vorankommen im Unternehmen mit der Realität abzugleichen und die Optionen *einen Schritt nach oben zu machen, zu gehen* oder *den Stil anzupassen* zu ergründen. Im Gegenzug übernehmen diese Mitarbeiter Verantwortung für ihre berufliche Weiterentwicklung und sind zuständig für 1) das Verständnis des relevanten Team Business Model oder Enterprise Business Model, nach dem sie arbeiten, sowie 2) das Verständnis

ihres eigenen Personal Business Model und wie es zu den übergeordneten Modellen beisteuert.

Sowohl Team Business Models als auch Personal Business Models entwickeln sich im Laufe der Zeit weiter. Personal Business Models vollziehen oft die schrittweise Veränderung der Lebensumstände nach: Heirat, Kinder, Krankheit oder Scheidung, spirituelles Wachstum, Älterwerden, Pflege der alten Eltern oder eine von Hunderten anderen Erfahrungen.

Team Business Models dagegen können sich noch schneller entwickeln. Alle Unternehmens- und damit Teammodelle sind irgendwann überholt. Bis dahin jedoch verändern sie sich aufgrund von neuen strategischen Prioritäten, Umstrukturierungen oder Übernahmen, Führungswechseln oder Veränderungen des technischen, wirtschaftlichen, sozialen oder wettbewerblichen Umfelds. Infolgedessen hat Führungserfolg viel mit der Fähigkeit zu tun, sich zwischen dem Mitarbeiterumgang und den Team Business Models hin und her zu bewegen – und Richtlinien zu geben, die für einen Einklang dieser beiden Aspekte sorgen. Diese Aufgabe erfordert Einsicht und ein Gespür dafür, wie sich Personal Business Models und Team Business Models im Laufe der Zeit wandeln.

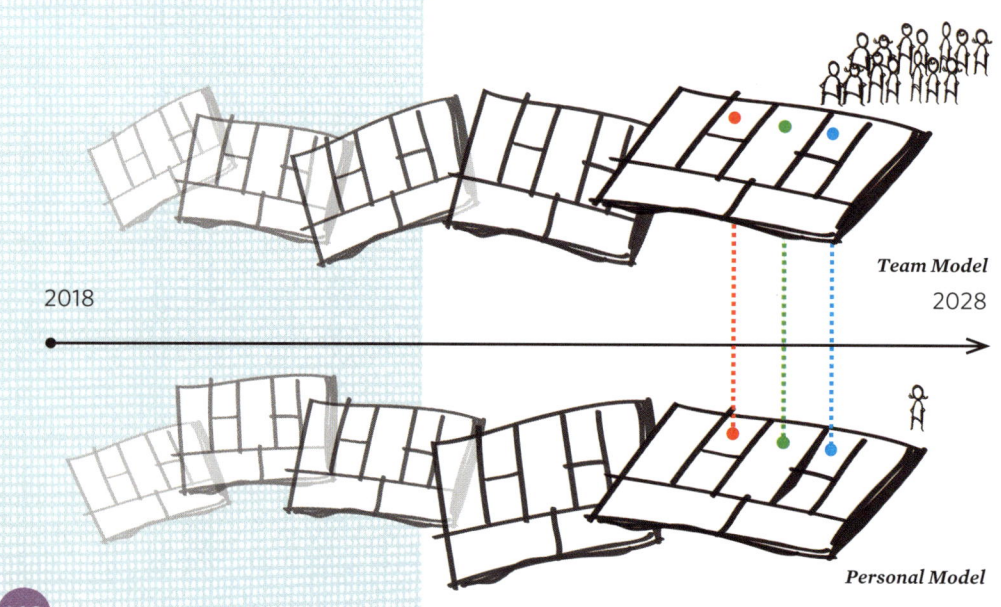

2018

Team Model

2028

Personal Model

Eine neue Sichtweise der beruflichen Weiterentwicklung

Das berufliche Fortkommen wird traditionell als eine Abfolge von *Entscheidungen* betrachtet. Mit den drei Fragen wird die Karriere als Abfolge von *Veränderungen* gesehen. In der traditionellen Sichtweise geht der angenommene Fortschritt auch mit dem chronologischen Alter einher. Doch rasche soziale Veränderungen und technische Innovationen haben Altersüberlegungen obsolet gemacht. Vielleicht sind Ihnen die Beispiele einiger Beschäftigter nützlich:

- Eine 45-jährige Mutter, die nach 17-jähriger Elternzeit wieder zur Schule geht, um den MBA in Gesundheitswesen zu machen. Im Unterricht saß sie neben 26-Jährigen, die später mit ihr um Junior-Management-Positionen auf dem akademischen Markt konkurrieren würden. Traditionelle Modelle der Karriereentwicklung hätten ein solches Szenario nicht vorausgesehen.

- Eine 22-jährige Robotik-Begeisterte mit sechs Jahren formeller und informeller Erfahrung arbeitet an Ortungs-Apps für Smartphones. Sie hat sich gegen 35-jährige Mitbewerber um eine Entwicklerstelle in einem Start-up durchgesetzt, das sich auf weltweite Positionierungssysteme spezialisiert.

- Ein 50-jähriger Rechtsanwalt und zweifacher Vater, dessen Leidenschaft für das Fliegen und Segeln sich nicht ignorieren lässt, absolvierte ein Studium für Flugingenieure, bei dem er mit 23-jährigen Mathematikgenies konkurrierte. Doch bei seiner ersten Anstellung nach dem Studienabschluss beim Jet Propulsion Laboratory war seine Urteilsfähigkeit ebenso gefragt wie seine technische Kompetenz.

Heutzutage ist es hilfreich, wenn Führungskräfte sich Karriere als altersunabhängig (und weniger an eine formelle Ausbildung geknüpft) vorstellen und sich auf einen beschleunigten beruflichen Fortschritt in jedem Alter einstellen. Im Folgenden finden Sie ein Modell, das Ihnen genau dabei hilft.

Das fünfstufige Karrieremodell

Gemäß dem fünfstufigen Karrieremodell durchlaufen wir im Rahmen unseres beruflichen Lebens eine oder mehrere von fünf Stufen. Diese Stufen werden nicht durch Dienstalter, Langfristigkeit der Position oder Lebensalter bestimmt. Vielmehr definieren sie sich über den Wunsch nach Weiterentwicklung. Die Beantwortung der drei Fragen hilft Ihnen zu entscheiden, ob Sie die nächste Stufe anstreben, auf der gegenwärtigen Stufe bleiben oder sogar zu einer früheren Stufe zurückkehren sollten.

Das Fünf-Stufen-Modell ist wertneutral; es gibt keinen »richtigen« oder »wünschenswerten« Weg. Manche Menschen (vielleicht sogar die meisten) erreichen zum Beispiel nur Stufe zwei. Andere durchlaufen mehrere Stufen und kehren dann zu einer früheren zurück. Wieder andere erleben alle fünf – und fangen dann wieder von vorne an! Noch einmal: Das Fünf-Stufen-Modell gibt keinen richtigen oder falschen Weg vor. Es führt vielmehr eine gemeinsame Terminologie ein, damit jeder auf konstruktive Weise und mit einem Minimum an unproduktiven Reibungsflächen über berufliches Vorankommen diskutieren kann. Die fünf Stufen sind:

Stufe 1: Testen Sie Ihre Ausbildung.
Stufe 2: Entwickeln Sie Ihr Spezialgebiet.
Stufe 3: Werden Sie führend in Ihrem Spezialgebiet.
Stufe 4: Führen Sie mit größerer Komplexität und
**   über Ihr Spezialgebiet hinaus.**
Stufe 5: Führen Sie mit noch größerer Komplexität oder
**   fangen Sie von vorne an.**

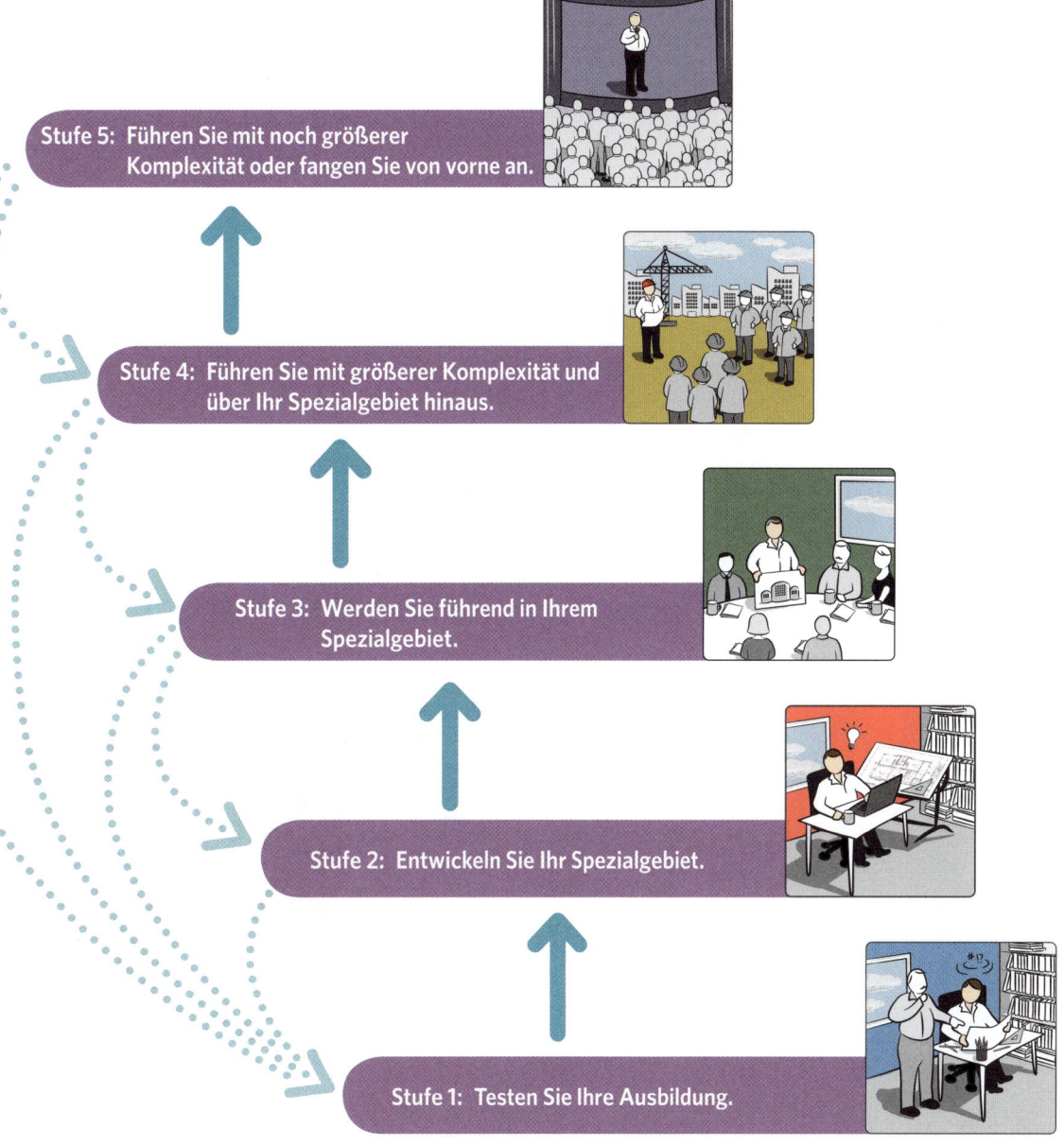

Stufe 5: Führen Sie mit noch größerer Komplexität oder fangen Sie von vorne an.

Stufe 4: Führen Sie mit größerer Komplexität und über Ihr Spezialgebiet hinaus.

Stufe 3: Werden Sie führend in Ihrem Spezialgebiet.

Stufe 2: Entwickeln Sie Ihr Spezialgebiet.

Stufe 1: Testen Sie Ihre Ausbildung.

Stufe 1: Testen Sie Ihre Ausbildung

Stellen Sie sich vor, Sie sind Vorgesetzter einer neuen Schul-, Handelsschul- oder Hochschulabsolventin, die gerade ihren ersten richtigen Vollzeitjob aufgenommen hat. Sie muss »ihre Ausbildung testen«, um herauszufinden, ob ihr die Arbeit gefällt, ob sie ihre Erwartungen erfüllt, ob ihre Ausbildung oder ihre Vorbereitung ausreichend war und was die Zukunft für sie bereithalten könnte. Die Tabelle auf der gegenüberliegenden Seite enthält Fragen, die sie sich wahrscheinlich stellen wird – und Antworten, die Sie geben können, um ihr das Vorankommen zu erleichtern. Diese Stufe ist eng verwandt mit den Bausteinen »Wer Sie sind« und »Was Sie tun« (Schlüsselressourcen und Schlüsselaktivitäten) des Personal Business Model, denn dazu gehört, sein Wissen auf die Probe zu stellen und zunächst einmal die Fähigkeit zu besitzen, Ergebnisse zu erzielen.

Denken Sie daran, dass sich auf Stufe 1 auch Menschen befinden wie Joan, eine 41-jährige Geschichtslehrerin, die das Bildungswesen verlassen hat, um Jura zu studieren, und jetzt erstmals ihre juristischen Kenntnisse in der Praxis anwendet. Oder wie Thomas, ein 30-jähriger Maschinenführer, der in einem Metallerzeugungsbetrieb gearbeitet hat, dann aber nach seinem Abschluss zum Maschinenbauingenieur eine größere Herausforderung gesucht hat und zu einem örtlichen Hersteller von Flugzeugteilen gewechselt ist, wo er jetzt seine Ausbildung testet.

Stufe 1: Fragen für Kollegen und ihre Vorgesetzten

Was Personen auf Stufe 1 sich oft fragen:	Was Sie antworten können, um das Vorankommen zu beschleunigen:
Passt diese Arbeit wirklich zu mir?	»Erzählen Sie mir von den Aspekten dieser Arbeit, die Sie am angenehmsten und befriedigendsten finden. Stellen Sie sie den Aspekten gegenüber, die Sie schwierig oder unbefriedigend finden.«
Habe ich mir falsche Vorstellungen von diesem Beruf gemacht?	»Was hat Sie am meisten an dieser Position und an Ihrer Arbeit überrascht?«
Hat meine Ausbildung mich ausreichend auf die tatsächliche Arbeit in dieser Branche vorbereitet?	»Wenn Sie die Uhr zurückdrehen und eine bessere oder eine andere Ausbildung zur Vorbereitung auf diese Arbeit bekommen könnten, was würden Sie anders machen?«
Gefällt mir meine Arbeit? Mag ich meine Kollegen? Die Organisation?	»Beschreiben Sie mal, was ich sehen würde, wenn ich Sie in Ihrer *gegenwärtigen Position* in Ihrem besten und emotionalsten Augenblick beobachten könnte. Wer ist dort? Was passiert? Was ist Ihre Zielsetzung? Beschreiben Sie dieses Szenario möglichst genau.«
Was wäre eine gute Nische, in der ich mich weiterentwickeln könnte?	»Beschreiben Sie mal, was ich sehen würde, wenn ich Sie in Ihrer *idealen künftigen Position* in Ihrem besten und emotionalsten Augenblick beobachten könnte. Wer ist dort? Was passiert? Was ist Ihre Zielsetzung? Beschreiben Sie dieses Szenario möglichst genau.«
Wie kann ich meine Vorgehensweise an die Arbeit anpassen, sodass ich noch mehr Verantwortung übernehmen und noch wichtigere Tätigkeiten ausüben kann?	»Ich würde gerne erfahren, wie andere Ihren *Skyle* wahrnehmen, und zwar durch die Verwendung solcher und ähnlicher Tools: - 360-Grad-Feedback-Instrument, - Gespräch eines Mitarbeiters der Personalabteilung mit einigen Ihrer Kollegen oder Kunden, - direktes Kollegen-Feedback über E-Mail, Telefon oder persönliches Gespräch, - Fertigkeitstest, der die Fähigkeit zur Ausübung einer bestimmten Arbeit erfasst.«

Stufe 2: Entwickeln Sie Ihr Spezialgebiet

Stufe 1 gibt Ihnen die Möglichkeit zu begreifen, was Sie am besten können und am liebsten tun: eine Chance, sich im Job zu positionieren und auf dieser Grundlage Ihre berufliche Identität aufzubauen. Wer auf Stufe 1 erfolgreich seine Ausbildung getestet und eine gute Übereinstimmung entdeckt hat, wird selbstverständlich bestrebt sein, Stufe 2 zu erreichen. Auf Stufe 2 entwickeln Sie ein Spezialgebiet und einen Ruf innerhalb eines bestimmten Bereichs. Stufe 2 ist eng verwandt mit dem Baustein »Wie Sie helfen« (Wertangebot) des Personal Business Model, denn man muss einen Ruf für das Erzielen von Ergebnissen erwerben. Dieser Ruf, Ergebnisse zu erzielen, wird allmählich wichtiger als umfangreichere inhaltliche Kenntnisse (weitere Lehrgänge) oder technische Fähigkeiten (weitere Ausbildung), die für Stufe 1 charakteristisch sind.

Zum Beispiel hat Thomas, der Maschinenführer, auf Stufe 1 außerordentliche Präzision und Sorgfalt bewiesen. Daher wurde er auf Stufe 2 mit der Arbeit an Triebwerken betraut, für die extreme Genauigkeit entscheidend ist. Er stellte außerdem unter Beweis, dass er schnell die Arbeit anderer qualifizierter Kollegen verstand und in der gesamten Werkstatt mühelos Beziehungen knüpfte.

Auf Stufe 1 stellte Joan, die Geschichtslehrerin, die zur Anwältin geworden war, schnell fest, dass Unternehmensrecht ihr nicht zusagte. Dank einem scharfsichtigen Vorgesetzten wechselte sie innerhalb der Firma, um sich auf Familienrecht zu konzentrieren. Auf Stufe 2 entwickelte sie dann eine neue Spezialisierung für die Mediation bei Sorgerechtsfragen, was durch ihre langjährige Erfahrung bei der Arbeit mit Jugendlichen und deren Eltern erleichtert wurde.

Viele Menschen erreichen Stufe 2 und bleiben dort zufrieden für den Rest ihres Berufslebens. Denken Sie an einen Postzusteller, der Freude an der Routine hat und gerne im Freien arbeitet, ohne dabei übermäßig kontrolliert zu werden. Diese befriedigenden Elemente in einer anderen Tätigkeit zu kombinieren wäre schwierig. Oder nehmen Sie einen Geschichtslehrer an der Oberschule, der sein Fach liebt, dem es Spaß macht, alljährlich Veränderungen bei seinen Schülern hervorzurufen, und der gerne den mit Preisen ausgezeichneten Debattierklub der Schule leitet. Er könnte nach 25 Jahren als Schullehrer glücklich in Rente gehen.

Wenn Ihre Organisation es schätzt, dass die Mitarbeiter langfristig auf Stufe 2 bleiben, müssen Sie dafür vielleicht bestimmte Vergütungen bieten. Anderenfalls könnten diejenigen, die auf Stufe 2 die besten Leistungen erbringen, in Versuchung geraten, Führungspositionen anzustreben, die sie eigentlich gar nicht wollen, weil dies die einzige Möglichkeit ist, ein besseres Gehalt zu bekommen.

Stufe 2: Fragen für Kollegen und ihre Vorgesetzten

Was Personen auf Stufe 2 sich oft fragen:	Was Sie antworten können, um das Vorankommen zu beschleunigen:
Haben meine Ausbildung und meine Erfahrungen meine Erwartungen erfüllt, eine so befriedigende Tätigkeit zu finden, dass ich in dieser Nische bleiben sollte?	»Wie wurden Ihre Ausbildung und Ihre Erfahrungen bei der Arbeit bisher auf die Probe gestellt? Wie würden andere die Arbeit beschreiben, die Sie besonders gut machen? Wie würden Sie Ihr Spezialgebiet beschreiben?«
Werde ich um Rat oder um meine Meinung zu zunehmend komplexen Problemstellungen gebeten?	»Beschreiben Sie einen Fall, in dem Sie als derjenige ausgewählt wurden, der mit einer besonderen Qualifikation oder Einsicht weiterhelfen konnte.«
Bin ich bereit, andere zu führen, die diese Tätigkeit ausüben?	»Bitte machen Sie die Übung zur beruflichen Identität (Seite 112). Die Ergebnisse können Ihnen dabei helfen, Ihre Führungsqualitäten zu erkennen.«
Ist es an der Zeit, in eine Führungsposition aufzusteigen?	»Beschreiben Sie einen Bekannten, der einen wünschenswerten Karrierefortschritt gemacht hat, ohne auf seinem Gebiet zum Abteilungsleiter oder Vorgesetzten zu werden.«
Könnte eine Führungsposition genauso interessant sein wie die Ausübung meiner Spezialfunktion?	»Zeigen Sie mir in Ihrem persönlichen Soll-Modell ein paar Schlüsselaktivitäten, bei denen es darum geht, anderen zu helfen. Wie sieht es mit einem Wertangebot aus, das Ihren Kollegen Vorteile bringt?«

Stufe 3. Werden Sie führend in Ihrem Spezialgebiet

Mitarbeiter, die einen guten Ruf entwickelt haben, werden oft gebeten, auf Stufe 3 aufzusteigen und eine Führungsrolle zu übernehmen. Dieser Übergang ist vielleicht der schwierigste von allen, denn ihre Perspektive und Rolle muss den Wandel von der Selbstbestimmtheit zum Bestimmen über andere durchlaufen.

Stufe 3 erfordert neue Führungskräfte, die ihren Fokus darauf lenken, anderen zu mehr Effektivität zu verhelfen. Besonders wichtig für den Erfolg auf Stufe 3 ist es, dass ein neuer Vorgesetzter individuelle Schlüsselressourcen und Wertangebote erkennt und sie mit der richtigen Tätigkeit in Übereinstimmung bringt.

Wer auf Stufe 3 ein Talent dafür zeigt, die tägliche Arbeit zu organisieren, erhält möglicherweise größere Teams oder anspruchsvollere Zielsetzungen. Das kann bedeuten, über das Management hinauszugehen und eine echte *Führungsrolle* zu übernehmen: ein Hinausblicken über Alltagsaktivitäten, um eine erwünschte zukünftige Situation zu entwerfen und zu verfolgen, Strategien zu entwickeln, statt sie lediglich zu verwalten, und Mitarbeiter zu rekrutieren und auszubilden. Es ist hilfreich, zwischen *formeller* Führung (vertraglich geregelter Weisungsbefugnis gegenüber anderen Mitarbeitern) und *gedanklicher* Führung (informeller und impliziter Autorität auf der Grundlage von Kompetenz und Ansehen) zu unterscheiden.

Sushma zum Beispiel, eine Chemikerin, die in einem Forschungslabor an der medizinischen Fakultät arbei-tet, ist sowohl eine gedankliche als auch eine formelle Führungskraft. Als formelle Vorgesetzte leitet sie sowohl die Forschungsarbeit als auch das Personal, das im Labor arbeitet. Sie überwacht andere Chemiker und Laboranten, führt jedoch selbst keine Experimente durch und bedient keine Geräte. Als gedankliche Führungskraft dagegen gestaltet sie die Forschungsprojekte, mit denen ihre Abteilung ein besseres Verständnis von Krebszellen erlangen soll.

Sophia dagegen ist eine Produktionsfachkraft, die Vor-Ort-Schulungen in neu gebauten Fabrikationseinrichtungen erteilt. Ihre Beförderung auf Stufe 3 erforderte unmittelbar vorgesetzte Ausbilder, daher hat sie die formelle Weisungsbefugnis erhalten. Im Laufe der Zeit könnte sie eine echte Führungsrolle übernehmen.

Und schließlich ist da noch Joan, die Anwältin. Drei Jahre nach ihrer Einstellung wurde sie in die Führungsabteilung ihrer Firma eingeladen. Sie nahm die Herausforderung an und führt jetzt andere erwachsene Fachkräfte: eine Position, für die sie niemals formell ausgebildet oder vorbereitet wurde. Während sie in ihre neue Rolle hineinwächst, fühlt sie sich vielleicht ein bisschen zerrissen oder »nicht ganz bei sich selbst«. In dieser kleineren Kanzlei wird sie sowohl für das taktische Management als auch für die Strategieplanung zuständig sein, was bedeutet, dass sie eine kombinierte Management-/Führungsposition hat. Die Zeit wird zeigen, ob diese neue Rolle ihr besser liegt als die Arbeit in ihrem familienrechtlichen Fachgebiet.

Stufe 3: Fragen für Kollegen und ihre Vorgesetzten

Was Personen auf Stufe 3 sich oft fragen:	Was Sie antworten können, um das Vorankommen zu beschleunigen:
Ist das Führen genauso interessant wie die Arbeit auf meinem Spezialgebiet?	»Was hat Ihnen am Führen am besten, was am wenigsten gefallen? Vermissen Sie irgendetwas aus Ihrer vorherigen Position?«
Wie geht es mir damit, mich stärker um die Produktivität anderer zu kümmern als um meine eigene?	»Können Sie beschreiben, auf welche Weise jemand durch Ihre Führung produktiver geworden ist? Wie würden Sie den Unterschied zwischen Coachen und Managen beschreiben?«
Bin ich auf dem Weg zu einer neuen Karriere im Management?	»Beschreiben Sie einen Kompetenzbereich, in dem Sie weniger tätig sind als zuvor. Wer erledigt jetzt an Ihrer Stelle diese Arbeit?«
Wie kann ich genügend Einfluss erlangen, um Prozesse zu korrigieren, die einer Anpassung bedürfen?	»Überzeugende Kommunikation ist unverzichtbar für Führungskräfte. Haben Sie ein Modell für die Verbesserung Ihrer Überzeugungskraft? Falls nicht, versuchen Sie es mal mit *Die Psychologie des Überzeugens* von Robert Cialdini oder *The Necessary Art of Persuasion* von Jay Conger.« »Hier haben Sie eine Alignment Canvas. Zeigen Sie mir, wie Ihre Gruppe mit dem übergeordneten Modell übereinstimmt.«
Ist es an der Zeit, in eine komplexere Führungsposition aufzusteigen?	»Mit welchen Gruppen haben Sie abgesehen von Ihrem aktuellen Spezialgebiet am meisten zu tun? Auf welche Gruppen haben Sie den größten Einfluss?«

Manche Führungskräfte entdecken, dass ihre Stärken oder Vorlieben auf Stufe 2 bleiben (Spezialgebiet entwickeln). Sophia zum Beispiel, die Produktionsexpertin, wurde zwar Schulungsleiterin, hatte aber wenig Erfolg. Sie legte zu viel Wert auf die Einzelheiten dessen, wie ihre Dozenten ihre Kurse abhielten (ihre vorherige Stufe-2-Position) und schaffte es nicht, ihre neue Führungsposition auszuweiten. Der Erfolg wäre ihr vielleicht vergönnt gewesen, wenn ein einfühlsamer Vorgesetzter die drei Fragen angewendet hätte, um sie darin zu coachen, ihren Stil anzupassen – weg vom Mikromanagement und hin zur Suche nach neuen internen Kunden für ihr Schulungsteam.

Stufe 4: Führen Sie mit größerer Komplexität und über Ihr Spezialgebiet hinaus

Die Erfahrung auf Stufe 3, in einem Spezialgebiet zu führen, bringt Sie an einen beruflichen Scheideweg. Wenn Sie erfolgreich waren und Stufe 3 Ihnen gefallen hat, werden Sie vielleicht den Wunsch haben, auf Stufe 4 aufzusteigen: mit größerer Komplexität innerhalb des Spezialgebiets oder darüber hinaus zu führen. Haben Sie dagegen weniger Erfolg oder »Passung« erlebt, möchten Sie vielleicht lieber auf Stufe 3 bleiben – oder sogar zu Stufe 2 zurückkehren und sich wieder darauf konzentrieren, Ihre eigenen Fachgebiete weiterzuentwickeln, unbelastet von der Führungsverantwortung.

Nur sehr wenige erreichen Stufe 4. Es braucht dafür ein umfassendes Verständnis des Unternehmensmodells und des Beziehungsgeflechts der untergeordneten Modelle. Technische Qualifikationen werden weniger wichtig, denn auf Stufe 4 geht es darum, die *Schnittstellen* zwischen Fachabteilungen zu betrachten: Abteilungen, die zwar unter der Leitung ihrer jeweiligen Vorgesetzten arbeiten, aber gleichzeitig um Aufmerksamkeit und Ressourcen »wetteifern«. Personen auf Stufe 4 möchten Business Models lehren, um die erwartete größere Komplexität ihrer Führungsrolle zu verdeutlichen und zu koordinieren.

Lauren beispielsweise arbeitete in einer Zubehörabteilung des Telekommunikationsgiganten Motorola. Es war eine »Hopp-oder-top«-Abteilung, denn aufgrund der Bemühungen der Organisation, mit den rasanten Marktentwicklungen Schritt zu halten, wurden Mitarbeiter, denen das Lernen und Anpassen nicht gelang, als Hemmschuhe für die ambitionierteren Kollegen betrachtet. Ein *Aufsteigen* bedeutete die formelle Beförderung auf eine höhere Position mit besserer Bezahlung und die Übernahme einer zusätzlichen Führungsfunktion.

Stufe 4: Fragen für Kollegen und ihre Vorgesetzten

Was Personen auf Stufe 4 sich oft fragen:	Was Sie antworten können, um das Vorankommen zu beschleunigen:
Verliere ich den Kontakt zu »Herz und Seele« der Tätigkeit, die ich früher geliebt habe?	»Wie fühlt es sich für Sie an, mit einer neuen Gruppe von Kollegen zusammen zu sein, deren Arbeit Ihnen weniger vertraut ist? Was wäre notwendig, damit Sie mit ihren Problemen, Fragen, Erfordernissen und Trends besser zurechtkommen?«
Ist das mehr administrative Arbeit, als ich ertragen kann?	»An welcher Stelle fällt es Ihnen am schwersten, in Ihrer Arbeit Prioritäten zu setzen, besonders in dem Bereich, der neu für Sie ist?«
Wie kann ich Führungskräfte in den Funktionsbereichen außerhalb meines Bereichs beeinflussen (zum Beispiel im Personalwesen)?	»Überzeugende Kommunikation ist unverzichtbar für Führungskräfte. Haben Sie ein Modell für die Verbesserung Ihrer Überzeugungskraft? Falls nicht, versuchen Sie es mal mit *Die Psychologie des Überzeugens* von Robert Cialdini oder *The Necessary Art of Persuasion* von Jay Conger.« »Hier haben Sie eine Alignment Canvas. Zeigen Sie mir, wie Ihre Gruppe mit dem übergeordneten Modell übereinstimmt.«
Wie kann ich mehr über unsere Konkurrenz erfahren?	»Verwenden Sie eine Enterprise Canvas, um einen Wettbewerber zu modellieren. An welchen Stellen arbeitet er anders als wir? Könnten wir Teile seines Modells übernehmen, um unsere eigene Vorgehensweise zu verbessern?«
Wie kann ich dazu beitragen, dass das Unternehmen sich wieder mehr auf die strategische Ebene konzentriert, statt nur Best Practices in meinem Verantwortungsbereich einzuführen?	»Verwenden Sie eine Alignment Canvas, um Möglichkeiten aufzuzeigen, ein Team Model oder das Unternehmensmodell anzupassen.«

Stufe 5: Führen Sie mit noch größerer Komplexität oder fangen Sie von vorne an

Für die wenigen Menschen, die auf allen vier vorangegangenen Stufen Erfolg und Zufriedenheit finden, bietet Stufe 5 zwei ultimative Herausforderungen: 1) mit noch größerer Komplexität zu führen oder 2) in einer neuen Position noch mal neu anzufangen.

James ist ein Beispiel für das Führen mit noch größerer Komplexität. Er begann auf Stufe 1 als Personalfachwirt bei dem Chiphersteller Advanced Micro Devices (AMD). Dort untersuchte er Programme zur betrieblichen Gesundheitsförderung, um die Ausgaben von AMD für Gesundheits- und Sicherheitsmaßnahmen zu verringern. Sein intensives Interesse an der Frage, wie die Motivation sich auf Organisationen auswirkt, brachte ihn letztlich dazu, den Gerätegiganten Tektronics zu testen, wo er in der ultimativen Stufe-3-Funktion arbeitete: als stellvertretender Leiter der Personalabteilung. Aber James verließ das Personalwesen, um eine vertikal integrierte Abteilung von Tektronics zu leiten, in der Fiberglasfasern zum Überprüfen von Geräten hergestellt wurden, und wurde damit auf Stufe 4 zum Leiter für Gestaltung, Produktion, Qualitätssicherung, Marketing und Verkauf. Aufgrund seines Erfolgs auf dieser Stufe erhielt er die Chance, zu Stufe 5 und damit der höchsten Komplexitätsebene aufzusteigen: Vorstandsvorsitzender einer Tochtergesellschaft von Tektronics.

Tom dagegen startete auf Stufe 1 als junger Betriebsingenieur bei Intel. Im Verlauf von 28 Jahren erreichte er sein lebenslanges Ziel, eine gesamte Fabrik zu leiten (Stufe 5). Nachdem er seine Überraschung überwunden hatte, dieses Lebensziel im Alter von 50 Jahren erreicht zu haben, beschloss er, wieder auf Stufe 1 anzufangen, und zwar in einer neuen Position im »strategischen Personalwesen« zur Unterstützung von Abteilungsleitern. Obwohl er neu war im Personalbereich, versetzte seine umfangreiche Erfahrung in der CPU-Herstellung ihn in die Lage, als Mentor für angehende Führungskräfte zu fungieren. Tom fand heraus, dass der Neubeginn in einer veränderten Position bedeutet, sich erneut mit den Elementen *Was Sie haben* (für die neue Stelle notwendige Schlüsselressourcen) und *Was Sie tun* (zur Ergebniserzielung notwendige Methoden und Prozesse der Schlüsselaktivitäten) auseinanderzusetzen.

Tom und James repräsentieren zwei unterschiedliche, aber sehr zufriedenstellende Fortschritte zur Stufe 5. James hat innerhalb einer Organisation die höchstmögliche Position erreicht. Tom hat seine Führungsposition im technischen Bereich verlassen und seine Karriere in einer ganz neuen Funktion neu gestartet. Auf Stufe 5 geht es darum, in einem kühnen Schritt der Selbstentfaltung und der ultimativen beruflichen Entwicklung Erfolge und Kompetenzen miteinander zu verknüpfen.

Stufe 5: Fragen für Kollegen und Vorgesetzte

Was Personen auf Stufe 5 sich oft fragen:	Was Sie antworten können, um das Vorankommen zu beschleunigen:
Ist es Zeit, in Pension zu gehen? Ist es Zeit, mich in einer völlig neuen Position selbst neu zu erfinden?	»Zeichnen Sie ein persönliches Soll-Modell, das die nächste Phase Ihrer beruflichen Laufbahn darstellt.«
Wer sind die zukünftigen Führungspersönlichkeiten dieser Organisation, und wie kann ich sie beraten oder unterstützen?	»Wenn Sie sich Ihr Personal Business Model ansehen, wie könnten Sie Schlüsselressourcen, Schlüsselaktivitäten und Kundenbeziehungen auf Kollegen übertragen? Wer kommt Ihnen in den Sinn, der potenziell für diese Übertragung geeignet wäre?«
Wo wäre ich im Nachfolgeplan dieser Organisation gerne positioniert?	»Wen kennen Sie, der bei uns in einer traditionellen Funktion geblieben ist? Wen kennen Sie, der in einer nicht traditionellen Funktion geblieben ist?«

Nur sehr wenige Menschen durchlaufen alle fünf Stufen, und noch weniger durchlaufen sie öfter als ein Mal. Doch die meisten Menschen haben ältere Familienangehörige, die einen traditionellen, lebenslangen Karriereverlauf durch zwei oder mehr der fünf Stufen erlebt haben, alles innerhalb einer einzigen Organisation wie bei einem städtischen Schulbezirk, einer Behörde oder einem Konzern wie Siemens, McKinsey & Company oder Toyota. Und die meisten Menschen kennen jemanden, der während einer der fünf Stufen einen Neustart unternommen und zu einer vorherigen Stufe zurückgekehrt ist – sogar zurück zur Stufe 1. Die 45-jährige MBA-Absolventin im Gesundheitswesen und frühere Hausfrau wird »ihre Ausbildung testen« müssen, wenn sie die Hochschule mit großem Fachwissen, aber wenig aktueller Berufserfahrung verlässt.

Stellen Sie sich als Führungskraft die drei Fragen als inneren Kreisel vor, der innerhalb jeder Stufe einer beruflichen Laufbahn funktioniert und dem Betreffenden hilft, sich auf einen größeren Karriereerfolg auszurichten. Wenn die Sie umgebenden Personen sich weiterentwickeln, müssen Sie ihnen beim Stellen und Beantworten der drei Fragen mehr als einmal behilflich sein. Währenddessen sorgen die drei Fragen auch dafür, dass Sie Ihre eigene Karrierestufe im Auge behalten – und sie ermöglichen es Ihnen, die optimalen nächsten Schritte zu antizipieren und zu bestimmen. Beginnen Sie mit der Drei-Fragen-Übung auf der folgenden Seite.

Was Sie Montagmorgen mal ausprobieren können

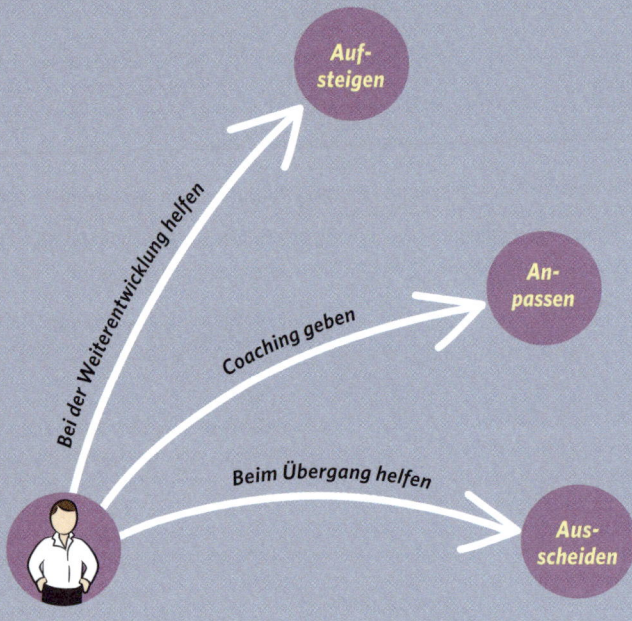

Bei der Weiterentwicklung helfen

Coaching geben

Beim Übergang helfen

Auf-steigen

An-passen

Aus-scheiden

Die drei Fragen in der Praxis

Diese Drei-Fragen-Übung hilft Ihnen, das Vorankommen Ihrer Teammitglieder in die beste Richtung zu beschleunigen: beim Aufstieg, beim Ausscheiden oder beim Anpassen des Stils. Berücksichtigen Sie als Führungskraft, dass beim Aufsteigen Entwicklungsbedarf besteht, beim Ausscheiden Übergangsbedarf und beim Anpassen des Stils Coachingbedarf.

Schritt 1

Schreiben Sie die Namen von einer, zwei oder drei Personen, denen Sie vorgesetzt sind, in die Zeile »Kollegen« der Tabelle. Wählen Sie Leute aus, die Ihrer Meinung nach von einem Drei-Fragen-Gespräch profitieren könnten, zum Beispiel Ihre leistungsstärksten oder leistungsschwächsten Mitarbeiter.

Schritt 2

Wählen Sie unter dem Namen jeder Person entweder die Zelle **Aufsteigen?**, **Ausscheiden?** oder **Stil anpassen?** aus, und beschreiben Sie kurz die Anzeichen, die Sie glauben lassen, dass jene Frage für denjenigen im Moment am relevantesten ist.

🖉 Kollegen	1:	2:	3:
Aufsteigen? Anzeichen für die Notwendigkeit zum Aufstieg			
Ausschneiden? Anzeichen für die Notwendigkeit zum Ausscheiden			
Stil anpassen? Anzeichen für die Notwendigkeit zur Anpassung des Stils			

Schritt 3 Bestimmen Sie, mit welchem Kollegen Sie als Erstes sprechen wollen. Notieren Sie hier, was Sie sagen wollen, wenn Sie ihn zu dem Drei-Fragen-Gespräch einladen:

Und schließlich: Welche der drei Fragen ist zum gegenwärtigen Zeitpunkt am relevantesten für Sie? Haben Sie einen Kollegen, einen Freund, einen Vorgesetzten oder einen Partner, der Ihnen sagen könnte, welche Frage aus seiner Sicht die größte Relevanz für Sie hat und warum? Fragen Sie danach.

Die nächsten Schritte

Jetzt, da Sie dieses Kapitel beendet haben, können Sie einem Mitarbeiter in die Augen sehen und in aller Gewissheit sagen: »Ich will Ihnen helfen, beruflich voranzukommen.«

Sie haben erfahren, dass die berufliche Laufbahn etwas ist, das alle Beschäftigten gemeinsam haben und das unmittelbar jede der vier intrinsischen Antriebskräfte des Menschen anspricht: *Zweck, Selbstbestimmung, Beziehung* und *Kompetenz.* Eine Berufslaufbahn kann auf einer einseitigen Personal Business Model Canvas dargestellt werden und schafft einen einfachen Überblick, der als Grundlage für Gespräche, Erkenntnisse und, was am wichtigsten ist, Handlungen dienen kann.

Als Nächstes haben Sie gelernt, wie Sie die Mitarbeiterbindung durch Career Collaboration stärken können: anderen dabei helfen, ihre Beziehung zur Arbeit zu gestalten, indem sie aufgrund von intrapersonalen, interpersonalen und marktorientierten Erkenntnissen agieren. Dies geschieht unter Verwendung der drei Fragen, einer Technik, die angespannte formelle Diskussionen durch entspannte handlungsorientierte Gespräche ersetzt.

Schließlich bietet das fünfstufige Karrieremodell Ihnen eine zeitgemäße Betrachtungsweise dessen, wie Ihre Mitarbeiter (und Sie!) im Berufsleben vorankommen. Wenn Sie sich anschauen, auf welchen Karrierestufen Ihre Mitarbeiter gerade stehen – und ob sie möglicherweise *aufsteigen, ausscheiden* oder *ihren Stil anpassen müssen* –, gewinnen Sie Einsichten ihn ihr persönliches und berufliches Leben und erweisen sich als wahre Führungspersönlichkeit.

Wenn die Zielsetzung einer Organisation erreicht werden soll, müssen die damit beschäftigten Personen überzeugt sein, dass es »mit dem *Ich* beginnt«. Die Verantwortung liegt nicht bei allen anderen und kann auch nicht von den Führungskräften alleine getragen werden. Das *Wir* beginnt also mit dem *Ich:* mit Verständnis und Unterstützung für die Individuen, welche die Abteilungen bilden, die wiederum die Organisation bilden.

Jetzt ist es an der Zeit, uns anzusehen, wie andere diese Tools einsetzen, um das individuelle Handeln mit den Teamzielen in Übereinstimmung zu bringen – also das *Ich* mit dem *Wir* zu koordinieren.

Kapitel **6**

Das *Ich* mit dem *Wir* koordinieren

Sie haben bis hierher gelernt, Business Models zu verwenden, um Organisationen, Teams und Individuen abzubilden. Jetzt ist es an der Zeit, diese Modelle miteinander abzustimmen, um die Spekulationen und Konflikte zu verringern, die den Menschen bei ihrem Bestreben nach effektiver Arbeit in Organisationen begegnen. Die grundlegendste Abstimmung ist die zwischen Organisations- und individuellen Modellen. Lesen Sie über die Erfahrungen eines wachsenden amerikanischen Unternehmens, das sich grundlegend neu erfand, indem es das *Ich* mit dem *Wir* koordinierte.

Bob Fariss

Hören Sie auf mit dem *Was*, fangen Sie an mit dem *Warum*

Der Fitnesscenter-Lizenzgeber Fit for Life hat immer dafür geworben, was er anbietet: tolle Studios und fantastische Geräte – Dinge, die nur wenige Mitglieder sich als Eigentum leisten könnten. Doch die amerikanische Wirtschaftskrise, die im Jahr 2008 begann, hat dem Geschäft beinahe den Garaus gemacht. Die Kunden kündigten scharenweise, nachdem sie entschieden hatten, dass die Mitgliedschaft in einem Fitnessstudio letztlich Luxus ist. Der Inhaber suchte sich einen neuen Partner, um eine Wende herbeizuführen.

Der neue CEO des Lizenzgebers, Perry Lunsford, erkannte, dass die verbliebenen Mitglieder diejenigen waren, denen es um langfristige Trainingskurse ging – für sie war die Mitgliedschaft im Fitnesscenter nichts Beliebiges. Ausgehend von dieser Erkenntnis beschloss Perry, ein Anhänger von Simon Sineks »Golden Circle«[1],

die traditionelle Strategie von Fitnessclubs auf den Kopf zu stellen. Statt sich auf das *Was* von Fit for Life zu konzentrieren – Studios und Geräte –, warb er für das *Warum* von Fit for Life: Fitness und Gesundheit. Perry und sein Team definierten ihr *Warum* als »das Leben der Menschen verändern«.

Das neu aufgestellte Unternehmen erzielte gute Ergebnisse mit der Präsentation von lebensverändernder persönlicher Fitness, statt den Zugang zu den Studios als wesentlichen Vorteil einer Mitgliedschaft hervorzuheben. Dennoch hatte Fit for Life noch eine große Herausforderung zu bewältigen. Die Strategie war erfolgreich umgestaltet worden, doch nun mussten die Mitarbeiter auf das neue *Warum* eingeschworen werden: Jedes individuelle *Ich* sollte mit dem kollektiven *Wir* in Einklang gebracht werden.

Wie Fit for Life den Golden Circle anwendete

Wir glauben, dass jedes Leben zum Besseren verändert werden kann, und haben uns dies zum Ziel gesetzt.

Wir verändern Leben zum Besseren durch zielgerichtete Trainingskurse.

Wir verkaufen günstige, effektive Fitnesskurse in schönen, freundlichen Studios.

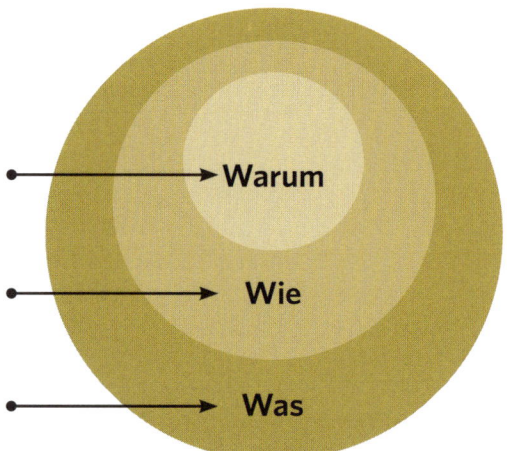

Warum

Wie

Was

Persönlichkeit und Handeln koordinieren, gemeinsames *Warum*

Ein großes Problem bestand darin, dass die Trainer als eigentliches Verkaufsteam des Unternehmens dienten. Doch Fitnesstrainer seien oft keine guten Verkäufer, sagt Bob Fariss, der CFO von Fit for Life. Bob nutzte Personal Business Models, um die unterschiedlichen Positionen innerhalb des Unternehmens zu analysieren und einen Einblick zu gewinnen, warum der Skyle eines typischen Trainers nicht so gut mit dem Verkaufen zusammenpasste.

»Ein typischer Trainer ist ein wunderbarer, fürsorglicher Mensch, der anderen wirklich helfen will und sich deshalb nicht ganz wohl dabei fühlt, um Geld zu bitten«, sagt Bob. »Er ist häufig nicht gut darin, Verkaufsabschlüsse zu machen, und aus diesem Grund verdienen viele nicht genug Geld, um in diesem Beruf zu überleben.«

Leute einstellen, die an dasselbe glauben wie Sie

Das Management erkannte, dass es sich nicht länger ausschließlich auf die Fitnesstrainer verlassen konnte, wenn es um den Verkauf der Trainingskurse ging. Stattdessen mussten neue Leute eingestellt werden, die sowohl Mitgliedschaften als auch Personal Trainings verkauften. Zugleich musste sichergestellt werden, dass alle Beschäftigten das neue *Warum* verstanden und sich persönlich dafür engagierten, das Leben anderer Menschen zu verändern. Also entwickelten Perry und sein Team eine neue Stellenanzeige – eine, die das Unternehmens-*Warum* auf die persönliche Ebene ausweitete. Sie lautete folgendermaßen:

Wir machen eine Menge Dinge richtig großartig. Eins davon ist, besseres Personal Training zu verkaufen als jeder andere in der Fitnessbranche. Ich war es leid, dass großartige Trainer wieder zur Schule gingen, um Feuerwehrleute und Pflegekräfte zu werden, weil sie ihre Familien nicht ernähren konnten, als die Fitnessstudios nicht wussten, wie sie sie bezahlen sollten. Fit for Life ist seit 1991 im Geschäft, und im Laufe der Jahre haben wir einen Verkaufsprozess entwickelt, der das Leben der Menschen verändert. Wir verändern das Leben unserer Franchisenehmer, wir verändern das Leben unserer Mitglieder, und was für diese Anzeige am wichtigsten ist: Wir verändern das Leben unserer Trainer! Wir geben ihnen die Möglichkeit, wirklich Geld zu verdienen und Karriere zu machen, während sie das tun, was sie am liebsten tun!

Der Erste, der aufgrund dieser neuen Anzeige eingestellt wurde, verdoppelte die Verkaufszahlen in seinem Studio innerhalb der ersten vier Wochen. »Das Ziel ist nicht, Leute einzustellen, die einen Job suchen«, sagte Bob. »Wie Simon Sinek sagt: Das Ziel ist, Leute einzustellen, die an dasselbe glauben wie Sie.« Jetzt haben alle Mitarbeiter bei Fit for Life das *Warum* verstanden. Die gelben Zettel zeigen das Personal Business Model eines Trainers.

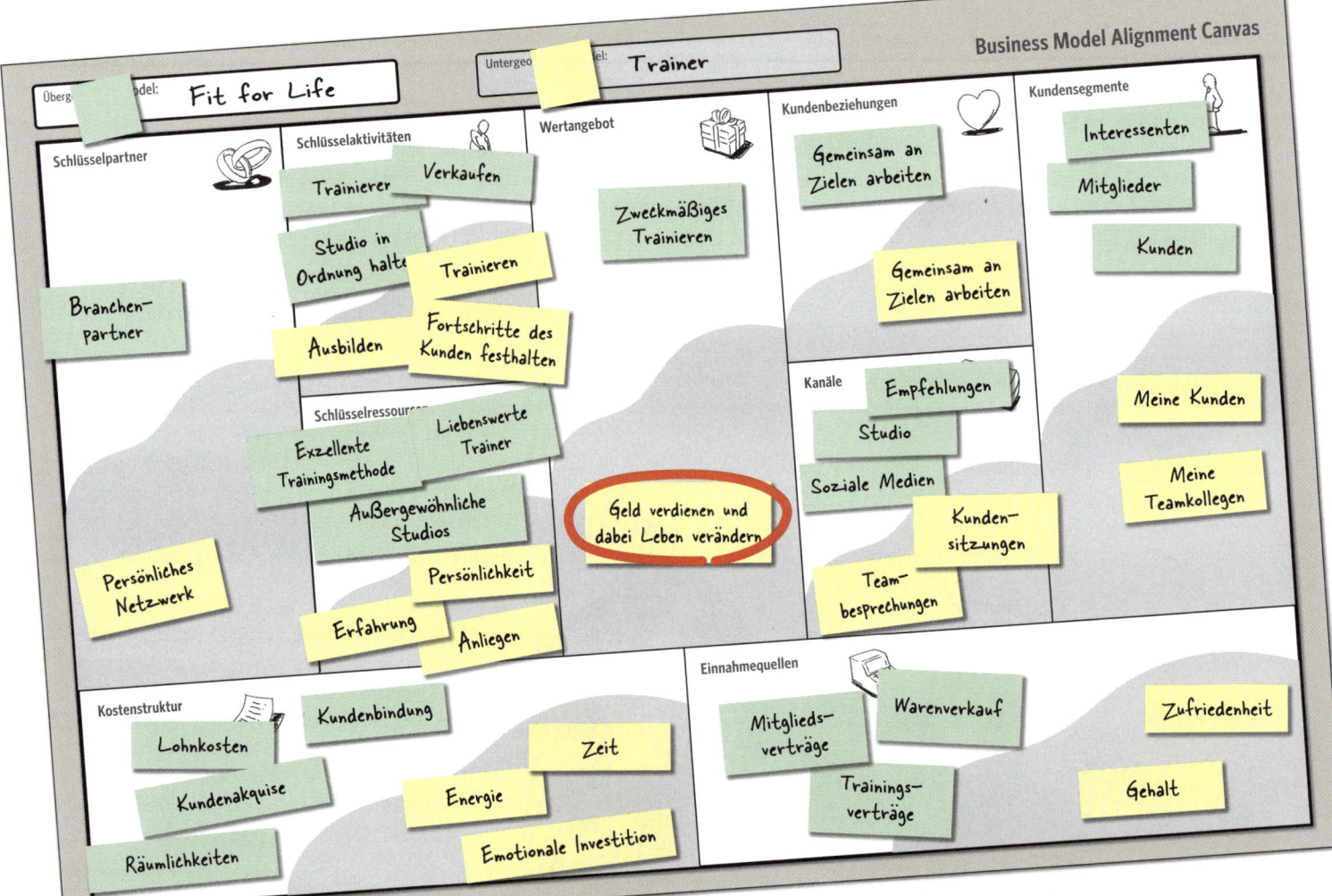

Die Kraft des *Warum* vergrößern

Unter den Verkäufern ist das Engagement für das neue *Warum* gewachsen. Perry, der CEO, verlangt jetzt, dass alle Führungskräfte bei Fit for Life das *Warum* selbst erfahren, indem sie Personal Trainings machen. »Jeder muss unser *Warum* selbst erleben«, sagt Bob. »Wenn ich mich mit unserem Miteigentümer Ken Stone – einem der beliebtesten Trainer in ganz Texas – zu einer Betriebsbesprechung treffe, fangen wir mit einer gemeinsamen Trainingsstunde in Mixed Martial Arts an. Das bringt unser Adrenalin in Schwung!«

Das Führungsteam bei Fit for Life arbeitet hart, um das persönliche und das Gruppen-Warum zu koordinieren. Aber das Management erledigt einen Großteil der geschäftlichen Planung. »Menschen, deren Arbeit mit viel körperlicher Aktivität und praktischer, manueller Tätigkeit einhergeht, sind im Allgemeinen weniger an konzeptuellen Werkzeugen interessiert«, sagt Bob. Doch diese Angestellten sind sehr aufgeschlossen für online gezeigte Grafiken. Deshalb hat Bob Teamwork-Tabellen erstellt und dann ein Visualisierungstool angewendet, um Infografiken zu generieren, in denen der Anstieg der Mitglieds- und Trainingsverträge pro Studio gezeigt wird. Er aktualisiert diese Infografiken täglich und schickt sie den Teammitgliedern aufs Handy.

Jetzt macht es den Teams bei Fit for Life Spaß, mit ihren Kollegen in konkurrierenden Studios wettzueifern. Ein

Bonus: Die Betrachtung des Managements der zugrunde liegenden Zahlen zeigt, wenn die Verkaufszahlen ein echter Teamerfolg sind, im Gegensatz zu den Ergebnissen eines charismatischen Einzelkämpfers.

»Wir haben mit dem *Warum* angefangen, haben die Strategie des Business Modeling angewendet, und jetzt verbessern wir unsere Taktik mit dem Drittobjekt der Teamvisualisierung«, sagt Bob. »Wie immer man es auch angeht, man muss erst mal das *Ich* mit dem *Wir* koordinieren.«

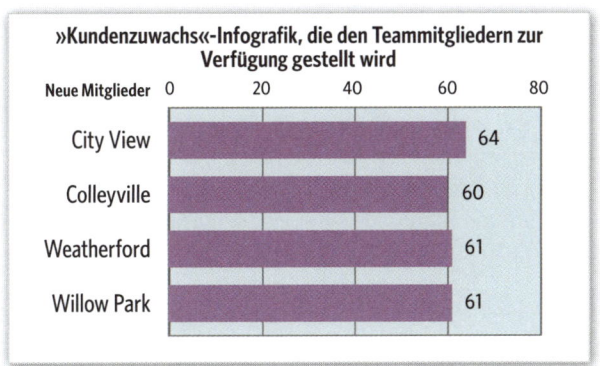

»Kundenzuwachs«-Infografik, die den Teammitgliedern zur Verfügung gestellt wird

Neue Mitglieder	Neue Mitglieder
City View	64
Colleyville	60
Weatherford	61
Willow Park	61

Verbindungen schaffen: wie Facebook auf Papier

Fit for Life ist überzeugt davon, dass die Führungskräfte echte persönliche Verbindungen zu den Teammitgliedern herstellen müssen, um die individuellen Handlungen mit den Gruppenzielen in Einklang zu bringen. Diese Verbindung ist unverzichtbar, um den Wert jedes Einzelnen anzuerkennen und zu bekräftigen – und sie sorgt dafür, dass kein Mitarbeiter unter Anonymität zu leiden hat. Wie Patrick Lencioni bemerkt, sollten alle Menschen für ihre einzigartigen Qualitäten von jemandem in einer Autoritätsposition verstanden und geschätzt werden.[2] Gute Vorgesetzte wissen, dass sie ein echtes persönliches Interesse an den Personen zeigen müssen, die von ihnen geführt werden. Eine ideale Methode, um dieses Interesse zum Ausdruck zu bringen, besteht im Personal Business Modeling am Arbeitsplatz. Im Folgenden finden Sie eine Ergänzungsübung, mit der sich die persönliche Verbindung zwischen Menschen schmieden lässt, egal ob sie bereits Teamkollegen sind oder sich zum ersten Mal begegnen.

Wie die Übung angewendet wurde

Diese Übung wurde für die Unterabteilung einer großen Technik- und Baufirma mit über 50 000 Angestellten verwendet. Neben anderen spezifischen technischen Tätigkeiten erstellten die Mitglieder der Unterabteilung Risikokalkulationen für den Umgang mit Sondermüll. Die meisten davon waren Männer mit Masterabschluss oder Doktorgrad in Mathematik oder Ingenieurwissenschaften, im Durchschnitt 57 Jahre alt. Die Gruppe stand vor zwei Herausforderungen. Zum einen war die Firma durch das bevorstehende Auslaufen von langfristigen Objektmanagementverträgen gezwungen, auf unternehmerische Weise neue Beschäftigung zu suchen und zu gewährleisten. Zum anderen gab es keine Interaktion zwischen den jungen Ingenieuren und ihren älteren Kollegen, weshalb die jüngeren Ingenieure nicht von der umfangreichen Erfahrung ihrer Kollegen profitieren konnten. Den älteren Ingenieuren fehlte dagegen der unternehmerische Geist der Jüngeren.

Zielsetzung

Besserer Austausch zwischen älteren und jüngeren Ingenieuren, Vertrauen und harmonisches Verhältnis aufbauen.

Methode

Entwerfen Sie ein »Facebook-auf-Papier«-Poster[3], das die Teilnehmer und ihre gemeinsamen Interessen visuell darstellt. Bringen Sie die Menschen zusammen, indem Sie ihnen helfen, Persönliches zu entdecken, das sie bisher nicht voneinander gewusst haben.

Zahl der Teilnehmer

In diesem Fall: 28 Personen. Es können auch mehr an der Übung teilnehmen, wenn eine ausreichend große Wand vorhanden ist.

Erforderliche Zeit

Die eigentliche Übung kann in 20 Minuten oder weniger erledigt werden. Jeder kann dann jederzeit zu dem Poster zurückkehren und weitere Beziehungen hinzufügen.

Material, Werkzeuge und andere Erfordernisse

1. Große, freie, zusammenhängende Wandfläche
2. Papier in der Größe von mindestens 1 x 5 Metern. Verwenden Sie eine Tapetenrolle, oder kleben Sie mehrere Blätter Bastelkarton zusammen, um das Poster herzustellen
3. Karten oder Haftnotizzettel von 7,5 x 12,5 mm oder größer als Avatare, eine/einen pro Person
4. Stifte oder Marker in verschiedenen Farben
5. Klebeband oder andere Hilfsmittel, um die Avatare am Poster zu befestigen

Anleitung

1. Einen Überblick geben

»Wir werden heute das soziale Netzwerk aufzeichnen, das sich jetzt gerade in diesem Raum befindet. Wir machen auf dieser Wand so etwas wie Facebook auf Papier.«

2. Mit Karten oder Notizzetteln Avatare erzeugen

»Als Erstes brauchen wir die grundlegenden Elemente des Netzwerks: wer Sie sind. Erstellen Sie Ihre eigenen Avatare, indem Sie Ihren Namen auf die Karte schreiben, kurze Sätze, die Ihre Interessen oder Erfahrungen beschreiben – was immer Sie wollen. Und wenn Sie Lust haben, zeichnen Sie ein Bild, das Sie repräsentiert!« Zeigen Sie den anderen Ihre eigene unbeholfene Avatar-Zeichnung, freuen Sie sich über das Gelächter, und rechnen Sie mit Entschuldigungen für mangelhafte Zeichenkünste, während

die Teilnehmer ihre Avatare erstellen. Oder bringen Sie eine Sofortbildkamera mit und lassen Sie die Teilnehmer Fotos für ihre Avatare verwenden.

3. Die Avatare auf das Poster »hochladen«

Lassen Sie alle zur Wand gehen und ihre Avatare dort »hochladen«, wo sie wollen. Machen Sie es mit Ihrem eigenen Avatar als Erster vor. Sorgen Sie dafür, dass genügend Klebeband bereitliegt, besonders wenn es sich um eine große Gruppe handelt.

4. Verbindungen zeichnen

Bitten Sie schließlich die Teilnehmer, Verbindungen zu markieren, indem sie Linien ziehen zwischen ihren Avataren und Personen, die sie kennen. Lassen Sie sie diese Linien beschriften, zum Beispiel »hat in der Softwareentwicklung gearbeitet« oder »hat in Seattle gewohnt«. Bitten Sie dann alle, an dem Poster entlangzugehen und sich die Avatare derjenigen Personen anzusehen, die sie noch nicht kennen, und fordern Sie sie auf, »Verbindungslinien« zu zeichnen und zu beschriften, wenn sie Gemeinsamkeiten finden: »begeisterter Angler«, »Hundefreund« und so weiter.

Ergebnis

Die Übung bringt ein Poster hervor, das neu entdeckte Verbindungen zwischen Mitgliedern einer Organisation visuell

darstellt. Sie macht Spaß und schafft Gemeinschaftssinn. Das Poster kann an der Wand hängen bleiben und von jedem jederzeit ergänzt werden – vielleicht ernennen Sie jemanden zum »Posterhüter« der Organisation. In diesem Fall nahm ein Leiter der Personalabteilung teil und war begeistert von den generationsübergreifenden Interaktionen, die durch die Entdeckung gemeinsamer Hobbys und persönlicher Interessen von jüngeren und älteren Ingenieuren erzeugt wurden.

Nachbesprechung

Fragen Sie: »Hat irgendjemand eine überraschende Verbindung zu jemandem hergestellt, den er zuvor nicht kannte? Erzählen Sie uns davon.« In der hier beschriebenen Situation hätte der Moderator sagen können: »In dieser Gruppe repräsentiert das Poster gemeinsame Interessen und potenzielle Beziehungen, die mit einer einfachen Übung zum Vorschein gebracht werden können. Das ist vergleichbar mit der Erfahrung und Marktkenntnis, die zwischen langgedienten und neuen Ingenieuren in dieser Gruppe entdeckt und ausgetauscht werden kann.« Facebook auf Papier ist eher eine Beziehungs- und Vertrauensübung als eine mit einem spezifischen Lernziel, aber die Nachbesprechung ist trotzdem wichtig. Bis zu diesem Zeitpunkt gehört die Übung eher Ihnen als den Teilnehmern.

Dennis Daems

Eine umfassende Vorgehensweise, um das *Ich* und das *Wir* im Unternehmen zu koordinieren

Das folgende Unternehmen knüpft persönliche Beziehungen zu potenziellen Mitarbeitern, noch bevor sie eingestellt werden - und nutzt diese Verbindungen dann, um die besten verfügbaren Leute zu finden.

EIFFEL ist eine niederländische Beratungsfirma mit 500 Mitarbeitern, die sowohl für gewinnorientierte als auch für Non-Profit-Unternehmen im Versicherungs-, Gesundheits-, Energie- und Behördenbereich arbeitet. EIFFEL-Kunden haben eines gemeinsam: Sie haben große Herausforderungen beim Treffen und Umsetzen strategischer Entscheidungen an sich schnell verändernden Märkten zu bewältigen, häufig unter kritischer Beobachtung der Öffentlichkeit.

EIFFEL ist in mehrfacher Hinsicht anders. Erstens rühmt sich das Unternehmen einer großen sportlichen Tradition, die für eine »Show-don't-tell«-Kultur der Überlegenheit sorgt. Olympia-Medaillengewinner sind dabei nicht nur reine Unternehmenssprecher, sondern arbeiten tatsächlich als Berater mit. Zweitens konzentriert es sich bewusst nur auf niederländische Kunden und hat dabei das Ziel, der beste (nicht der größte) Anbieter von Rechts-, Finanz-, IT- und Personalberatungsdienstleistungen zu sein. Und schließlich hat es das Konzept des Business Model auf persönlicher, Abteilungs- und Unternehmensebene vollständig übernommen. Die Hingabe der Firma EIFFEL an Business Modeling, Gestaltungsprinzipien und visuelles Denken zeigt sich durch die riesige Business Model Canvas, die den Eingangsbereich ihrer Hauptniederlassung ziert.

Als EIFFEL im Steuerjahr 2011 Verluste verzeichnete, entschied das Management, dass die Mitarbeiter sich stärker der Wertschöpfung bewusst sein sollten. »Wir wollten Arbeitnehmer, die verstehen, was wir mit unseren Kunden erreichen wollen – Menschen, die sich selbst im Gesamtbild von EIFFEL wiederfinden und sich darüber im Klaren sind, welche Bausteine ihrem Einfluss unterliegen«, sagt Dennis Daems, Senior Marketing Strategy Consultant von EIFFEL. »Die Finanz- und Euro-Krise war ein Wendepunkt, der uns hat erkennen lassen, dass dies der richtige Weg ist.«

Im Jahr 2012 begann EIFFEL, alle 500 Beschäftigten, von den Empfangsmitarbeitern bis zu den Beratern auf höchster Ebene, in der Business-Model-You®-Methode zu schulen. Die Angestellten kamen in Gruppen à 18 Personen für ganztägige Seminare in die Hauptniederlassung. Es dauerte drei Monate, bis diese Arbeit getan war.

Die Schulung erweiterte das Verständnis der Mitarbeiter für das Unternehmensmodell von EIFFEL und half ihnen, ihr Personal Business Model innerhalb der Organisation zu verfeinern: wie sie für EIFFEL und seine Kunden Wert schöpfen.

»Wir sind davon überzeugt, dass wir den Leuten die Freiheit geben müssen, ihre Stärken optimal einzusetzen«, sagt Dennis. »Das ist inspiriert vom Berufssport, bei dem das die normale Vorgehensweise ist. Man muss in eine Position kommen, in der man gut ist. Wir haben bei diesen Seminaren eine Menge Stärken – und Geschäftschancen – entdeckt.

Rekrutierung und Onboarding

Im weiteren Verlauf dieses Jahres begann EIFFEL, neue Mitarbeiter anzuziehen, indem Bewerber die Gelegenheit zu einem Workshop erhielten, bei dem sie ihre eigenen Personal Business Models erstellen konnten – egal ob sie nun eingestellt wurden oder nicht. Hochschulabsolventen wurden in die Hauptniederlassung von EIFFEL eingeladen und in der Business-Model-You®-Technik unterwiesen, dann wurden sie aufgefordert, ihre eigenen Personal Business Models zu schaffen. Wer sich dabei hervortat und eine deutliche Affinität zum Unternehmensmodell von EIFFEL bewies, wurde von den Personalmitarbeitern eingeladen, in die Firma einzutreten. »Wir machen immer noch diese Workshops, um neue Mitarbeiter zu finden, häufig gemeinsam mit den Goldmedaillen-Gewinnern Ranomi Kromowidjojo oder Pieter van den Hoogenband«, sagt Dennis.

Anwerbung auf EIFFEL-Art

Zunächst, so Dennis, sollte man die Bereiche bestimmen, in denen Unterstützung benötigt wird (Projektmanagement, Finanzen, IT etc.), und den erwünschten Grad an Erfahrung festlegen (Einsteiger, mittleres Niveau, Experte). Organisieren Sie dann mithilfe von EventBrite, Amiando oder einem ähnlichen Dienst eine Anwerbungsveranstaltung. Engagieren Sie einen freundlichen und passenden Vordenker aus Ihrer Branche, den Sie bei diesem Event präsentieren können. Suchen Sie sich einen Veranstaltungsort mit genügend Wandfläche, um die Canvases daran aufhängen zu können. Als Nächstes wählen Sie geeignete Kandidaten über LinkedIn oder vergleichbare Dienste aus. Laden Sie sie wiederholt ein. So sieht eine typische Event-Tagesordnung aus, wie EIFFEL sie nutzt:

Thema	Zeitrahmen (Minuten)	Inhalt
Überblick über das Unternehmensmodell	30	Sprecher bietet Überblick über die Unternehmens-Canvas und nutzt sie, um das Geschäftsmodell der Organisation vorzustellen. Teilnehmer werden aufgefordert, Fragen zu stellen und Kommentare abzugeben.
Geschichten über Lernschwellen	30	Experten erzählen Geschichten über die neuesten branchen- oder karrierebezogenen Entwicklungen im Fachgebiet; Fragen und Kommentare erwünscht.
Überblick über das Personal Business Model	20	Dozent bietet Überblick über die Personal Business Model Canvas; Fragen und Kommentare erwünscht.
Ihr persönliches Modell gestalten	45–90	Dozent fordert die Teilnehmer auf, ihr Personal Business Model für Funktionen zu erstellen, die sie ihrer Meinung nach in der Organisation ausüben können. Dozent und andere Mitarbeiter können herumgehen, um Fragen zu beantworten. Wer sein Modell fertiggestellt hat, geht weiter zum individuellen »Speed-Dating« mit einem Personalmitarbeiter.
Speed-Dating	45–90	Jeder Teilnehmer hat fünf Minuten, um einem Personalmitarbeiter sein Modell persönlich vorzustellen. Der Personalmitarbeiter führt dann auf Grundlage der Präsentation ein kurzes Bewerbungsgespräch mit ihm. Andere Option: Der Personalmitarbeiter zeigt eine vorgefertigte Personal Business Model Canvas für die Art und Weise, wie die Organisation eine bestimmte offene Stelle betrachtet, lässt den Bewerber seine eigene damit abgleichen und bespricht die Unterschiede.

Bewerber, die gute Leistungen erbringen und deren Personal Business Model gut mit dem Unternehmensmodell übereinstimmt, können zu einer zweiten Bewerbungsrunde eingeladen werden.

Personal Business Models für die berufliche Entwicklung nutzen

EIFFEL begann auch mit der Nutzung von Personal Business Modeling für die berufliche Entwicklung. Die Mitarbeiter fangen damit an, ihr aktuelles Personal Business Model aufzuzeichnen (Punkt A). Als Nächstes skizzieren sie ihre angestrebten Personal Business Models (Punkt B). Dadurch entsteht ein klares berufliches Ziel: der Weg von A nach B. EIFFEL erkannte jedoch schnell, dass es vielen Angestellten schwerfiel, diesen Weg genau festzulegen. Dennis beschloss, die von anderen Organisationen verwendeten Berufsentwicklungspläne (BEP) zu untersuchen. Die Ergebnisse schockierten ihn.

»Die meisten BEPs sind wie Businesspläne: jede Menge Text, keine Grafiken, völlig unpersönlich und ohne alle Schlichtheit und Dynamik«, sagt er. »Wir alle wissen ja, wie das mit schriftlichen Plänen ist: Keiner liest sie, und niemand kann sich daran erinnern!« Dennis hatte auch den Eindruck, dass BEPs irgendwie unvollständig waren. Daher schuf und testete er, aufbauend auf der Personal Business Model Canvas, eine Personal Strategy Canvas, um den Mitarbeitern eine spezifische Vorgehensweise für den Übergang von Punkt A zu Punkt B an die Hand zu geben.

Die Personal Strategy Canvas

Die Personal Strategy Canvas hat sechs Bausteine, um die für einen Übergang zu einem neuen Personal Business Model notwendigen Handlungen darzustellen. Die Anwender füllen jeden Baustein aus, um die Aktivitäten zu identifizieren, mit denen sie die Zukunft ansteuern wollen: das angestrebte Personal Business Model.

Am Beispiel von Karen, einer Buchhalterin bei EIFFEL, die den Übergang zum Consulting schaffen wollte, erklären wir, wie es funktioniert.

Kenntnisse

Beschreiben Sie neue Kenntnisse, die Sie für den Übergang zu Ihrem nächsten Personal Business Model brauchen. Bewerten Sie die Anforderungen an Ihr angestrebtes Wissen. Brauchen Sie eine formelle Bescheinigung (einen akademischen Grad oder ein Zertifikat)? Müssen Sie Konzepte begreifen, die anhand von Kursen, Büchern, TED-Talks oder Webinaren erlernt werden können? Wenn Sie beispielsweise Verkäufer werden wollen, brauchen Sie Wissen über die psychologischen Aspekte des Verkaufsvorgangs und darüber hinaus Informationen über die Dienstleistungen oder Produkte, die Sie verkaufen werden, die Märkte, in denen Sie agieren werden, und den Wettbewerb, dem Sie begegnen.

Karen erkannte zum Beispiel, dass sie mehr über die Grundlagen des Consultings lernen musste, also erstellte sie eine Lektüreliste und schrieb sich für einen Kurs in Service Design Thinking ein.

Kompetenzen und Fähigkeiten

Welche Kompetenzen und Fähigkeiten erfordert Ihr angestrebtes Modell? Hier können Sie sie auflisten. Denken Sie daran: Kompetenzen sind erlernte oder erworbene Talente, wohingegen Fähigkeiten natürliche, ureigene Talente sind, also Dinge, die Ihnen leichtfallen und keine Mühe bereiten. Neue Fähigkeiten sind schwerer zu erlangen als neue Kompetenzen, also achten Sie darauf, ob die für Ihr angestrebtes Modell erforderlichen Fähigkeiten Ihnen zur Verfügung stehen. Die schnellste Methode, um Kompetenzen zu erlangen oder zu verbessern, ist die berufliche Praxis – das Hinauswachsen über die eigene Lernschwelle.

»Aber machen Sie das auf clevere Weise«, sagt Dennis. »Wenn Sie Verkäufer werden wollen, ist der entscheidende Punkt, sich Situatio-

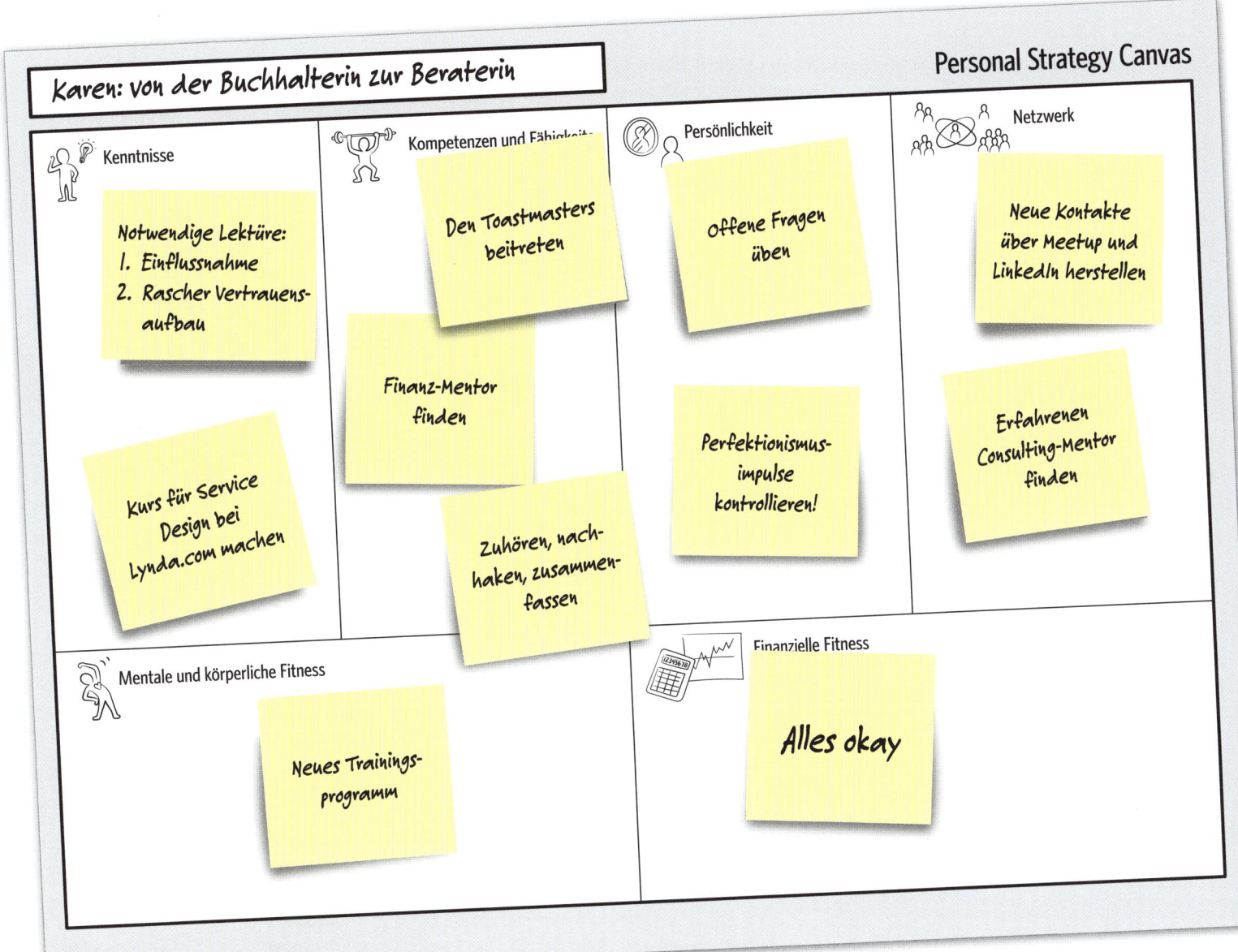

Karen: von der Buchhalterin zur Beraterin

Personal Strategy Canvas

Kenntnisse

Notwendige Lektüre:
1. Einflussnahme
2. Rascher Vertrauens-aufbau

Kurs für Service Design bei Lynda.com machen

Kompetenzen und Fähigkeiten

Den Toastmasters beitreten

Finanz-Mentor finden

Zuhören, nach-haken, zusammen-fassen

Persönlichkeit

Offene Fragen üben

Perfektionismus-impulse kontrollieren!

Netzwerk

Neue Kontakte über Meetup und LinkedIn herstellen

Erfahrenen Consulting-Mentor finden

Mentale und körperliche Fitness

Neues Trainings-programm

Finanzielle Fitness

Alles okay

nen auszusetzen, in denen Sie etwas verkaufen müssen. Wenn Ihnen das bei der Arbeit nicht möglich ist, versuchen Sie es in Ihrem privaten Umfeld. Verkaufen Sie Tombolalose für eine Schulspendenaktion oder Eintrittskarten für ein Turnier Ihres Tennisclubs. Schaffen Sie sich eine Position, in der Sie Ihre Erfahrungen ausbauen können.«

Karen, die angehende Beraterin, erkannte, dass sie ihre Kompetenzen bei offiziellen Präsentationen verbessern musste, deshalb trat sie den Toastmasters International bei. Sie fand auch einen Mentor bei EIFFEL, der ihr die Möglichkeit gab, ihre Finanzkenntnisse zu vertiefen, indem er sie die Verbindlichkeiten eines Pro-Forma-Kunden anhand einer Excel-Liste berechnen ließ.

Persönlichkeit

»Jeder Mensch hat Persönlichkeitsmerkmale, die ihm helfen, seine Ziele zu erreichen – oder eben nicht«, sagt Dennis. »Wir sind alle nicht perfekt.« In diesem Baustein geht es darum, bestimmte Aspekte Ihrer Persönlichkeit zu dämpfen oder zu verstärken, um Ihren Fortschritt bei der Erreichung des angestrebten Personal Business Model zu beschleunigen.

»Die meisten Erwachsenen erkennen Ihre Stärken und Schwächen, wenn sie ehrlich mit sich selbst sind«, sagt Dennis. »Entscheidend ist, die persönlichen Stärken zu identifizieren, die Ihnen bei der Erreichung Ihres Ziels helfen können, und sie zu Verstärkern Ihrer Entwicklung zu machen. Wenn Sie beispielsweise ein sehr organisationsstarker Mensch sind, organisieren und strukturieren Sie Ihr Lernen und das Sammeln von Erfahrungen bis ins Detail.« Identifizieren Sie auf der anderen Seite auch Persönlichkeitsmerkmale, die Ihrer Entwicklung im Wege stehen, rät Dennis. »Wenn Sie beispielsweise dazu tendieren, die Dinge auf die lange Bank zu schieben, ›dämpfen‹ Sie diese Tendenz durch eine Gegenmaßnahme, etwa indem Sie sich von jemand anderem antreiben und erinnern lassen oder sich dafür belohnen, Aufgaben zeitgerecht zu erledigen«, sagt er.

Zum Beispiel fand Karen heraus, dass ihr Hang zum Perfektionismus ihr beim Erstellen einer ausführlichen Personal Strategy Canvas und

des persönlichen Entwicklungsplans gute Dienste leistete. Gleichzeitig bemühte sie sich, ihre Tendenz zu geschlossenen Fragestellungen zu verringern, und begann, in den täglichen Gesprächen mit anderen bewusst das Stellen offener Fragen zu üben.

Mentale & körperliche Fitness

Mentale oder körperliche Probleme – zum Beispiel Übergewicht, zu viel Stress oder eine negative persönliche Beziehung – können Ihre Entwicklung verlangsamen. Beschreiben Sie alle mentalen oder körperlichen Probleme, unter denen Sie leiden, in diesem Baustein, und listen Sie Tätigkeiten auf, um sie zu überwinden. Karen wusste, dass sie ihre persönliche Fitness verbessern musste. Als Buchhalterin arbeitete sie größtenteils im Sitzen. Als Beraterin dagegen, das wusste sie, würde sie viel mehr Zeit vor Ort mit den Klienten verbringen und mehr Energie und körperliche Belastbarkeit brauchen. Sie begann daher mit einem mäßigen, aber kontinuierlichen morgendlichen Trainingsprogramm.

Finanzielle Fitness

Geldsorgen durchkreuzen die Effektivität. Wenn Ihr Einkommen zu gering ist oder Sie zu viele Schulden haben, werden Sie aktiv! Manche Arbeitgeber bieten Unterstützung durch vertrauliche Arbeitnehmerunterstützungssysteme an. Sie können es auch bei einer externen Beratungsstelle versuchen oder mit Ihrem Chef über eine Gehaltserhöhung verhandeln. Finanzielle Fitness ist entscheidend, um Ihr Soll-Modell zu erreichen – und sie verbessert sich sogar noch, wenn Sie an den oberen Bausteinen arbeiten.

Netzwerk

Das ist der wichtigste Baustein von allen, und Sie werden ihn kaum in irgendeinem beruflichen Entwicklungsplan finden. Beschreiben Sie hier Möglichkeiten, mit neuen Personen oder Gruppen in Verbindung zu treten. »Wir leben in einer verknüpften, schnelllebigen, sich rasch weiterentwickelnden Welt«, sagt Dennis, »und wenn Sie sich verändern wollen, muss sich auch Ihr Netzwerk verändern. Es wird sich ändern – und es wird Sie verändern.«

Wand mit Business Model Canvas

Wollen Sie beispielsweise Rechtsanwalt werden, machen Sie Bekanntschaft mit Anwälten. Sie beschleunigen die Reise zu Ihrem Personal Business Model der nächsten Generation, wenn Sie sich Netzwerken anschließen, die

- Ihnen auf schnellstmögliche Weise Wissen vermitteln,
- Ihnen helfen, auf effektivste Weise Kompetenzen und Fähigkeiten zu entwickeln,
- Ihre Persönlichkeit in den richtigen Bereichen verstärken oder abdämpfen,
- Sie in den Kontext Ihres Soll-Modells setzen (der überwiegende Teil neuer Arbeit wird über Netzwerke gefunden und nicht über formelle Bewerbungen).

Ihre neuen Netzwerkkontakte können ebenso privat wie beruflich sein. Und neue Menschen kennen zu lernen ist oft hilfreich zur Überwindung von Schwierigkeiten in den unteren Bausteinen: mentale, körperliche und finanzielle Fitness. Wo können Sie hilfreiche Netzwerke finden, die Ihnen als Brücke zu Ihrem Soll-Modell dienen? Denken Sie darüber nach, und machen Sie neue Entdeckungen.

Karen trat Gruppen bei Meetup und LinkedIn bei und lernte einen Consultant kurz vor der Pensionierung kennen, der ihre beruflichen Kreise erweiterte und zu einem starken Mentor wurde.

»Bei uns muss jeder Beschäftigte mit unter einem Jahr Berufserfahrung diese Personal Strategy Canvas zeichnen und erhält dann die Gelegenheit, sie mit einem Coach durchzugehen und die Personal Strategy Canvases anderer Mitarbeiter als Coach zu begutachten«, sagt Dennis. »Weiterentwicklung heißt nicht nur formelle Beförderung – es geht darum, in seinem Beruf besser zu werden. Die Organisationen werden flacher, das heißt, Wachstum erfolgt in Berufen und nicht in Positionen.«

Resultate: stärkere Mitarbeiterbindung, Kundenzufriedenheit

Der Net Promoter Score von EIFFEL, ein Messwert für die Kundenzufriedenheit, hat sich laut Dennis um 20 Prozent verbessert, seit das Unternehmen damit begonnen hat, persönliche, Gruppen- und Unternehmensgeschäftsmodelle miteinander in Einklang zu bringen. Gleichzeitig ist die Mitarbeiterfluktuation um 6 Prozent gesunken.

Das Unternehmen ist auch wieder in der soliden Gewinnzone gelandet. Dennis ist überzeugt, dass die Verbesserungen auf selbstbestimmtere und engagiertere Mitarbeiter zurückzuführen sind. »Sie haben es verstanden«, sagt er. »Sie sind sich dessen bewusst, dass sie ihre eigenen Karrieren vorantreiben.«

Der Nachteil?

»Das Business-Model-Denken ist nicht jedermanns Sache«, sagt Dennis. »Ich erzähle meinen Bewerbern immer, dass es so ähnlich ist, wie einen Mantel zu kaufen. Wenn er passt, trag ihn. Wenn er nicht passt, werd ihn los und such einen, der passt. Doch dieses Modell ist die Sprache, die wir verwenden. Man muss sie also lernen, wenn man in unserem Team mitspielen will.«

EIFFEL hat einen gänzlich anderen Ansatz bei der Arbeit im Personalwesen: einen, der den Angestellten die Verantwortung dafür überträgt zu definieren, was sie zu den Leistungen des Teams beisteuern wollen – und wie sie sich dabei selbst weiterentwickeln. Jetzt experimentiert die weltweit größte Wirtschaftsprüfungsfirma PricewaterhouseCoopers (PwC) in dieselbe Richtung. Im nächsten Fallbeispiel werfen wir einen Blick auf die Mission von PwC, die traditionelle Welt der Personalwirtschaft neu zu erfinden.

Die Neuerfindung der Personalwirtschaft

Riccardo Donelli

»Es ist nicht der einfachste Weg, wenn die Mitarbeiter ihren eigenen Leistungsbeitrag definieren müssen, aber er hat das Potenzial, enorme positive Energie freizusetzen und einen starken Wettbewerbsvorteilzuerzielen«, sagtRiccardo Donelli, ein 46-jähriger Personalexperte, der für die Serviceabteilung Mitarbeiter & Organisation bei PricewaterhouseCoopers Advisory (PwC) arbeitet. »Deshalb war ich überzeugt, dass das Business Modeling eine neue Methode der Teamführung darstellen kann und letztlich die Bereitschaft der Leute erhöht, im Unternehmen zu verbleiben, im Gegensatz zu einer einfachen Erhöhung der Gehälter oder anderen ›harten‹ Vorteilen.«

Riccardos Mission ist es, die traditionelle Welt der Personalwirtschaft neu zu erfinden. Und er ist davon überzeugt, dass der erste Schritt darin besteht, intern neue Methoden auszuprobieren.

Nachdem ihn die Idee fasziniert hatte, Business Models in der Personalarbeit einzusetzen, beschloss Riccardo, den Prozess bei PwC mit seiner eigenen Gruppe von 25 Personalberatern zu testen. Dabei verfolgte er zwei Ziele: 1) das Potenzial der Methode für die Verwendung bei PwC-Klienten einzuschätzen und 2) die Zufriedenheit und Leistung seines eigenen Teams zu steigern – insbesondere im Hinblick auf Mitarbeiterengagement und -bindung.

»Im Consulting gibt es einen extrem großen Konkurrenzkampf um das Anwerben und Behalten von talentierten Leuten«, erklärt Riccardo. »Tag für Tag versuchen Deloitte, EY, KPMG, PwC und Accenture, einander die guten Berater wegzuschnappen. Es ist ein knallharter Markt, und das Gehalt ist dabei nur ein Faktor. Ich glaube, wir müssen die individuelle Perspektive verstehen und den Leuten bewusst machen, dass ein Mitarbeiter hier bei PwC Raum erhält, um das zu entwickeln, was ihm persönlich wichtig ist.

Was Beschäftigte und Berufslaufbahnen angeht, erleben wir hier tagtäglich die Bedeutung der ›digitalen Revolution‹. Diese Revolution beginnt mit den Menschen, von unten nach oben. Das hat kaum etwas zu tun mit der traditionellen Top-down-Methode, eine Personalstrategie zu bestimmen und dann ein Change-Management-Programm einzuführen. Die Mitarbeiter haben Zugang zu allen Informationen, die sie für die Entwicklung ihrer Karriere brauchen, und sie können kostenfreie Tools nutzen, um ihren Weg zu finden und diesen Informationen Bedeutung zu verleihen – und um sich miteinander zu vernetzen.

Beschäftigte jeden Alters und jeden Naturells können auf mehr Chancen zugreifen und ihr eigenes Leben besser gestalten, sowohl beruflich als auch privat.

Mehr und mehr bedeutet dies, dass berufliche Laufbahnen von Individuen gestaltet werden und gestaltet werden sollten, die ihre eigenen beruflichen und persönlichen Entwicklungsziele festlegen, unabhängig davon, was die Organisation für sie vorgesehen hat. Als Individuum wähle ich den Arbeitsplatz, der mir die größte Bandbreite an Möglichkeiten für meine persönlichen Ziele bietet.«

Das bedeutet, dass Unternehmen – und Consultingfirmen sind da ein sehr gutes Beispiel – ihre Vorgehensweise im Karrieremanagement vollständig neu gestalten sollten und sich von strukturierten, vorgeschriebenen Berufslaufbahnen auf flexible Möglichkeiten verlegen sollten.

Dieser Standpunkt setzt eine andere Beziehung zwischen Individuum und Organisation voraus. Wir könnten sie als ›umgedrehte‹ Beziehung bezeichnen, und zwar insofern, als sie damit beginnen muss, dass die Organisation die individuellen Ziele akzeptiert und positiv darauf reagiert – selbst wenn diese Ziele letztlich darauf hinauslaufen, dass die Organisation verlassen wird – und mehr Möglichkeiten bereitstellt, um diese Ziele in Einklang mit der Organisationsstrategie zu erreichen.«

Riccardo hat anderthalb Tage eingeplant, um sein Beraterteam mit dem Personal und dem Team Business Model vertraut zu machen. Das Seminar hat er in vier Abschnitte eingeteilt.

1. Das Personal Business Model entwerfen (Ich)
Nach einer Einleitung zum Thema Business Modeling zeichneten die Consultants ihre persöhnlichen Ist- und Soll-Modelle, wobei Riccardo sie ermunterte, bei der Gestaltung ganz frei vorzugehen und auch persönliche Ziele mit einzubeziehen. Dann bat er sie, sich in Dreiergruppen zusammenzuschließen und einander bei den gegenwärtigen Schwachstellen und den angestrebten Zielen zu coachen. Jeder Teilnehmer übernahm dabei abwechselnd die Rolle des Coaches, des Gecoachten und des Beobachters.

2. Von der persönlichen zur Teamperspektive wechseln (Ich zu Wir)
Riccardo stellte das das Teammodell seiner Abteilung und die Alignment Canvas vor. Dann bat er die Teilnehmer, ihre Personal Models dem Team Model gegenüberzustellen und für jeden Baustein festzulegen, was sie persönlich zum Gruppenmodell beisteuerten. Schließlich forderte er sie auf, die Übereinstimmung zwischen ihrem Personal Model und dem Team Model einzuschätzen. Stimmte ihre Bereitschaft, etwas zu tun – und ihre Bereitschaft, etwas zu verbessern – mit dem überein, was die Organisation von ihnen erwartete? Falls nicht, wie ließ sich das ändern? Wie könnte sich die Organisation verändern?

3. Die persönliche Strategie umreißen
Riccardo stellte die Personal Strategy Canvas vor (Seite 168 ff.) und bat die Teilnehmer dann, sie auszufüllen und Aktivitäten miteinzubeziehen, die PwC unternehmen könnte, um ihnen bei der Erreichung ihrer Ziele zu helfen.

4. Bestimmte Veränderungen vorschlagen
Die Teilnehmer entwickelten vier Initiativen, die entweder 1) mit einer Verbesserung des Arbeitsalltags oder 2) mit einer Steigerung der Team-Wettbewerbsfähigkeit, der Profitabilität und der Effektivität der Personalauswahl zusammenhingen. Als Nächstes teilten sie sich in vier Gruppen auf und erarbeiteten und gewichteten Handlungspläne für jede Initiative. Dann trafen sie eine Auswahl und begannen mit derjenigen zu arbeiten, die sie für die wertvollste erklärt hatten.

Unmittelbare Ergebnisse

Die Business-Model-Sitzungen fanden an einem Donnerstag und einem Freitag statt. Bis zum darauf folgenden Montag hatten Riccardo und sein Team bereits eine der Initiativen umgesetzt. »Der Unterschied beim Montags-Meeting war eindeutig«, sagt Riccardo. »Die Stimmung in der Gruppe war aufgeräumt, und sie übte die Aktivität, die sie für eine Veränderung ausgewählt hatte, mit einer neuen Vorgehensweise aus: wöchentliche Personalplanung.«

»Die Personalplanung ist ein entscheidender Geschäftsvorgang für eine Consulting-Firma«, erklärt Riccardo. »Man hat mehrere Projekte gleichzeitig laufen, und man muss ständig Leute mit verschiedenen Projekten beauftragen auf Grundlage ihrer Qualifikation und Verfügbarkeit, der jeweiligen Projektpriorität, dem Ort, der Logistik und anderer Faktoren. Das ist ein komplexer, mühevoller Prozess, der bei jedem Beratungsunternehmen chaotisch abläuft, weil eine präzise oder mathematische Vorausplanung unmöglich ist. Bei unseren Sitzungen kam heraus, dass die Personalplanung für alle eine unangenehme Angelegenheit war, sowohl für die jungen als auch für die erfahreneren Berater. Sie hatten das Gefühl, wie Pakete von einem Projekt zum nächsten geschickt zu werden, ohne die Gründe dafür zu kennen. Es gibt natürlich Gründe, aber die sind nicht leicht zu verstehen. Unser regelmäßiges montägliches Personalplanungs-Meeting lief nicht gut.«

Die Personalplanung warf noch ein weiteres Dilemma auf: Sollte sie von oben nach unten oder von unten nach oben vorgenommen werden?

»Von oben nach unten ist leicht, weil ich einfach entscheiden und Anweisungen erteilen kann«, sagt Riccardo. »Aber ich kann nicht immer alle Informationen parat haben oder die entscheidenden Fakten über jedes Projekt kennen, und die Planung muss jede Woche vorgenommen werden. Von unten nach oben ist also besser. Der Bottom-up-Ansatz kann allerdings für endlose Diskussionen zwischen den Projektmanagern sorgen. Dieses sehr praxisbezogene, geschäftsrelevante Problem zeigte sich in aller Deutlichkeit während der Personal-Modeling-Sitzung. Das Team beschloss daher, einen Koordinator für den Prozess, die zu verwendenden Tools, die weiterzugebenden Informationen und die gültigen Schlüsselprioritäten zu bestimmen.«

Die Sitzungen zum Personal Business Modeling rückten das Kernproblem in den allgemeinen Blickpunkt: einen hohen persönlichen Einsatz in Bezug auf das Privat- und Familienleben. »Jeder, vom frisch eingetretenen bis zum langjährigen Mitarbeiter, erkannte das als Problem«, sagt Riccardo. »Jeder sagte: ›Ich hätte gerne mehr Zeit für mich selbst‹. Und als wir das während der Personal-Modeling-Sitzung besprachen, waren sich alle einig, dass mehr Zeit für sich selbst in hohem Maße von einer effizienteren Personalplanung abhing. Unser gegenwärtiger Personalplanungsprozess kostete alle wertvolle Zeit. Uns wurde bewusst, dass die Leute sich nicht willkürlich über Personalfragen stritten; alle waren in derselben Lage.«

An dieser Stelle erlebte Riccardo die Wirksamkeit des Personal Modeling bei einer besseren Teamzusammenarbeit. »Alle vier Initiativen gingen von der Perspektive des Personal Business Modeling aus«, sagt er.

»Der Wert der Ich-und-Wir-Modeling-Sitzungen bestand darin, eine andere Beziehung zwischen den Einzelnen, der Gruppe und der Organisation herzustellen. Sie bestärkten die Vorstellung, dass jeder beim Festlegen seiner Ziele und der Strategien zu ihrer Erreichung unternehmerisch denken sollte, aber auch die Tatsache, dass diese spezielle Organisation – und dieses Team – vielleicht der bestmögliche Ort waren, um sie zu erreichen.«

Was halten Consultants, die für die weltweit größte Wirtschaftsprüfungsfirma arbeiten, von diesem Ansatz? »All meine Mitarbeiter sind Personalexperten, deren Arbeit darin besteht, Personalleiter in diesen Angelegenheiten zu beraten. Sie wissen also, wovon sie reden«, sagt Riccardo. »Im Prinzip waren alle 25 Teilnehmer der Meinung, das wäre ein toller Service, den wir auch anbieten könnten. Es war ein großes organisationsbezogenes Aha-Erlebnis für uns.«

Was Riccardo gelernt hat

- Erwachsene Menschen können herausfinden, was falsch läuft, und gemeinsam etwas dagegen unternehmen. Geben Sie ihnen die Chance dazu!
- Anderthalb Tage für die ursprüngliche Aufgabe waren nicht ausreichend. »Ich hätte mindestens zwei, wahrscheinlich sogar drei Tage einplanen sollen«, sagt Riccardo.

Was Sie Montagmorgen mal ausprobieren können

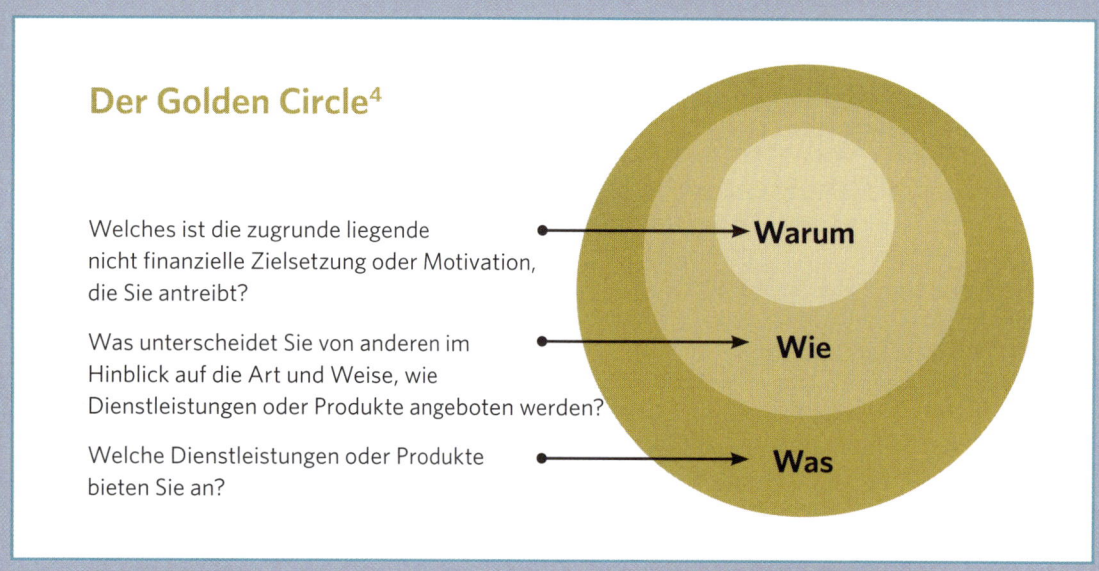

Der Golden Circle[4]

Welches ist die zugrunde liegende nicht finanzielle Zielsetzung oder Motivation, die Sie antreibt? → **Warum**

Was unterscheidet Sie von anderen im Hinblick auf die Art und Weise, wie Dienstleistungen oder Produkte angeboten werden? → **Wie**

Welche Dienstleistungen oder Produkte bieten Sie an? → **Was**

Das *Warum* definieren[5]

Das ist eine echte Herausforderung: Verwenden Sie die unten stehende Tabelle, um das *Was*, das *Wie* und das *Warum* für Ihr Unternehmen, für Ihr Team und für sich selbst zu definieren. Das *Was* Ihres Teams und Ihres Unternehmens sollten einfach sein: das sind die angebotenen Dienstleistungen und/oder Produkte. Auch das *Wie* dürfte nicht allzu kompliziert sein: Ihr Geschäftsmodell zeigt, wie Dienstleistungen und/oder Produkte vermittelt werden. Doch das *Warum* kann knifflig sein. Ein Tipp: Beschreiben Sie das Wertangebot Ihres Unternehmens. Wie hängt es mit dem Existenzgrund Ihrer Organisation zusammen?

	Unternehmen	Team	Sie
Was			
Wie			
Warum			

Die nächsten Schritte

In diesem Kapitel haben Sie erfahren, wie drei verschiedene Organisationen Personal Business Models *(Ich)* mit Team Business Models *(Wir)* koordiniert und damit eine Weiterentwicklung der Gruppe sowie eine bessere individuelle Selbststeuerung ermöglicht haben. Sorgen Sie für ein bisschen eigene Lernpraxis, indem Sie die Übung *Was Sie Montagmorgen mal ausprobieren können* durchführen.

Die nächsten Schritte: In Kapitel 7 erfahren Sie, wie Spartan Specialty Fabrications, ein mittelständischer Vorreiter in einer traditionellen Branche, sich um eine Koordination seiner Abteilungen bemüht hat und gleichzeitig gegen häufige Ereignisse vorging, die Personal Business Models, Team Business Models oder Enterprise Business Models störten. Diese Störkräfte werden Ihnen bekannt vorkommen – Sie haben vermutlich mindestens eine davon schon selbst erlebt.

Sie werden Lianne kennen lernen und entdecken, wie ihr Team, die Teams ihrer Kollegen und Spartan selbst sich darum bemühten, *Wir* und *Wir* miteinander abzustimmen – und wie sie gemeinsam schließlich ein besseres Unternehmen geschaffen haben.

Kapitel 7

Wir und *Wir* miteinander koordinieren

Das folgende Fallbeispiel zeigt, wie die in den vorangegangenen Kapiteln beschriebenen Tools verwendet wurden, um schwierige Probleme am Arbeitsplatz zu lösen.[1] Beachten Sie, dass Business Models zum Einsatz kamen, und zwar nicht, um die Strategie neu zu gestalten, sondern um 1) klarzustellen, was Teams tun und warum, und 2) dafür zu sorgen, dass die Arbeit selbst das Verhalten der Menschen steuert und nicht die Persönlichkeit oder Taktik.

Der Mentor

»Hier ist meine neue Karte, Lianne. Ich helfe jederzeit gerne aus. Freut mich, dass ich als interner Consultant noch ein bisschen bleiben kann. Ich weiß gar nicht, was ich als Rentner anfangen sollte.« Der ältere Mann lachte und nippte an seinem Espresso.

Lianne Amsden nahm die Karte und las:

»Also, vielen Dank noch mal, Boris. Ich wünschte, Sie wären immer noch mein Chef. Bis Montag dann!« Lianne schob

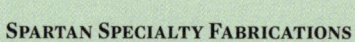

die Karte in ihre Tasche, brachte ihre Tasse zurück, zahlte die Rechnung und ging zum Auto. Als sie vom Parkplatz des Cafés fahren wollte, drehte sie das Lenkrad plötzlich nach rechts statt nach links. *Bei dem Gewinn, den ich der Firma einbringe, kann Spartan es sich auch mal erlauben, mich eine Stunde früher nach Hause gehen zu lassen,* dachte sie. Während der 20-minütigen Heimfahrt dachte sie über Boris' Rat nach – und über ihre eigene Zukunft mit ihrem Arbeitgeber: Spartan Specialty Fabrications.

Spartan Specialty Fabrications war eine jahrhundertalte »Schmiedehammer«-Firma, wie Boris und die Älteren gerne sagten. Sie stellte große, speziell angefertigte Eisen- und Stahlkonstruktionen her: Schottwände, Brücken, 20 Meter hohe Container für Atomkraft-

werke, meterdicke Türen für Waffenlager und andere Komponenten, die eine einzigartige Kombination aus Präzision, Qualität und Größe erforderten. Lianne war in dieser Welt eine Seltenheit: eine Ingenieurin, die morgens mit den Schweißern in der Fabrikhalle sprach und nachmittags vor den Inspektoren der Atombehörde eine Präsentation hielt.

Zu Beginn ihrer beruflichen Laufbahn als Maschinenbauingenieurin bei der Hafenverwaltung hatte Lianne ihre Faszination für riesige Brücken und Schanzkleidkonstruktionen entdeckt. Einige Jahre später fing sie bei Spartan an, einem der Zulieferer, die sie als Inspekteurin der Hafenverwaltung kontrolliert hatte. Erst arbeitete sie in der Schiffsbauabteilung von Spartan, dann in der kommerziellen Produktion, schließlich mit einem neuen Team, das für die Herstellung von Bauteilen für die gesetzlich stark reglementierte Atomindustrie zuständig war. Dort wurde Boris Latchaw ihr Vorgesetzter. Boris wurde zudem Liannes Mentor und ein willkommener Unterstützer ihres Vorankommens innerhalb der testosteronlastigen Unternehmenskultur von Spartan – bis gesundheitliche Schwierigkeiten ihn zum Aufhören zwangen. Zum Glück hatte der CEO von Spartan Boris überreden können, noch ein Jahr als freier interner Consultant zu bleiben.

Damals übernahm Lianne die Führung der Atomindustrieabteilung und damit fingen die Schwierigkeiten an.

Die Reorganisation

Boris hatte das Nukleargeschäft von Spartan als kleines, spezialisiertes »Produktteam« eingeführt und war direkt dem CEO unterstellt. Nachdem Boris Lianne eingestellt hatte, stiegen die Verkaufszahlen an, was sich zum großen Teil Liannes umfassenden Gesetzeskenntnissen verdankte. Als gesundheitliche Probleme Boris zwangen, eine sechsmonatige Pause einzulegen, drängte er daher darauf, dass Lianne das Nuklearteam übernahm – und damit die erste weibliche Vorgesetzte bei Spartan wurde.

Die anderen Spartan-Führungskräfte argumentierten – zu Recht –, dass es Lianne über das Projektmanagement hinaus an Führungserfahrung fehle. Zu ihnen gehörte auch der Geschäftsführer Damian Glynn, der außerdem den Bereich Kommerzielle Produktion leitete. Die Kommerzielle Produktion stellte alles für Infrastrukturbaumaßnahmen her, von Brückenteilen bis zu Ölbohrinseln.

Am Ende wurde Lianne zur Leiterin der Nuklearabteilung befördert. Doch aus Rücksichtnahme auf jene, die fanden, sie brauche mehr Führungserfahrung, wurde ihr Nuklearteam zu einer Unterabteilung gemacht, die Damians Kommerzieller Produktion unterstellt war.

Dem lag eine doppelte Logik zugrunde: 1) Damian verfügte über umfassende Führungserfahrung in der Produktion, und 2) die Nuklear- ähnelte der Rüstungsabteilung, einem weiteren Team mit einem sehr einheitlichen Kundenstamm, das ebenfalls der Kommerziellen Produktion unterstellt war. Auf dem Papier ergab die Reorganisation also Sinn. In der Praxis jedoch war sie eine Katastrophe.

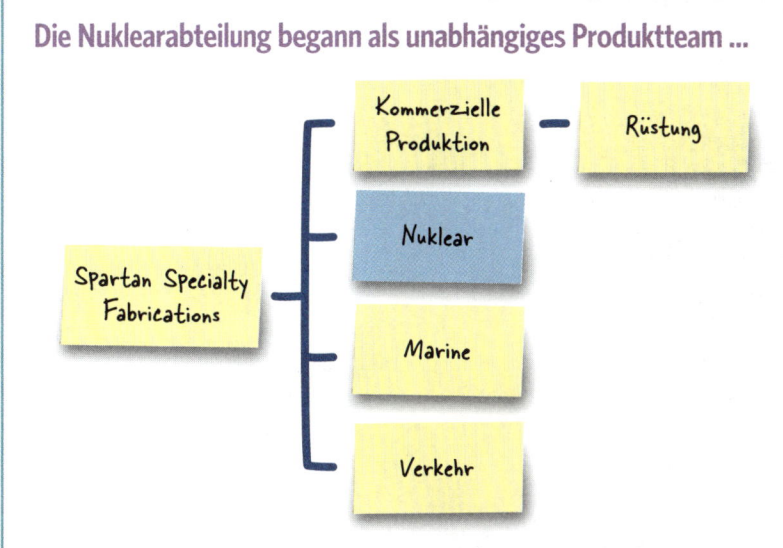

Die Nuklearabteilung begann als unabhängiges Produktteam ...

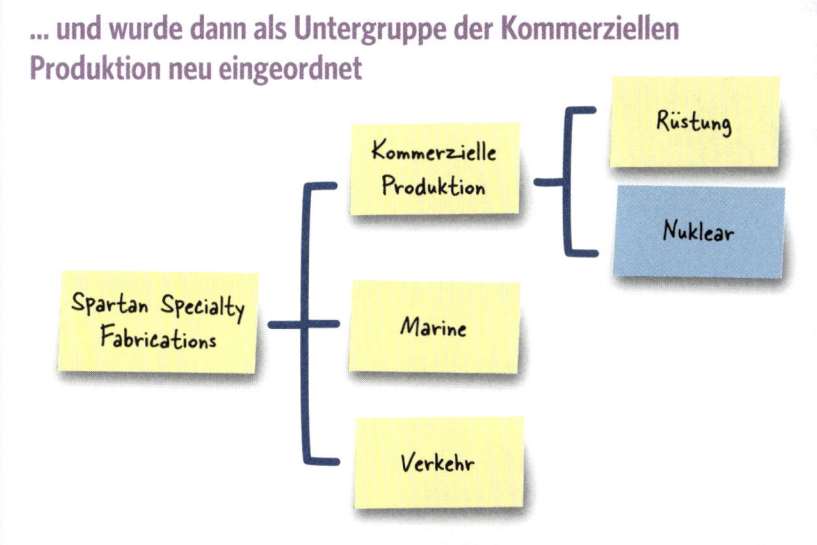

... und wurde dann als Untergruppe der Kommerziellen Produktion neu eingeordnet

Heavy Metal trifft auf New Wave

Lianne konnte sich noch lebhaft an die mangelhaft durchgeführten Leistungsüberprüfungen ihrer vorherigen Vorgesetzten erinnern – wenn sie sich überhaupt die Mühe gemacht hatten, welche durchzuführen. Boris war die einzige Ausnahme gewesen.

Jetzt war sie selbst Chefin, und Lianne war entschlossen, es besser zu machen. Sie machte wochenlang Überstunden (und arbeitete sogar einen oder zwei Samstage), um dafür zu sorgen, dass alle ihre Mitarbeiter bis zur Deadline im Februar persönliche Gespräche hatten und eine umfassende Leistungsbeurteilung bekamen. Bei der letzten Vorstandssitzung verkündete sie leise, aber stolz die Vollendung dieser wichtigen Arbeit: direkt nach Damian, dem Sitzungsleiter, der berichtet hatte, dass keine seiner eigenen Leistungsbeurteilungen fertig geworden sei.

Damian reagierte auf Liannes Erfolg mit dem nur allzu bekannten Sarkasmus. »Tja, sieht so aus, als hätten einige Leute nicht genügend *richtige* Arbeit zu erledigen!«, sagte er und entlockte einigen an-

deren Teilnehmern damit ein leises Kichern. Ohne nachzudenken, schlug Lianne mit der Hand auf den Konferenztisch und knirschte mit den Zähnen. Aber sie schaffte es, eine bissige Antwort für sich zu behalten.

»Dieser Cowboy Damian treibt mich in den Wahnsinn«, klagte sie Boris später. »Wenn der noch einmal seine Schlangenlederstiefel auf den Tisch legt, dann ...«

Boris unterbrach sie. »Beruhigen Sie sich. Das direkte Gespräch mit Ihren eigenen Mitarbeitern hat doch funktioniert. Könnten Sie nicht im selben Geiste der Gelassenheit ein persönliches Gespräch mit Damian führen?«

»Das hab ich versucht«, erwiderte Lianne. »Er hat gesagt, ich hätte keine Ahnung davon, wie die Kommerzielle Produktion funktioniert oder wie Spartan außerhalb meiner ›besonderen kleinen nuklearen Welt‹ läuft. Ich habe ihn daran erinnert, dass unsere Abteilung höhere Gewinne einfährt als irgendeine andere bei Spartan. Das war das Ende unserer Unterhaltung.«

Boris sah einen Augenblick lang nachdenklich aus. Dann sagte er: »Lianne, ich glaube, es ist an der Zeit, dass Sie *Ihren Stil anpassen*.«

Drei Fragen für Lianne

»Sie haben ein paar tolle berufliche Erfolge erzielt«, begann Boris. »Aber sie haben zum größten Teil etwas mit *Abwärts-Management* zu tun: mit dem Führen der Leute, die Ihnen direkt unterstellt sind.« Der Ältere erklärte die drei Fragen und bat Lianne zu beschreiben, wie relevant jede davon für ihre Situation sei.

1. Zeit zum Aufsteigen? *Nein.* Ihre letzte Funktion als Leiterin der Nuklearabteilung war eine wohlverdiente Beförderung, und ihr ehemaliger Boss, der jetzt zum Berater geworden war, war davon überzeugt, dass sie damit zurechtkam. Doch ihre schwierige Beziehung zu ihrem neuen Vorgesetzten Damian erforderte, dass sie sich mit der dritten Frage beschäftigte.

2. Zeit zum Ausscheiden? *Nein.* Lianne hatte eine Kündigung erwogen, aber Spartan zu verlassen fühlte sich nicht richtig an. Sie fühlte sich ihrer Abteilung und der wichtigen Arbeit, für die sie bekannt war, verpflichtet.

3. Zeit zum Anpassen des Stils? *Ja.* Lianne besaß die Qualifikationen, Kenntnisse und Fähigkeiten, die für den Erfolg in ihrer neuen Führungsposition notwendig waren. Aber ihr Vermittlungsstil entsprach nicht den Erwartungen. »Jetzt ist es an der Zeit, *dass Sie Ihren Stil anpassen,* damit Sie mehr Kapazitäten für das *Aufwärts-Management* entwickeln können«, sagte Boris. »Die Herausforderung Ihrer Führungsposition besteht weniger im Erzielen von Ergebnissen und mehr darin, Ihre Ab-teilung mit anderen Abteilungen zu koordinieren – und mit dem Unternehmen.«

Boris erklärte ihr das fünfstufige Karrieremodell und bemerkte, dass Lianne wie die meisten Führungskräfte damit begann, ihre Ausbildung zu testen. Dann entwickelte sie eine Spezialisierung und einen guten Ruf auf der Grundlage ihrer Stärken in Produktionsprozessen, Produktionsplanung und gesetzlichen Auflagen. Doch jetzt war sie auf Stufe drei angekommen: Sie hatte den Sprung zur *Führungsrolle* in ihrem Spezialgebiet gemacht. Ihre berufliche Identität blieb jedoch eng an die Ingenieurwissenschaft gebunden.

Boris schlug vor, dass Lianne ihre berufliche Identität auf das Führen ausweitete. Eine Übung, die er vorschlug, erzeugte ein Aha-Erlebnis. Als sie aufgefordert wurde, über ihre Stellenbeschreibung hinauszudenken, erkannten sie und Boris ihre Stärken als systemische Denkerin: Sie hatte eine ausgeprägte Fähigkeit, die Punkte in komplexen Situationen zu sehen und zu verbinden – und logische, kollaborative Ideen daraus abzuleiten.

»Wenn Sie diese Fähigkeit mit dem Business Modeling kombinieren«, sagte Boris, »erkennen Sie das große Ganze hier bei Spartan – und sind in der Lage, daran mitzuwirken.«

»Ich bin bereit dazuzulernen«, sagte Lianne. »Wie wär's mit einer weiteren Mentoring-Sitzung morgen?«

F1

Ist es Zeit **für einen Schritt nach oben?**

F2

Ist es Zeit **zu gehen?**

F3

Ist es Zeit, **für eine Anpassung des Arbeits-stils?**

Business-Model-Grundlagen

Am folgenden Tag erläuterte Boris die Grundlagen von Enterprise Business Models, Team Business Models und Personal Business Models, dann half er Lianne dabei, das Modell für die Nuklearabteilung zu entwerfen. Die Erkenntnis stellte sich ein, als sie sah, wie die neun Elemente der Canvas miteinander in Verbindung standen. »Damit können wir visualisieren, wie wir als Firma innerhalb einer Firma arbeiten«, sagte sie. »Ich werde mein Team bitten, unser Modell darzustellen.«

Vier Tage später arbeiteten Lianne und vier ihrer Mitarbeiter eifrig an überdimensionalen Canvas-Postern im Konferenzzimmer und zeichneten Ist- und Soll-Modelle der Nuklearabteilung. »Das ist eine tolle Sache!«, rief ein Projektleiter, nachdem die Kollegen fast drei Stunden damit verbracht hatten, ihre Team Business Models zu entwickeln und zu besprechen. »Ich arbeite jetzt seit acht Jahren hier und habe Projekte geleitet, die sich im Millionenbereich bewegten. Aber keiner hat mir jemals unser Business Model erklärt. Warum hat das so lange gedauert?«

»Ich weiß, was Sie meinen«, seufzte Lianne. »Aber Erkenntnisse brauchen eben ihre Zeit. Machen wir mal eine Liste dessen, was wir aus der Analyse unseres Team Model gelernt haben.« Sie ging zum Whiteboard, nahm ein paar Stifte und schrieb die Punkte auf, die ihre Kollegen ihr zuriefen.

»Das werde ich mal dem oberen Management zeigen und ihnen die Augen und Ohren öffnen!«, rief Lianne, als das Meeting dem Ende zuging. Sie fand ihre Arbeit spannender, als sie es in den letzten Monaten getan hatte. Voller Entschlossenheit, Unterstützung für das angestrebte Modell ihrer Nuklearabteilung zu erhalten, rief sie sofort Damians Sekretärin an und vereinbarte einen Termin.

Doch ihr Termin mit Damian war ein Misserfolg.

Baustein	Anmerkungen zum Ist-Modell	Anmerkungen zum Soll-Modell
Wertangebot	Wertangebot: Wir liefern »rechtzeitig und wie vereinbart«. Das ist eine Aktivität, die jeder Verkäufer bietet, kein Wert	Wir bauen einen Ruf auf: Unsere Kunden steigern ihre Glaubwürdigkeit, wenn sie uns als Hersteller in ihren Angeboten aufführen
Kunden	Vages Konzept interner Kunden, Wertangebot für Spartan nicht definiert	Spartan gilt als unser wichtigster interner Kunde. Unser Wertangebot für Spartan ist ein hoher Gewinn
Schlüssel-ressourcen	Übermäßige Abhängigkeit von einigen wenigen Führungskräften mit Fachkenntnissen in Gesetzesvorschriften	Mehr und umfassendere Schulung in Gesetzes- und Sicherheitsvorschriften
Kosten	Ständiger Druck/Sorge über hohe Compliance-(Verwaltungs-)Kosten	Compliance ist eine wesentliche Quelle von Ruf und Einkünften, kein »Verwaltungskram«. Es muss sogar noch mehr darin investiert werden!
Schlüssel-partner	Unabhängiges Denken, heldenhaftes Einzelkämpfertum, Ablehnung gegenüber externen Partnern	Ineinandergreifendes Denken, kollaborative Einstellung »Wir brauchen Hilfe«, mehr Einbeziehung von externen Partnern

Hindernisse für Business Models

Bei ihrer nächsten Mentoring-Sitzung beichtete Lianne Boris das Debakel. »Ich habe das Modell überarbeitet und alles erklärt. Aber nach ein paar Minuten fing er schon an, auf sein Handy zu gucken, um zu sehen, wie spät es ist«, klagte sie. »Vielleicht habe ich ihn mit zu vielen Informationen überrollt und zu wenig Kontext geliefert.«

»Ganz genau, Lianne. Ihre Absicht war gut und Ihr Modell gut beschrieben. Aber was denken Sie über das Timing bei Damian?«

Lianne dachte einen Augenblick nach. »Das war total falsch. Ich hab es überstürzt. Ich wollte ihn mit ins Boot holen, bevor er irgendwelche Hintergrundinformationen über Business Models hatte. Ich habe nur über mein Team gesprochen, nicht über die Beziehung zu seinem. Er hat die Notwendigkeit nicht eingesehen. Für ihn und seine Cowboystiefel war das nur ein weiteres Ärgernis.«

»Vergessen Sie nicht, Sie haben Stunden damit zugebracht, mit mir zu lernen«, sagte Boris. »Damian ist genau wie jeder andere. Er muss erst mal die Grundlagen von Business Models lernen und nicht nur zusehen, wie sie von jemand anderem angewendet werden.« Boris schwieg kurz. »Vielleicht wäre es hilfreich, fünf häufige Hindernisse für Business Models zu betrachten.« Er ging zum Whiteboard und schrieb die folgenden fünf Stichpunkte auf:

- Entwicklungsbedingte Veränderungen (Anpassung an Wachstum, Rückgang, Veränderung, Wettbewerb oder Innovation)
- Fusionen und Übernahmen
- Neue Führung
- Umstrukturierung
- Stellenabbau

»Diese fünf Ereignisse sind Warnzeichen dafür, dass ein Team oder ein Unternehmen sein Business Model überprüfen muss«, sagte er. »Was fällt Ihnen an dieser Liste auf?«

Lianne dachte kurz nach, dann rief sie: »Wir haben es gerade mit zweien davon gleichzeitig zu tun!« Boris lächelte wissend. »Umstrukturierung und neue Führung finden für gewöhnlich zum selben Zeitpunkt statt. Was ist Ihnen an der internen Reaktion bei Spartan auf diese Ereignisse aufgefallen?«

Diesmal antwortete Lianne sofort. »Niemand redet darüber, wie eine Umstrukturierung die Business Models verändert. Alles, was wir bekommen haben, war ein neues Organigramm.« Sie hielt inne. »Die Schmiedehammer-Kultur ist nicht sonderlich selbstbeobachtend. Keiner will darüber sprechen, was im Inneren vor sich geht. Vielleicht ist es zu gefühlsbetont.«

»Zu ›emo‹, wie meine Tochter sagen würde«, erwiderte Boris.

»Zu *mädchenhaft*!«, rief Lianne aus. Mentor und Schützling fingen an zu lachen und konnten minutenlang nicht mehr damit aufhören. Der Ältere gewann seine Fassung als Erster wieder.

»Was sagt das also alles darüber aus, wie man Damian miteinbeziehen kann?«, fragte Boris. Lianne blickte verwirrt drein. »Es gibt noch ein Tool, das hilfreich sein könnte«, sagte er.

Die Lücke erkennen: Innovation vs. Compliance

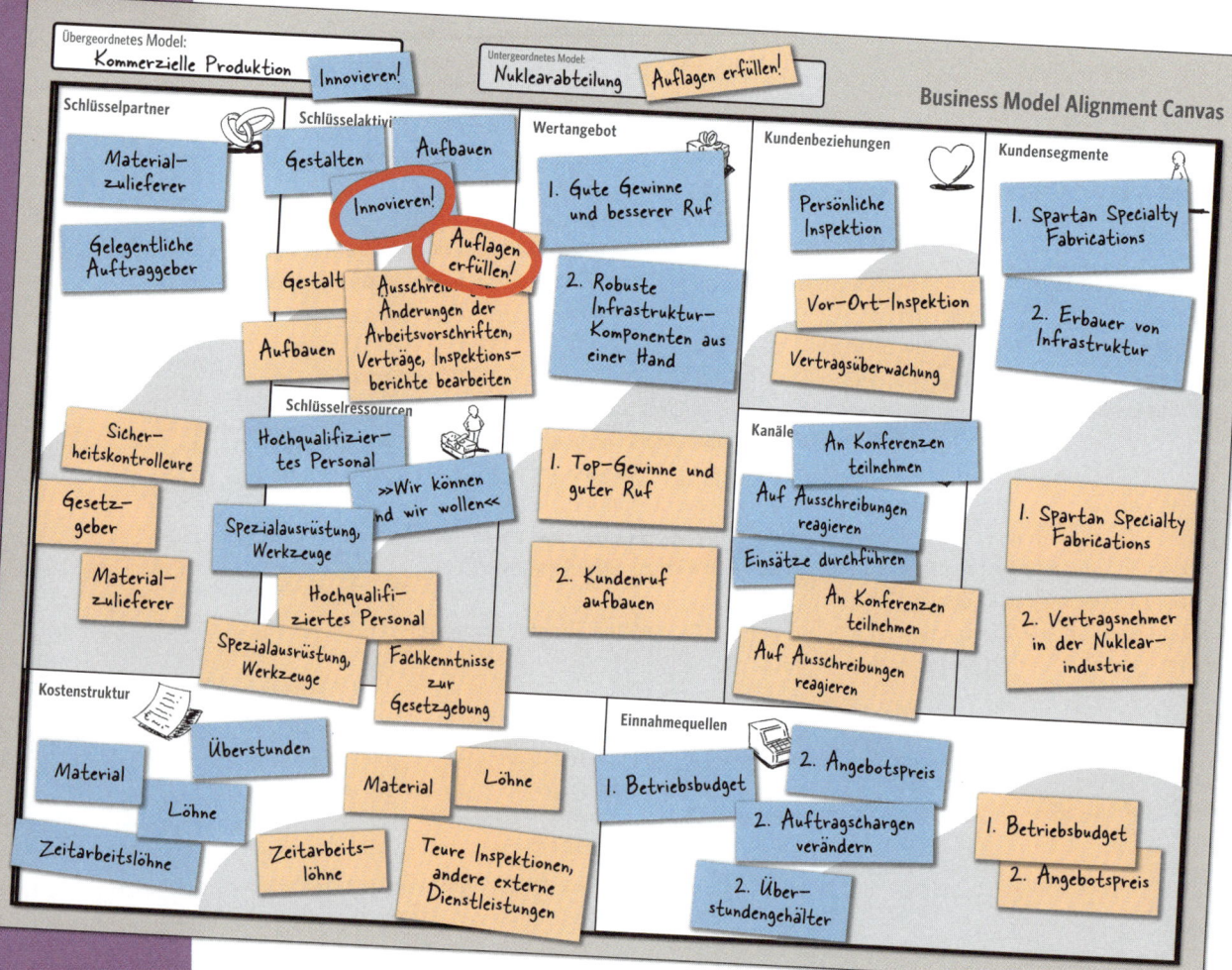

Übergeordnetes Model:
Kommerzielle Produktion   Innovieren!

Untergeordnetes Model:
Nuklearabteilung   Auflagen erfüllen!

Business Model Alignment Canvas

Schlüsselpartner
- Materialzulieferer
- Gelegentliche Auftraggeber
- Sicherheitskontrolleure
- Gesetzgeber
- Materialzulieferer

Schlüsselaktivi...
- Gestalten
- Aufbauen
- Innovieren!
- Gestalt...
- Aufbauen
- Auflagen erfüllen!
- Ausschreibungen, Änderungen der Arbeitsvorschriften, Verträge, Inspektionsberichte bearbeiten

Schlüsselressourcen
- Hochqualifiziertes Personal
- »Wir können und wir wollen«
- Spezialausrüstung, Werkzeuge
- Hochqualifiziertes Personal
- Spezialausrüstung, Werkzeuge
- Fachkenntnisse zur Gesetzgebung

Wertangebot
- 1. Gute Gewinne und besserer Ruf
- 2. Robuste InfrastrukturKomponenten aus einer Hand
- 1. Top-Gewinne und guter Ruf
- 2. Kundenruf aufbauen

Kundenbeziehungen
- Persönliche Inspektion
- Vor-Ort-Inspektion
- Vertragsüberwachung

Kanäle
- An Konferenzen teilnehmen
- Auf Ausschreibungen reagieren
- Einsätze durchführen
- An Konferenzen teilnehmen
- Auf Ausschreibungen reagieren

Kundensegmente
- 1. Spartan Specialty Fabrications
- 2. Erbauer von Infrastruktur
- 1. Spartan Specialty Fabrications
- 2. Vertragsnehmer in der Nuklearindustrie

Kostenstruktur
- Überstunden
- Material
- Löhne
- Material
- Löhne
- Zeitarbeitslöhne
- Zeitarbeitslöhne
- Teure Inspektionen, andere externe Dienstleistungen

Einnahmequellen
- 1. Betriebsbudget
- 2. Angebotspreis
- 2. Auftragschargen verändern
- 2. Überstundengehälter
- 1. Betriebsbudget
- 2. Angebotspreis

»Dieses Tool stellt zwei Business Models einander gegenüber, um Übereinstimmungen zu finden – oder Abweichungen«, sagte Boris. Er rollte ein großes Papier auseinander, klebte es in Liannes Büro an die Wand und erklärte die Grundlagen der Alignment Canvas. »Und jetzt zeichnen Sie die Kommerzielle Produktion als übergeordnetes Modell und die Nuklearabteilung als untergeordnetes Modell ein«, wies der Mentor sie an. Er setzte sich hin und sah zu, wie Lianne die beiden Modelle auf dem Plakat eintrug.

Baustein	Kommerzielle Produktion	Nuklearabteilung
Schlüssel-aktivitäten	Kernbegriff: Innovieren! Fokus auf Entwickeln und Aufbauen von Grund auf	Kernbegriff: Auflagen erfüllen! Fokus auf Dokumentation von Ausschreibungen, Änderungsaufträgen, Gesetzesänderungen, Inspektionen, Bauplanungen
Kunden	Kunden schätzen Innovation, Schnelligkeit und Kosteneinsparungen. Nur geringe gesetzliche Auflagen	Kunden schätzen Compliance, Vorsicht und Orthodoxie. Hohe gesetzliche Auflagen
Einnahme-quellen	Hängt stark von verhandelten Änderungsaufträgen/Überstunden ab. Basierend auf allgemeinen Schätzungen	Vorhersagbare und verlässliche Einnahmen, basierend auf sorgfältiger Kalkulation
Kosten	Geringe Ausgaben für externe Vertragsnehmer; Sicherheitsinspektoren sind bereits auf der Gehaltsliste	Hohe Kosten für externe Vertragsnehmer; Qualitätskontrolleure, Auditoren, spezialisierte Technik-Consultants sind nicht auf der Gehaltsliste
Schlüssel-ressourcen	Minimale Ausbildungsanforderungen. Mitarbeiter aus anderen Spartan-Abteilungen können nötigenfalls hinzugezogen werden	Hohe Anforderungen für Ausbildung in Gesetzes- und Sicherheitsfragen. Fachkenntnis findet sich nirgendwo sonst bei Spartan

Lianne und Boris verglichen die Business Models der Kommerziellen Produktion und der Nuklearabteilung anderthalb Stunden lang. Dann schlug Lianne vor, die wesentlichen Unterschiede zwischen den beiden Modellen aufzuführen. Boris ging zum Whiteboard und griff nach einem schwarzen Stift. Lianne zählte ihre Beobachtungen auf, und Boris schrieb sie nieder.

»Das ist toll«, sagte Lianne. »Und jetzt habe ich auch eine Idee, wie ich Damian ins Boot bekomme.«

Werben mit PINT

Monatelang hatte Lianne Damian gedrängt, zwei weitere Qualitätsingenieure einzustellen. Sie bat um eine dreistündige Besprechung mit ihrem Chef – und musste zwei Wochen darauf warten. *Aber das Warten hat sich gelohnt,* dachte Lianne später.

Bei dem Termin führte Lianne Damian in die Grundlagen der Canvas ein, zeigte ihm ihr Team Model für die Nuklearabteilung und präsentierte ihm anschließend eine Alignment Canvas, bei der das Team Model der Kommerziellen Produktion dem der Nuklearabteilung gegenübergestellt wurde. Schließlich entrollte sie ein großes, handgeschriebenes Dokument. »Boris hat das als Valuable Work Detector bezeichnet«, sagte sie. »Ich nenne es einfach das PINT-Tool.«

»Also, ich muss sagen, ich bin beeindruckt«, gab Damian zu, als sie fertig waren. »Ich erinnere mich an die Canvas aus einem Fortgeschrittenen-MBA-Seminar, das ich vor ein paar Jahren gemacht habe, aber ich dachte, das wäre nur etwas für Start-ups. Und von dem PINT-Tool habe ich gerade zum ersten Mal gehört.« Er blickte einen Augenblick auf seine Stiefel und zögerte, ehe er weitersprach.

»Hören Sie mal, Lianne«, fuhr er fort, »ich habe alle Hände voll damit zu tun, die Kommerzielle Produktion zu leiten, mich um Nuklear und Rüstung zu kümmern und dann noch die allgemeinen Managementaufgaben zu übernehmen. Vielleicht hatte ich Ihre Erfordernisse nicht genügend auf dem Schirm. Aber Sie haben sehr überzeugend dargelegt, warum die Kommerzielle Produktion und die Nuklearabteilung nicht aufeinander abgestimmt sind. Es fühlt

sich ein bisschen an wie eine erzwungene Übereinstimmung.«

Lianne bekämpfte den Impuls, Damian daran zu erinnern, dass er darauf gedrängt hatte, die Nuklearabteilung seiner eigenen Gruppe unterzugliedern. Aber sie sah, dass er sich öffnete, und staunte selbst über die Worte, die ihr aus dem Mund purzelten. »Also, Damian, lassen Sie uns etwas gegen eine Situation unternehmen, die uns beiden nicht gefällt. Wie wär's, wenn wir diese Alignment Canvas bei der nächsten Vorstandssitzung gemeinsam präsentieren und um entsprechendes Handeln bitten?«

Damian verblüffte Lianne mit seiner schnellen positiven Antwort.

»Abgemacht«, sagte er.

Problem oder Potenzial

Umstrukturierungen behindern Team Business Models. Uns fehlten jedoch sowohl vor als auch nach der Umstrukturierung gemeinsame Definitionen unserer Team Models. Handlungen und Ressourcen sind nicht optimal aufeinander abgestimmt.

Erfordernis

Die Anforderungen in Bezug auf Stellenbesetzung und Gehalt unterscheiden sich von denen bei der Kommerziellen Produktion. Die Nuklearabteilung braucht zum Beispiel zertifizierte Qualitätsingenieure, die besser bezahlt werden als die Sicherheitsinspektoren, die von der Kommerziellen Produktion gebraucht werden.

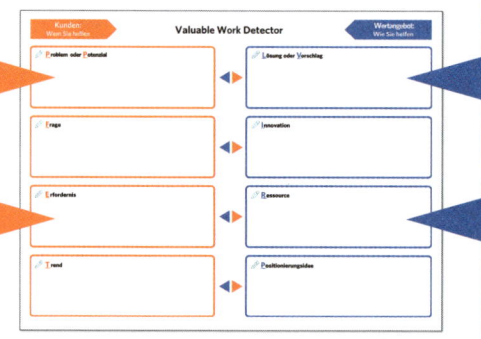

Lösung oder Vorschlag

Kollaborative Definition von und Einigung auf Team Models, die jeder verstehen und teilen kann. Handlungen und Ressourcen entsprechend anpassen.

Ressource

Eine andere Gehaltseinstufung wird dafür sorgen, dass die Nuklearabteilung weiterhin ihre Gewinnziele für Spartan erreicht. Der Erfolg hängt davon ab, diese teureren Fachkräfte einzustellen.

Die anerkannte Methode

Eine Woche später saß Lianne in ihrem Büro und überarbeitete die ersten Entwürfe für Stellenanzeigen, mit denen die neuen Qualitätsingenieure gesucht werden sollten. Sie runzelte die Stirn bei der orthodoxen Stellenbeschreibung, die von der Personalabteilung geliefert worden war. Dann breitete sich allmählich ein Lächeln auf ihrem Gesicht aus, während sie sich ausmalte, wie sie vielversprechenden Bewerbern die Dinge anhand von Business Models erklären würde.

Sie skizzierte ein exemplarisches Personal Business Model, um die Funktion des neuen Qualitätsingenieurs zu charakterisieren, und stellte sich in Gedanken versunken neue Möglichkeiten vor, wie ein solches »Rollenmodell« in eine Stellenanzeige verpackt werden könnte. Wie sollten die Bewerber reagieren? Hmmm ... Plötzlich wurde ihr die Gegenwart einer anderen Person bewusst.

Francis, der CEO von Spartan, stand schweigend in der Tür und wartete darauf, bemerkt zu werden.

Lianne sprang von ihrem Stuhl auf. »Oh! Hallo, Francis!«

»Bleiben Sie doch sitzen«, sagte der ältere Mann. »Ich habe gehört, dass Sie ganz schön großen Einsatz gezeigt haben, und wollte mich nur für Ihre intensiven Bemühungen und die guten Ergebnisse bedanken.«

Lianne nahm seine Worte errötend zur Kenntnis, und Francis brach in schallendes Gelächter aus. »Und was ist das für eine verrückte Sache mit Ihrem ›Modeling‹, von der ich da gehört habe? Ich hoffe, das heißt nicht, dass wir uns demnächst aufbrezeln müssen, ehe wir zur Arbeit gehen!«

»Na ja, doch! ... Also, nein ... Ich meine, wir haben bereits ein paar sehr modebewusste Leute hier«, stotterte Lianne und fiel dann in das Gelächter des CEO ein.

»Wie auch immer, ich freue mich auf Ihre gemeinsame Präsentation mit Damian bei der Vorstandssitzung«, sagte Francis. »Halten Sie einfach Rücksprache mit Samantha und sagen Sie ihr, wie viel Zeit Sie brauchen.« Und damit war er wieder weg.

Lianne konnte ihre Aufregung kaum zügeln. Sie angelte nach ihrem Handy und ließ es fallen. Aus Versehen trat sie mit dem Fuß dagegen, sodass es über den Boden schlitterte. Endlich hob sie es auf und drückte eine Kurzwahlnummer. Einen Augenblick später hörte sie eine vertraute Stimme.

»Boris, ich bin's!«, sagte Lianne. »Könnten wir unsere Freitagssitzung auf morgen vorlegen? ... Gut. Und es könnte ein bisschen länger dauern als normalerweise ...«

Die Schulung der Erklärer

»Danke, dass Sie sich heute die Zeit genommen haben, Boris.« Lianne wuselte in ihrem Büro umher, räumte Papiere von ihrem Schreibtisch und legte Haftnotizzettel, Klebeband und Aufklebepunkte in verschiedenen Farben bereit.

»War mir ein Vergnügen«, sagte Boris. »Das ist eine große Chance. Wie viel Zeit haben Sie für Ihre Sitzung?«

»Ich habe drei Stunden! Eine Sache, die ich von Ihnen – und von Damian – gelernt habe, ist, dass alles andere bei dieser Methode keinen Sinn hat. Niemand würde sonst begreifen, wie sie angewendet werden soll.« Lianne hörte mit dem Aufräumen auf, setzte sich hin und sah ihren Mentor an.

»Klingt gut«, sagte Boris. »Wie wär's, wenn Sie mir schon mal einen kleinen Ausblick auf die Sitzung geben? Denken Sie daran, Sie werden Leute schulen, die das Modeling anderen erklären müssen, auch den CEO – den Chief Explaining Officer!«

Lianne machte es sich auf ihrem Stuhl bequem und gab ihrem Mentor dann einen umfassenden Überblick, wobei sie von Zeit zu Zeit aufsprang, um etwas am Flipchart oder auf den Canvases zu zeigen. Ab und an machte Boris ein paar Vorschläge. Er war sichtlich erfreut über das Wissen und den Enthusiasmus seines Schützlings, besonders in Anbetracht der Tatsache, dass dies ihre erste Managementpräsentation vor der gesamten, ausschließlich männlichen Geschäftsleitung sein würde.

»Sie sind so weit«, sagte Boris. »Ich gebe Ihnen noch ein paar Gedächtnisstützen auf den Weg, die Sie Ihrem Ko-Präsentator mitteilen sollten. Ich glaube nicht, dass Damian im Unterrichten genauso ein Experte ist wie Sie.«

- ›Berühren und mitgehen‹– zeigen Sie, wie Business Models Probleme lösen, welche die Leute persönlich *berühren*, sodass sie mit Ihnen zu etwas Neuem *mitgehen*. Sprechen Sie die Gefühle an, nicht nur den Verstand. »Selbst Cowboys haben Emotionen«, sagte Boris mit einem Augenzwinkern.
- Vermeiden Sie übermäßig lange Präsentationen vor einer Gruppe. Die Teilnehmer sollten den Großteil der Zeit in Gruppen zusammenarbeiten.
- Benutzen Sie Drittobjekte (Canvases, Flipcharts, Grafiken, Haftnotizen etc.), um komplexe Systeme abzubilden. Drittobjekte helfen den Leuten, abstrakte Diskussionen zu vermeiden und sich auf das konkrete Wirken zu konzentrieren.
- Üben Sie eine Technik nach der anderen ein. Verschiedene Techniken in einer einzigen Übung zu kombinieren ist verwirrend.

»Danke, Boris«, sagte Lianne. »Drücken Sie mir die Daumen!

Der Durchbruch

Beim Meeting mit der Geschäftsführung eine Woche später begann Lianne damit, den Begriff »Business Model« zu definieren, und verwendete das dramatische Beispiel der Erfindung des Fotokopiergeräts durch Haloid. Dann gab sie einen Überblick über die Business Model Canvas und ließ die Teilnehmer Gruppen bilden, um eine unterhaltsame, aber erkenntnisreiche spielerische Übung durchzuführen: die Darstellung des Geschäftsmodells von Starbucks. Im Anschluss an die Pause vermittelte Damian das Abbilden des Business Model für die Kommerzielle Produktion durch das Team.

Lianne stellte die Alignment Canvas vor und führte eine Frage-und-Antwort-Runde durch. Wie zuvor vereinbart, machte Damian dann einen »erzählenden Rundgang« durch den Bereich der Kommerziellen Produktion auf der Alignment Canvas und erläuterte jeden Baustein, während er die Haftnotizen auf dem Papier anbrachte. Die Teilnehmer nickten zustimmend, denn seine Gruppe war damit bestens vertraut. Trotzdem hatten sie das Geschäftsmodell noch nie so anschaulich beschrieben gesehen. Diese Anschaulichkeit wurde jedoch noch übertroffen von dem, was sie als Nächstes über die Beziehungen zwischen der Kommerziellen Produktion und der Nuklearabteilung herausfanden.

Lianne begann damit, andersfarbige Notizzettel auf den unteren Teil der Bausteine zu kleben, der ihre Nuklearabteilung repräsentierte, und zu erzählen, wie ihr eigenes Team arbeitete. Doch mitten während ihres Vortrags begannen die Manager, die Stirn zu runzeln und einander fragende Blicke zuzuwerfen, als wollten sie sagen: »Diese Zusammenstellung ergibt doch gar keinen Sinn. Warum wirkt das alles so unzusammenhängend?«

Fragen wurden gestellt, und Liannes Planung für den Rest der Sitzung brach auf die bestmögliche Weise in sich zusammen. Die Leute traten spontan nach vorne, um Haftnotizen anzubringen oder wegzunehmen. Eine lebhafte Diskussion entspann sich in der Gruppe. Niemand achtete auf die Uhr. Nach einiger Zeit klopfte Francis, der CEO, mit einem Löffel gegen sein Wasserglas, bis Ruhe einkehrte.

»Lianne und Damian haben uns etwas sehr Wichtiges gezeigt«, sagte er. »Für uns haben Business Models nichts mit Strategieänderung zu tun. Wir sind ein bewährtes Unternehmen, und wir machen unsere Sache gut.« Im Raum wurde es sogar noch stiller, als Francis sich den beiden Vortragenden zuwandte. »Aber wir brauchen einen gemeinsamen Rahmen, um Probleme zu begreifen – eine präzisere Möglichkeit, unsere Geschäftsabläufe anzupassen. Und wir brauchen eine bessere Zusammenarbeit. Vielleicht haben wir jetzt gefunden, was wir brauchen.«

Lianne mühte sich um einen Ausdruck der Bescheidenheit. Aber innerlich brach sie in Jubel aus wie der Sieger eines Marathonlaufs

Neuorientierung

Zwei Monate waren seit der Führungssitzung vergangen, und heute trafen sich Mentor und Schützling bei Liannes Lieblingsinder. »Das geht auf mich«, hatte sie beharrt. Boris aß sein Tandoori-Hühnchen, während Lianne über eine Reihe von Ereignissen bei Spartan berichtete, die mit erstaunlicher Geschwindigkeit aufeinander gefolgt waren, sehr zu ihrer und Damians Erleichterung.

Erstens hatte Spartan eine neue Geschäftseinheit namens Government Services eingerichtet, die direkt dem CEO unterstellt war. Zu der neuen Geschäftseinheit gehörten die Nuklear- und die Rüstungsabteilung, und Lianne hatte jetzt eine doppelte Funktion: Sie war Geschäftsführerin von Government Services und Abteilungsleiterin der Nuklearabteilung. Ihre Personalanforderungen wurden ebenso ernst genommen wie die jeder anderen Abteilung bei Spartan.

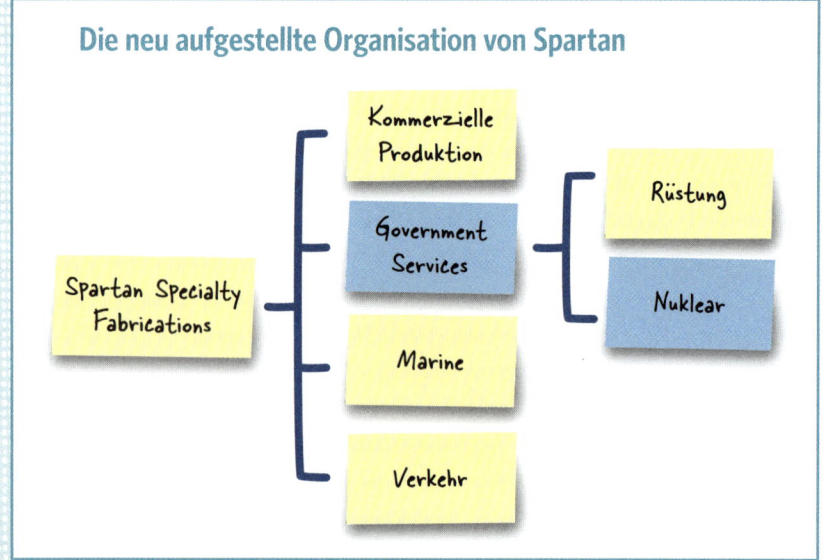

Die neu aufgestellte Organisation von Spartan

Zweitens hatte Francis ein intensives Interesse an Liannes Business-Model-Initiative entwickelt. Wie Francis sagte, half ihre Arbeit, »über unsere üblichen subjektiv geprägten, weitschweifigen Diskussionen hinauszuwachsen, die mehr Streit als tatsächliches Handeln ausgelöst haben«. Besonders angetan war Francis von Liannes Definition interner Kunden und ihrem Appell, dass die Abteilungen von Spartan ein »falsches Gefühl des Abgesondertseins« vermeiden sollten, das kollaborativem Handeln im Wege stehe.

Und schließlich hatte sich Liannes Verhältnis zu Damian drastisch verbessert. Er und Lianne teilten sich mehr Mitarbeiter und arbeiteten zusammen, um die extremen Gewinnschwankungen zu verringern, die für die Kommerzielle Produktion typisch waren. Damian war deutlich freundlicher und respektvoller gegenüber Lianne geworden. Und wenn Lianne sich nicht täuschte, hatte er auch seinen Schuhgeschmack verändert.

»Ich bin so froh, das zu hören«, sagte Boris mit unübersehbarer Zufriedenheit. »Ich nehme an, meine Arbeit hier ist jetzt getan.«

Weitergabe

Drei Tage später, als Lianne gerade an ihrem Schreibtisch saß und die Bewerbungen der aussichtsreichsten Kandidaten für die Stelle des Qualitätsingenieurs durchsah, kam der Leiter der Rüstungsabteilung in ihr Büro. Er lächelte und rieb sich die Hände wie jemand, der sich auf eine leckere Mahlzeit freut.

»Okay, ich bin bereit!«, sagte er.

»Wofür?«

»Ich möchte Sie als meine Mentorin, um mit dem Business Modeling loszulegen. Ich werde auf der Stelle anfangen und nicht darauf warten, dass Spartan eine unternehmensweite Sache daraus macht, obwohl ich nicht überrascht wäre, wenn Francis genau das tut. Ich glaube, dank Ihnen hatten wir alle unsere Aha-Erlebnisse. Sie haben wirklich den Geist aus der Flasche gelassen.«

Lianne lächelte. »Ich gebe gerne weiter, was funktioniert hat und was nicht. Aber zuerst ...« Sie öffnete ihre Schreibtischschublade, wühlte darin herum und zog schließlich eine Visitenkarte hervor. »Rufen Sie Boris an. Und behalten Sie die Karte. Eines Tages werden Sie sie vielleicht weitergeben.«

Die Dinge zum Besseren wenden

Liannes Erfahrung ist ein Beispiel dafür, wie man Team Business Models anwenden kann, um betriebliche Probleme zu lösen. Doch Lianne hat nicht nur konkrete Probleme gelöst, sondern der Belegschaft von Spartan auch einen Anstoß zu mehr Engagement und Übereinstimmung gegeben.

Sie können dasselbe auch in Ihrer Organisation tun. Das nächste Kapitel zeigt Ihnen, wie Sie die Methode anwenden und dabei auf alles zurückgreifen, was Sie bis hierher gelernt haben. Sie werden einen spezifischen Prozess erlernen, den Sie an Ihre eigenen Bedürfnisse anpassen können, illustriert durch Beispiele dafür, wie Führungskräfte in der Versicherungs-, Software- und Technikbranche Business Models verwenden, um die Dinge zum Besseren zu wenden.

Teil IV

Anwendungsleitfaden

Finden Sie heraus, wie andere es gemacht haben und
wie Sie es für sich selbst,
Ihr Team und Ihre Organisation umsetzen können.

Kapitel 8

Anwendungsleitfaden

Die Anwendung von Team Business Models benötigt eine gewisse Vorbereitung, muss aber keine umfassende, unternehmensweite Initiative sein. Dieses Kapitel zeigt Ihnen,

- wie Sie sich auf die Umsetzung von Team Business Models vorbereiten,
- eine schrittweise Vorgehensweise, die Sie an Ihre eigenen Bedürfnisse anpassen können,
- Beispiele dafür, wie drei verschiedene Organisationen Team Business Models angewendet haben, um spezielle Probleme anzugehen.

Machen Sie sich bereit

Ehe es losgeht, lernen Sie von jenen, die diesen Weg vor Ihnen gegangen sind. Hier kommen ein paar hart erarbeitete Tipps auf Grundlage der Erfolge (und Niederlagen!), die Dutzende von Führungskräften bei der Anwendung dieser Methoden in Organisationen erlebt haben, von winzigen Non-Profit-Unternehmen bis hin zu Weltkonzernen.

Stellen Sie Ihre Zielsetzung klar

Seien Sie sich über Ihr Ziel im Klaren. Wollen Sie Business Models lediglich verwenden, um Probleme zu lösen oder Chancen zu nutzen? Oder wollen Sie Business Models benutzen, um das Führungspotenzial zu erweitern und die Kollegen zu selbstbestimmtem Handeln zu ermuntern? Das erste Ziel legt eine Intervention nahe. Das zweite impliziert eine fortlaufende Anwendung und einen fundamentalen Wandel. Business Modeling ist für beides nützlich, und häufig überschneiden sich die beiden.

Zeichnen Sie zuerst Ihr eigenes Modell

Falls Sie es bis jetzt noch nicht getan haben, zeichnen Sie Ihr eigenes Personal Business Model.[1] Das macht Sie mit der Methode vertraut und wird enorm hilfreich dabei sein, Ihre gegenwärtige Position einzuschätzen: Machen Sie die Arbeit, die Sie an diesem Punkt Ihres Lebens machen wollen? Wie würden Sie Ihre Bindung an Ihr derzeitiges Team und die Organisation charakterisieren? Sind Sie bereit, als Vorreiter der Business-Model-Umsetzung mit gutem Beispiel voranzugehen? Das sind essenzielle Fragen. Zeichnen Sie als Nächstes Ihr Enterprise Model und Ihr Team Model. Sind Sie persönlich mit beiden im Einklang? Lassen Sie diesen Schritt nicht aus! Vielleicht denken Sie jetzt: »Ich hab's verstanden, und ich weiß, was dabei herauskäme«, und dann lassen Sie es bleiben. Aber es ist interessant und lehrreich, es zu tun – und es macht sogar Spaß.

Legen Sie ein Ziel fest und sorgen Sie für Zustimmung

Fangen Sie an, indem Sie das Ende im Sinn haben, wie Stephen Covey empfiehlt[2], und sorgen Sie dafür, dass die Teammitglieder sich über das Ziel einig sind. Ohne die Zustimmung der Teilnehmer sind selbst kleinere Veränderungsinitiativen zum Scheitern verurteilt. Wenn es Ihre Absicht ist, ein bestimmtes Problem zu lösen oder eine Gelegenheit zu nutzen, sollten die Mitarbeiter sich einig sein, dass es sich um eine lohnende Herausforderung handelt. Falls Sie eine gut funktionierende Abteilung leiten, besteht Ihr Ziel vielleicht lediglich darin, mit der Methode zu experimentieren, zum Beispiel als eine neue Möglichkeit, die Kollegen zu schulen oder ihnen Orientierung zu verschaffen. In diesem Falle sollten Sie bereit sein, die Ergebnisse Ihres Experiments zu akzeptieren und die entsprechenden Maßnahmen zu ergreifen.

Suchen Sie sich einen Mitdenker

Arbeiten Sie nicht alleine! Suchen Sie sich einen Mitdenker, der Ihnen bei der Gestaltung und Umsetzung hilft. Sie brauchen einen empathischen Kollegen, Mitarbeiter, Personalfachmann, Coach oder Berater, um

Objektivität zu gewährleisten und Ihr Denken herauszufordern. Dieser Gleichgesinnte kann ebenfalls implementieren oder schulen, was Ihnen die Freiheit gibt, sich vollständig in den Prozess mit einzubinden, und zwar eher als Teilnehmer denn als jemand, der außerhalb des Teams steht. Egal wie Sie vorgehen, es wird Sie stärken, einen unterstützenden Verbündeten zu haben.

Heißen Sie das »Risiko« willkommen

Es mag Ihnen riskant vorkommen, als Führungskraft unmittelbare Team- und persönliche Angelegenheiten mit den Beschäftigten zu behandeln. Einige Manager fürchten, der Prozess könne Mitarbeiter dazu veranlassen, die Organisation zu verlassen. Andere haben das Gefühl, sie könnten »die Kontrolle verlieren«. Damit meinen sie häufig: *Wie kann ich denn sicher sein, dass meine Mitarbeiter zu den Schlussfolgerungen kommen, die sie ziehen sollen?* Aber seien wir doch mal ehrlich: *Jede Stelle ist vorübergehend.* Beschäftigte gehen, wenn sie gehen wollen. Wenn Ihr Team oder Enterprise Business Model fehlerhaft ist, sollten Sie das nicht lieber früher als später herausfinden? Sehen Sie es mal andersherum: Ist es nicht riskanter, die Konfrontation mit diesen grundlegenden Problemen zu *vermeiden?*

Praxis statt Plan

Wie bei den meisten neuen Ideen werden einige Kollegen erst mal abwarten und schauen, ob das Team Business Modeling nur wieder irgend so ein Managementtrend ist (der neueste »Plan«). Ihre Skepsis ist durchaus berechtigt: Bis zu 70 Prozent aller Initiativen zur Organisationsumstrukturierung scheitern, sagt ein prominenter Führungs-Consultant.[3] Paul Maricano, der die Mitarbeiterbindung erforscht hat, sagt, dass die Leute Pläne eher als etwas betrachten, das für einen begrenzten Zeitraum ausgeführt wird, und weniger als Vorlagen für eine dauerhafte Verhaltensänderung.[4]

Bleiben Sie flexibel

Arbeitsstätten sind zu verschieden, als dass eine Form der Implementierung überall effektiv sein könnte. Denken Sie daran, dass die Tools lediglich Mittel sind, um wirkungsvollere, bedeutsamere Interaktionen zwischen den Leuten zu erleichtern. Den Canvas-Richtlinien zu folgen zum Beispiel ist hilfreich (und manchmal unverzichtbar, um nicht gegen die Wand zu fahren). Aber lassen Sie die Richtlinien nicht Ihren übergeordneten Zielen im Wege stehen. Wenn etwas nicht funktioniert, gestehen Sie es allen gegenüber ein, und probieren Sie etwas anderes. Wenn Sie Teammitglieder haben, die das Modeling sehr schnell erlernen, bremsen Sie ein bisschen, damit andere in ihrem Verständnis nicht zurückbleiben. Lassen Sie die Schnelleren die anderen coachen, und sorgen Sie dafür, dass Sie besonders in der anfänglichen Lernphase jederzeit zur Verfügung stehen. Einer der zusätzlichen Vorteile beim gemeinsamen Erlernen des Business Modeling ist, dass es Verbundenheit im Team, gemeinsame Entscheidungsfindung und Führungsfähigkeiten fördert.

Birgitte Alstrøm

Grundlegende Vorgehensweise bei der Umsetzung

Sobald Sie die grundlegenden Vorbereitungen getroffen haben, ist es Zeit loszulegen. Der folgende Implementierungsablauf wurde von Birgitte Alstrøm verwendet, die ihre Vorgehensweise als Leiterin einer 25-köpfigen Webentwicklungsabteilung bei Dänemarks nationalem Telekommunikationsanbieter entwickelt und verfeinert hat.

1. Nachdem Sie Ihr Team auf das Business Modeling eingeschworen haben, fangen Sie mit dem Chef an

Sobald Sie Ihr Team darauf eingeschworen haben, das Business Modeling anzugehen, beginnen Sie mit dem Chef. Wenn Sie, Ihre Abteilung, Ihr Vorgesetzter oder Ihre Organisation bereits über Business Models im Canvas-Format verfügen, nutzen Sie diese für die folgenden Schritte. Nur wenige Führungskräfte haben Erfahrung mit Business Models, deshalb geht diese Anleitung davon aus, dass Sie ein Chef sind, der ganz von vorne anfängt.

2. Zeichnen Sie Ihre Personal und Enterprise Business Models (1 bis 2 Stunden)

Suchen Sie sich eine vertrauenswürdige Person, die Sie durch den folgenden Prozess hindurch coacht. Das sollte jemand sein, der Sie gut kennt oder der sich mit dem Personal Business Modeling auskennt, damit er im Verlaufe des Prozesses Ihr Denken formen und herausfordern kann.

Hängen Sie auf die linke Seite einer freien Wand eine nicht ausgefüllte Personal Business Model Canvas und auf die rechte Seite eine Enterprise Business Model Canvas.

Beginnen Sie mit der Personal Canvas auf der linken Seite. Sie können auf eine einzige Canvas sowohl bestehende als auch zukünftige Personal Business Models zeichnen, indem Sie verschiedenfarbige Haftnotizzettel verwenden. Manche Menschen beginnen lieber mit ihrem aktuellen Personal Business Model. Andere wollen zunächst ihr zukünftiges Personal Business Model zeichnen. Wählen Sie den Ansatz, der Ihnen am meisten Schwung verleiht.

Im weiteren Verlauf zeichnen Sie das Enterprise Business Model auf die Canvas rechts (oder verwenden Sie eine bereits ausgefüllte Enterprise Canvas). Bewegen Sie sich zwischen Personal und Enterprise Model hin und her, je nachdem für welche sie gerade Ideen haben. Beschreiben Sie verschiedene Kunden: Ihre Organisation, Ihren Vorgesetzten, eine interne Abteilung oder einen zahlenden Kunden außerhalb Ihrer Organisation.

Fahren Sie so lange fort, bis Sie sowohl Ihre Personal Canvas vervollständigt haben, die nun Ist- und Soll-Modelle zeigt, als auch das Enterprise Business Model Ihrer Organisation.

3. Lassen Sie das Enterprise Business Model gegenprüfen (2 Stunden)

Führen Sie Ihre Enterprise Canvas Ihrem eigenen Vorgesetzten vor, dem strategischen Leiter, dem CEO oder anderen, die sich mit der Organisationsstrategie auskennen. Stimmt Ihr Modell mit ihrem Verständnis des

Unternehmensmodells überein? Welche Veränderungen sind notwendig?

4. Stellen Sie das Business Modeling Ihrem Team vor, zeichnen Sie Ihre Team Business Model Canvas (7 Stunden)

Planen Sie eine Schulung, um Ihrem Team die Prinzipien des Business Modeling beizubringen (wenn Sie Hilfe brauchen, binden Sie einen erfahrenen Moderator ein, um die Schulung zu planen und durchzuführen, damit Sie sich auf die Lernergebnisse konzentrieren und dazu beitragen können). Erläutern, besprechen und zeichnen Sie übungshalber einige Business Models, ehe Sie das Team an der Enterprise Canvas Ihres eigenen Unternehmens arbeiten lassen. Anschließend lassen Sie die Teilnehmer ihre eigenen Personal Business Models erstellen. Zum Schluss zeichnen Sie als Gruppe das Team Business. Jetzt haben Sie eine Enterprise Canvas, eine Team Canvas und Personal Canvases, die miteinander abgestimmt werden können.

5. Ersetzen Sie die formelle berufliche Weiterentwicklung durch häufige informelle persönliche Gespräche

Insbesondere digital versierte Beschäftigte wünschen sich von ihren Vorgesetzten häufigen Kontakt, echtes Interesse und Engagement. Die physische Anwesenheit ist nicht immer notwendig – Sie können diesen Bedürfnissen ebenso persönlich gerecht werden wie durch Social Media, Messenger-Nachrichten oder E-Mails. Ergänzen Sie die informellen Interaktionen durch regelmäßige 30-minütige persönliche Besprechungen, vielleicht ein Mal in drei Monaten. Wenn Sie sich dabei unwohl fühlen oder Hilfe brauchen, engagieren Sie einen erfahrenen Coach.

Vergessen Sie nicht, Ihr eigenes Personal Business Model regelmäßig zu überprüfen und es mit Ihrem eigenen Vorgesetzten, mit Kunden und Partnern zu besprechen. Wenn sich die Dinge um Sie herum ändern – oder bei Ihnen persönlich –, wie spiegeln sich diese Veränderungen dann in Ihrem Personal Model wider?

6. Verbessern Sie Ihr Modell durch offene Dialoge

Optimieren Sie Ihre Team Models und Personal Models durch offene Dialoge mit Teammitgliedern, Kunden, Partnern, Mitgliedern der Führungsebene und Kollegen mit Führungsfunktion. Diese Dialoge müssen nicht persönlich oder vertraulich sein. Sie haben jetzt ein Tool, um die Geschichte zu erzählen, warum Sie und Ihr Team da sind. Das Feedback von außen wird Ihnen dabei helfen, sich kontinuierlich zu verbessern.

Brenda Coates

Drei Beispiele für Team Business Modeling

Im Folgenden finden Sie drei Beispiele von Organisationen, die Team Business Models angewendet haben, um Probleme oder Potenziale, Fragen, Erfordernisse oder Trends zu behandeln. Achten Sie darauf, wie jede Organisation verschiedene in den vorherigen Kapiteln besprochene Tools eingesetzt hat, um unterschiedliche Herausforderungen zu identifizieren, zu charakterisieren und anzugehen.

Die Firma Protegra mit Sitz im kanadischen Manitoba beschreibt sich selbst als »Gemeinschaft von softwareorientierten Geschäftsbereichen«. Bei Protegra gibt es keine Führungskräfte; der Schwerpunkt liegt auf Autonomie der Mitarbeiter und dem Selbstmanagement in kleinen Gruppen. Das Unternehmen wurde 1998 von Wadood Ibrahim mitgegründet, hat 78 Vollzeitbeschäftigte und war zwei Mal unter den kanadischen Top Ten der kleinen und mittelständischen Arbeitgeber.

Business Modeling wird bei Protegra eingesetzt, um neue Mitarbeiter zu orientieren (»an Bord zu holen«), ihre unerkannten Talente zu entdecken und ihnen dabei zu helfen, sich beruflich im Einklang mit dem Unternehmensmodell weiterzuentwickeln. Dies sind die Probleme und Erfordernisse von Protegra, dargestellt mit dem Valuable Work Detector.

✎ Problem oder Potenzial
Introvertierten Technikprofis fehlen oft das kommerzielle Verständnis für das Unternehmen als Ganzes und die Soft Skills, die für ein Vorankommen bei Protegra notwendig sind

✎ Erfordernis
Technikprofis müssen stärker als gleichberechtigte Partner im Geschäft mitwirken, nicht nur ihre Fachkenntnis beisteuern

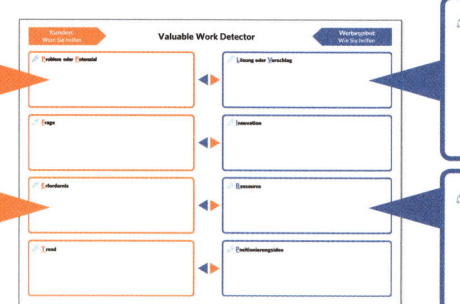

✎ Lösung oder Vorschlag
Neue Mitarbeiter ihre Personal Models im Kontext des Enterprise Business Model entwerfen und ihr eigenes Vorankommen bei Protegra abbilden lassen

✎ Ressource
Mit dem Enterprise Model bekannt machen und sowohl die individuelle als auch die Teamarbeit im Hinblick auf den vermittelten Wert anstelle der Aktivitäten neu definieren

Brenda Coates ist Gemeinschaftsleiterin bei Protegra, eine Art Äquivalent zum Personalchef. Auf den folgenden Seiten beschreibt sie, welche Rolle Business Models in der beruflichen Entwicklung bei Protegra spielen.

Fall 1: Die Neuerfindung der beruflichen Weiterentwicklung bei Protegra

Warum wurden Business Models bei Protegra so gut angenommen?

»Wadood war begeistert von der Verwendung der Business Model Canvas, weil sie sich eher darauf konzentriert, wie wir Wert schöpfen, als darauf, was wir erzeugen (die softwarebasierte Lösung). Als ich die Personal Canvas entdeckt habe, erkannte ich darin eine neue Methode, um unseren Mitarbeitern bei der Weiterentwicklung zu helfen.

Die Protegra-Mitarbeiter sind zu 90 Prozent introvertiert, und viele von ihnen sind sehr technikorientiert. Das Enterprise Modeling hilft ihnen dabei, stärker in geschäftlichen Maßstäben zu denken und Lösungen zu sehen anstelle von unausgesprochenen oder nicht technischen Kundenbedürfnissen. Das Personal Business Modeling zeigt ihnen einen Weg auf, um die gegenseitigen Beziehungen innerhalb der Teams zu erkennen und die Soft Skills zu identifizieren, die sie brauchen, um effektiver und erfolgreicher zu werden.

Bei Protegra verwenden wir die Business Model Canvas sowohl bei der Entwicklung als auch bei der Ausführung der Strategie. Einer der wesentlichen Vorteile der Canvas ist, dass sie die Zusammenarbeit zwischen den Teammitgliedern ermöglicht und dafür sorgt, dass alle auf derselben Seite sind.«

Wie haben Sie die Verwendung von Personal Business Modeling bei Protegra eingeführt?

»Ich habe mit halbtägigen Workshops für jeweils zehn Beschäftigte angefangen. Dann habe ich ein Lehrbuch mit Übungen erstellt, die von *Business Model You* abgeleitet sind, und die Mitarbeiter gebeten, sie in ihrem eigenen Tempo durchzuarbeiten. Wir fordern alle neuen Mitarbeiter dazu auf, unser Lehrbuch zu Personal Business Models durchzugehen. Ich würde sagen, die Hälfte unserer Mitarbeiter ist nicht von Natur aus selbstreflexiv, deshalb ist das eine wichtige Übung.«

Haben Sie sich Sorgen gemacht, dass Mitarbeiter, die das Personal Business Modeling begreifen, im Ergebnis Protegra verlassen könnten?

»Es gab intern gewisse Bedenken gegen die Anwendung von Personal Business Modeling. Einige dachten, es könnte eher hinderlich sein. Aber letztlich haben wir entschieden, dass wir darauf vorbereitet waren, falls Mitarbeiter erkannten, dass Protegra nicht das Passende war, und kündigten. Wenn das Tool es Menschen ermöglicht, ihre Berufung zu finden, und wenn diese zufälligerweise anderswo liegt, ist das doch eine gute Sache, denn wir haben ihnen letztlich geholfen, das zu erreichen, was sie wollen.

Es gab gemischte Reaktionen auf die Workshops, um ehrlich zu sein. Ich würde sagen, die Hälfte der Mitarbeiter war interessiert und engagiert, die andere Hälfte weniger. Manche haben sich auch über den Workshop beschwert und gesagt, dass sie nicht ›auf der Suche nach einem anderen Job‹ wären! Ein paar Leute haben als Ergebnis auf ihre erste Begegnung mit Personal Business Modeling innerhalb des Unternehmens die Stelle gewechselt. Aber ausgeschieden ist keiner.«

Personal Models als Grundlage für den Fortschritt nutzen

Wie werden die vervollständigten Lehrbücher eingesetzt?

»Wir nutzen sie als Diskussionsgrundlage bei den erforderlichen individuellen Follow-up-Sitzungen. Ich führe sie gemeinsam mit meinem Kollegen John DeWit durch: Einer von uns agiert hauptsächlich als Moderator, und der andere macht sich in erster Linie Notizen. Die Idee dahinter ist, neu eingestellten Mitarbeitern Zeit zu geben, sich an das Unternehmen zu gewöhnen, und dann das Lehrbuch zu Personal Business Models und die privaten Besprechungen zu nutzen, um herauszufinden, was sie über das hinaus, wofür sie eingestellt wurden, noch tun können.«

Was genau machen Sie bei diesen Sitzungen?

»Zum einen lassen wir unsere Beschäftigten Empathy Maps[5] verwenden, um sich selbst zu beschreiben und mehr Einsichten in ihre Interessen, ihre Persönlichkeit und ihre Qualifikation zu erlangen. Es ist wichtig, die Mitarbeiter nicht zu zwingen, jeden Aspekt ihrer Personal Canvases in einer Gruppe preiszugeben. Einige Übungen aus dem Lehrbuch sind sehr persönlich, und manche Leute fangen sogar an zu weinen über Dinge, die nichts mit der Arbeit zu tun haben. Die Mitarbeiter sind erleichtert und glücklich zu erkennen, dass sie sich mit ihrem ganzen Selbst in die Arbeit einbringen können.«

Beschreiben Sie doch mal ein paar Ergebnisse, die Sie erzielt haben.

»Die Verantwortlichkeit und das Engagement bei den technischen Mitarbeitern haben zugenommen. Statt einfach eine Abfolge von technischen Aufgaben zu erfüllen, denken sie jetzt mehr über die Aufgabenstellung des Kunden nach.

Und sie nehmen den Wert von Soft Skills deutlicher wahr. Wir haben zum Beispiel einen sehr technikorientierten Beschäftigten, der uns gesagt hat, er wollte gerne anderen als Coach oder Mentor zur Verfügung stehen. Das Personal Business Modeling hat ihm gezeigt, dass der von ihm vermittelte Wert in technischem Fachwissen besteht. *Es zeigte ihm aber auch, dass reine technische Sachkenntnis nicht ausreicht, um andere Angestellte für sich zu gewinnen.* Er erkannte, dass er mehr auf andere zugehen und

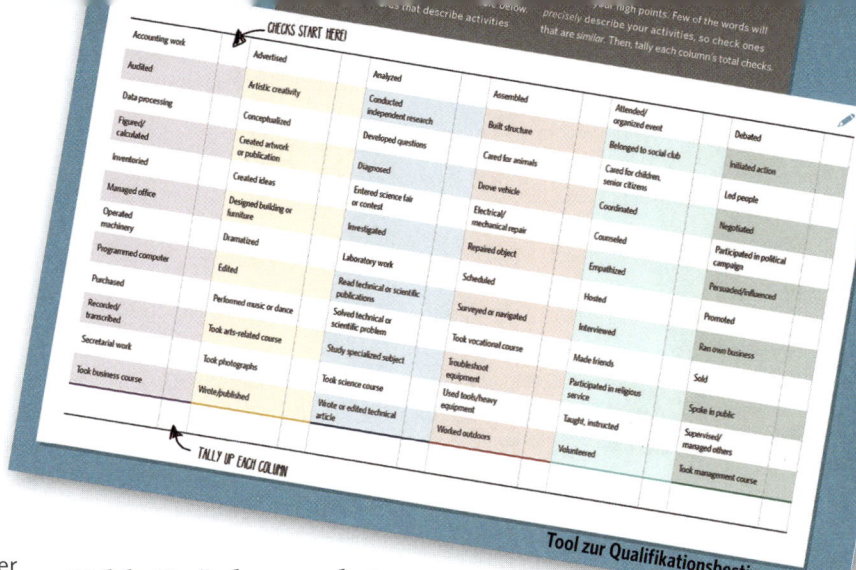

Tool zur Qualifikationsbestimmung

selbst zugänglicher werden musste, wenn er als Coach oder Mentor tätig sein wollte. Ich weiß, das klingt nach einer simplen Erkenntnis, aber für jemanden wie ihn überzeugt das Personal Business Modeling wirklich mit starker Logik.

Wir waren überrascht festzustellen, dass einige Mitarbeiter immer noch hungrig nach Anleitung sind. Einer sagte: ›Es ist toll, dass wir hier eine flache Hierarchie haben und als Mitarbeiter Autonomie genießen, aber ich brauche wirklich eine Mission.‹ Das Business Modeling versetzt sie in die Lage, ihre Mission zu bestimmen, auf persönlicher oder auf Teamebene.

Insgesamt gesehen haben sich die privaten Besprechungen als überaus wertvoll erwiesen. Sie haben uns Dinge über uns als Organisation gelehrt, die wir ansonsten niemals erfahren hätten.«

Welche Veränderungen hat Protegra im Ergebnis vorgenommen?

»Eine bessere Kommunikation ist eine davon – das gemeinsame Verständnis durch eine gemeinsame Business-Modeling-Terminologie hat die interne Kommunikation wirklich verbessert. Die meisten Protegraner verwenden die Terminologie. Die größte Chance liegt jedoch darin, dass diese individuellen Besprechungen weitgehend die Leistungsgespräche und die formellen Diskussionen über die berufliche Weiterentwicklung ersetzt haben.«

Lektionen für Führungskräfte

- Business Models sind eine effiziente Methode, hochqualifizierten Technikern oder Fachleuten, denen es möglicherweise an kaufmännischem Wissen fehlt oder die weniger kundenorientiert sind, die kommerziellen Aspekte des Organisationsbetriebs zu verdeutlichen.
- Business Models verdeutlichen, wie man besser werden kann, indem man zur Erreichung von Teamzielen beiträgt. Die Besprechung von Personal Models kann die traditionellen Leistungsgespräche oder Gespräche zur beruflichen Weiterentwicklung ersetzen.
- Die Einführung von Personal Business Modeling in einer Organisation ist weitaus weniger riskant, als sie scheint. Die meisten schätzen die Gelegenheit, ihre persönlichen beruflichen Zielsetzungen zum Ausdruck bringen zu können.

Luigi Centenaro

Fall 2: Anregung zur Selbstbestimmtheit bei Cattolica

Cattolica Assicurazioni ist ein über 100 Jahre altes italienisches Versicherungsunternehmen, das einem zeitlosen Problem gegenüberstand: Viele seiner 1500 Mitarbeiter entwickelten sich nicht aus eigener Initiative weiter. Stattdessen warteten sie ab, bis ein anderer der Meinung war, es sei gut für sie, versetzt oder befördert zu werden. Doch eine größere interne Mitarbeitermobilität wurde für Cattolica aufgrund des Drucks durch nicht traditionelle Wettbewerber und strengere gesetzliche Auflagen zu einem drängenden Problem. Dies sind die Herausforderungen, die Cattolica im Valuable Work Detector zusammengetragen hat:

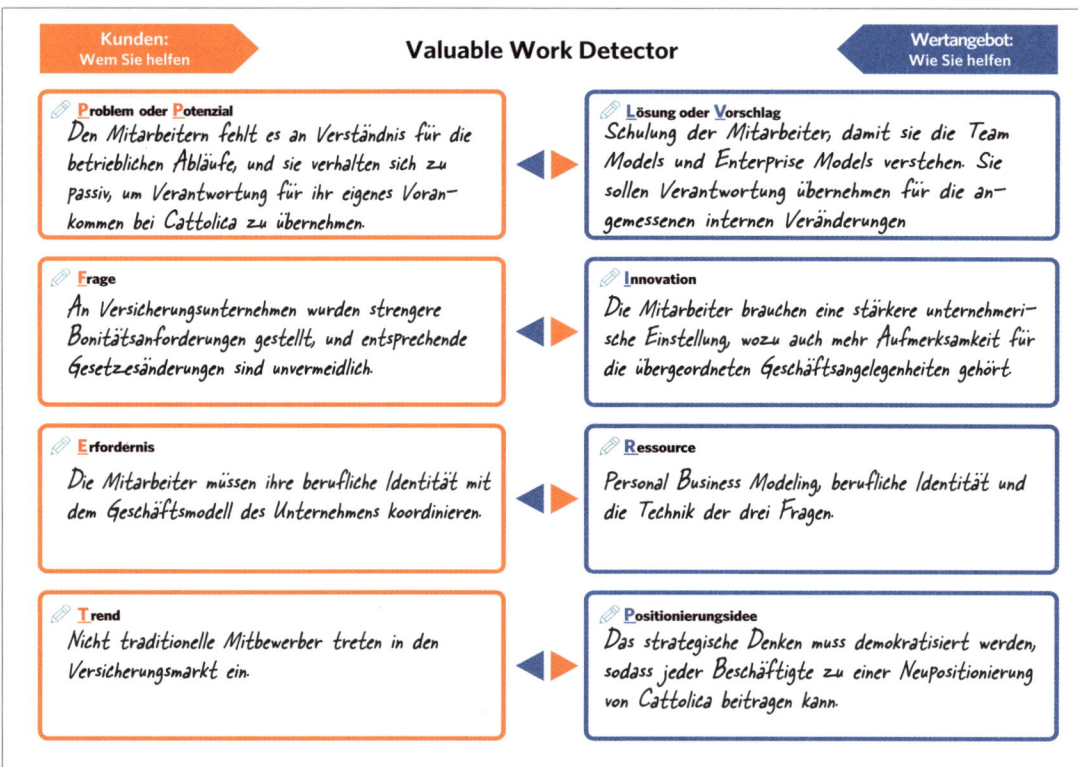

Die interne Mobilität beschleunigen

»Achtzig Mitarbeiter haben interne Versetzungen beantragt, und einige von ihnen stehen schon viel zu lange auf der Warteliste!«, rief Sara Giunta. Die 35-jährige Schulungs- und Personalentwicklungsleiterin knallte einen dicken Stapel von Versetzungsanträgen auf den Tisch und erschreckte damit ihren Besucher. »Sie sind ausgebrannt, aber sie sind auch zu passiv, um etwas zu verändern. Können Sie uns helfen?«

Luigi Centenaro nickte gedankenverloren. Saras Arbeitgeber, Cattolica Assicurazioni, war Italiens viertgrößtes Versicherungsunternehmen. Seine über 100-jährige Geschichte machte es zu einer respektablen und geachteten Firma, aber einer mit veralteten Gepflogenheiten, die jetzt von der scharfen Konkurrenz nicht traditioneller Mitbewerber auf die Probe gestellt wurden. Sara hatte Luigi angerufen, damit er helfen solle, bei Cattolica raschere Personalprozesse in Gang zu setzen, insbesondere eine größere »interne Mobilität« bei seinen 1500 Beschäftigten.

Sara fand in Luigi, einem Spezialisten für Mitarbeiterentwicklung, der die Prinzipien des Business Design anwendete, einen Geistesverwandten. Die beiden stimmten überein, dass Personal Business Modeling den Angestellten von Cattolica dabei helfen würde, das zu entwickeln, was Sara als entscheidende »Metakompetenz« bezeichnete: die Fähigkeit, ihre eigene Berufslaufbahn zu gestalten und in einen produktiven Dialog mit den Vorgesetzten einzutreten. Sara war einverstanden, Luigi und sein Team zu engagieren.

Während der Entdeckungsphase der Arbeit identifizierten Luigi und Sara die folgenden Probleme bei den Versetzungswilligen von Cattolica:

- Die betrieblichen Abläufe waren ihnen nicht vollkommen klar, entweder in ihren gegenwärtigen Abteilungen oder in den Abteilungen, für die sie gerne arbeiten wollten.
- Sie waren sich nicht über ihre Wertschöpfung im Klaren, weder in ihren gegenwärtigen noch in ihren zukünftigen Positionen.
- Sie waren nicht in der Lage, sich selbst zu identifizieren, zu verstehen und dann zu positionieren, um die innerhalb von Cattolica verfügbaren Gelegenheiten zu nutzen.
- Sie waren sich nicht bewusst, wie wichtig es war, sich selbst effektiv zu vermarkten.
- Ihnen fehlte das Verständnis für Karrieremanagement, und sie empfanden kaum persönliche Verantwortung dafür.

Sara und Luigi einigten sich darauf, sich auf die Vermittlung eines Prozesses und der dazugehörigen Kompetenzen zu konzentrieren, der vielen der Versetzungswilligen dazu verhelfen würde, sich in neuen Positionen bei Cattolica einzufinden. Luigi und sein Team entwickelten eine Reihe von Schulungen, um die Grundlagen des Business Modeling zu lehren und bei den Teilnehmern einen Sinn für die berufliche Identität zu wecken, der ihnen zu mehr Selbstbestimmtheit verhelfen sollte, egal welche Tätigkeit sie bei Cattolica ausüben wollten.

Die Schulung

Als Erstes unterrichtete Luigis Team die Vertreter des Personalwesens und der Unternehmensabteilungen in den Grundlagen des Personal Business Modeling. Anschließend einigten sie sich gemeinsam mit den Beschäftigten von Cattolica auf einen dreistufigen »Pfad« für die wechselwilligen Mitarbeiter: 1) Vorabinterviews, 2) Seminare und 3) Follow-up-Meetings mit den entsprechenden Verantwortlichen des Personalwesens oder der Abteilung. Ziel war, den Teilnehmern die notwendigen Qualifikationen zu geben, um innerhalb von Cattolica neue berufliche Wege einzuschlagen.

Die Schulungsphase hatte vier Komponenten:

1. Grundlagen von Team Business Model und Enterprise Business Model

Die Anwendung der Business Model Canvas, um die gesamten betrieblichen Abläufe von Cattolica und die des aktuellen (und potenziellen zukünftigen) Teams besser zu verstehen.

2. Berufliche Identität und drei Fragen

Vermittlung der beruflichen Identität und der Grundlagen der drei Fragen, um ein Bewusstsein der Eigenverantwortung für den bevorstehenden Wechselprozess zu einer neuen Position bei Cattolica zu schaffen.

3. Skizzieren und Koordinieren des Personal Business Model

Zeichnen eines aktuellen Personal Business Model, um die aktuelle Position und die Logik damit zusammenhängender Positionen besser zu begreifen. Daraufhin wurden allgemeine Personal Business Models für freie Positionen bei Cattolica vorgestellt, damit die Teilnehmer gut koordinierte Unternehmenspositionen und ihre eigene potenzielle Übereinstimmung damit verstehen konnten.

4. Personal Branding auf die Wunschposition anwenden

Die Teilnehmer wurden in Personal Branding geschult und sollten dann eine der unter 3) beschriebenen Positionen auswählen. Anschließend besprachen und entwarfen die Teilnehmer persönliche Entwicklungspläne und übten dann neue Selbstpräsentationen ein, die bei den nachfolgenden Interviews mit den Personal- und Abteilungsleitern zum Einsatz kommen sollten.

Ergebnisse

Die Schulungen wurden in einem Zeitraum von fünf Monaten mit 12 bis 15 Teilnehmern bei jedem der sechs Seminare durchgeführt. Luigis Team und Sara wählten eine straffe Vorgehensweise mit dem Schwerpunkt auf kontinuierlicher Optimierung, Beobachtung der Follow-up-Gespräche und dem Nachverfolgen von Versetzungsergebnissen. Glücklicherweise wurde der Prozess von den italienischen Gewerkschaften begrüßt.

Sara ist zufrieden mit den Ergebnissen. »Bis jetzt sind 40 Prozent der Teilnehmer intern versetzt worden«, sagt sie. »Das ist ein großer Gewinn für Cattolica – und für unsere Beschäftigten.«

Lektionen für Führungskräfte

- Eine überraschende Anzahl von Beschäftigten versteht die betrieblichen Abläufe beim eigenen Arbeitgeber nicht. Das Unterrichten des Enterprise Business Model ist eine schnelle Methode, um dieses Verständnis zu schaffen.

- Die Vorgesetzten können Selbstbestimmtheit nicht anordnen – aber sie können spezielle Kompetenzen dafür vermitteln.

- Allzu viele Angestellte verstehen den Unterschied zwischen Aktivität und Wert nicht. Das Unterrichten von Personal Business Modeling und Team Business Modeling ist eine effektive Methode, dieses Verständnis zu erzeugen.

Fall 3: Eine Arbeitgebermarke bei ANT schaffen

Marco Linde

Applied New Technologies (ANT) ist ein Lübecker Unternehmen mit 26 Mitarbeitern und Weltmarktführer in seinem Bereich: ausgeklügelte Geräte zur Behebung von extremen Gefahren für Industriekunden. Doch ANT tat sich schwer damit, gute Arbeitskräfte anzuwerben und zu halten. Wie viele Organisationen, die von Technik- oder Fachprofis gegründet und personell besetzt werden, erkannte ANT nicht, was die Firma zu einem attraktiven Arbeitgeber machte. Um das herauszufinden, unternahm das Unternehmen eine umfassende Veränderungsinitiative auf der Grundlage von Business Models.

Problem oder Potenzial

Die Firma tat sich schwer damit, gute Arbeitskräfte anzuwerben und zu halten.

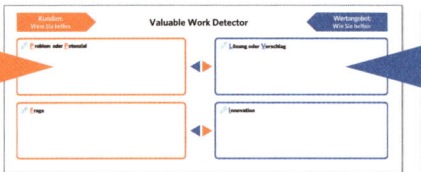

Lösung oder Vorschlag

Eine überzeugende Arbeitgebermarke definieren und verbreiten.

Jeder Tag ein Abenteuer

Als der Anrufer von einem »Blindgänger« sprach, verspürte Marco Linde ein vertrautes Herzklopfen. Die Behandlung von gefährlichen, schwierigen Problemen war das Alltagsgeschäft des 48-jährigen COO von ANT. Marco hatte die Firma vor 20 Jahren mitgegründet, und seither verließen sich Kunden auf aller Welt auf ihn und sein Team, wenn es um die Bereitstellung von Ausrüstung ging, um Sprengstoff sicher zu entschärfen, unerwünschte Ölquellen Hunderte Meter unter dem Meeresspiegel zu beseitigen oder die Anlagen in Atomkraftwerken stillzulegen.

Das Erfolgsgeheimnis von ANT war eine einzigartige Wasserdrucktechnologie, die ein funkenfreies, ferngesteuertes Durchtrennen von extrem harten Materialien ermöglicht und bei kritischen energiebezogenen oder militärischen Einsätzen verwendet wird – meist in Situationen, in denen übermäßige Hitze oder ein einzelner Funke zur Katastrophe führen könnten.

Jeder Tag ein Abenteuer, dachte Marco, als er den Telefonhörer auflegte. Auch wenn er die Problemlösungsherausforderungen und die lebensrettenden Ergebnisse von ANT liebte, wusste er, dass er an diesem Tag mit einem schon längere Zeit bestehenden, allmählich wachsenden Führungsproblem zu tun hatte: einem, das weniger aufregend war als ein Blindgänger, aber ebenso gefährlich. *Und ich habe keine Ahnung,* dachte Marco seufzend, *wie ich dieses Problem lösen soll.*

Marcos Problem war schnell erklärt: ANT hatte Mühe, gute Arbeitskräfte anzuwerben und zu halten – und das begann die Funktionsfähigkeit des Unternehmens zu bedrohen. Das Unternehmen war zwar führend auf dem Gebiet des Wasserdruckschneidens und genoss einen hervorragenden Ruf in der Öl-, Gas- und Atomindustrie, doch es hatte so gut wie keinen Namen außerhalb dieser hochspezialisierten Nische. Nur wenige Absolventen des einzigen ingenieurwissenschaftlichen Studiengangs von Lübeck kannten ANT, und wie die meisten

ARBEITGEBERMARKE SCHAFFEN

214

Universitätsabgänger überall zog es die jungen Ingenieure eher in größere Städte wie Hamburg und Stuttgart oder zu einer Laufbahn bei einem bekannteren Technologieunternehmen wie Siemens oder Dräger, dem örtlichen Technologiestar.

ANT ist wirklich ein ›unbekannter Champion‹, dachte Marco. Jetzt hatte das Unternehmen einen Wendepunkt erreicht. Marco erkannte, dass es für ANT an der Zeit war, seine Sichtbarkeit als Arbeitgeber zu erhöhen, oder es riskierte den Rückschritt. Aber wo sollte er anfangen?

Marco wandte sich an Dr. Jutta Hastenrath, eine Organisationsentwicklungs- und Personalberaterin mit großer Erfahrung sowohl im Enterprise Business Modeling als auch im Personal Business Modeling. Bei ihrem ersten Treffen stellte Jutta ein paar grundlegende Fragen: Was für Arbeitskräfte sind es, die das Geschäft von ANT erfolgreich machen? Wie gehen Sie bei der Suche nach ihnen vor? Was macht ANT zu einem attraktiven Arbeitgeber?

Je länger Marco und Jutta sich unterhielten, desto mehr erkannten sie, dass ANT mehr brauchte als nur eine Methode, um gute Arbeitskräfte anzuwerben und zu halten: Das Unternehmen brauchte ein eindeutiges »Gesicht« für die ganze Welt – eine Arbeitgebermarke, die der internen Kultur verpflichtet war und auf potenzielle neue Mitarbeiter verlockend wirkte.

Gemeinsam einigten sich Marco und Jutta auf umfangreiche Veränderungen für ANT:

- Unternehmenskultur und Arbeitgebermarke,
- Methoden zur Anwerbung, zum Halten und zum Fördern guter Arbeitskräfte,
- Einsatz von Mitarbeitern auf den Positionen, an denen sie am effektivsten sein können.

Marco, sein Führungsteam und Jutta arbeiteten schließlich über neun Monate lang eng zusammen, um diese Änderungen zu planen und durchzuführen. Als sie die Arbeit bei ANT aufnahm, erkannte Jutta rasch, dass Technik – und nur allein Technik – die Antriebskraft der Firma war. ANT war gemeinsam mit den einzigartigen technischen Problemen seiner Kunden gewachsen, und zwar in einem solchen Maße, dass die meisten Kundenaufträge ein jeweils völlig neues Produktangebot bei ANT hervorbrachten.

Jutta Hastenrath

Eine schwer greifbare Kultur definieren

Trotz ihres starken Fokus auf Technologie hatten sich die ANT-Mitarbeiter zu einem einzigartigen und äußerst geschlossenen Team zusammengefunden. Viele kannten einander schon seit der Gründungszeit der Firma und hatten gemeinsam Höhen und Tiefen durchgemacht. Auch wenn ANT neue Leute einstellen wollte, mussten die potenziellen Bewerber sich in eine Kultur einfügen, die für Außenstehende nur schwer zu verstehen war. Um eine Arbeitgebermarke und eine gute Einstellungspolitik einzuführen, so schlussfolgerte Jutta, musste ANT daher zunächst seine Kultur definieren und sein Geschäftsmodell verdeutlichen. Sie organisierte ihre Ziele und Handlungen wie folgt:

Ziel	Handlung
Starke Arbeitnehmermarke definieren	Unternehmenskultur zum Ausdruck bringen
Wissens- und Kompetenzlücken erkennen	Enterprise Business Model definieren und kommunizieren
Bessere Methoden zum Anwerben und Halten von Mitarbeitern finden	Personal Business Models für jede Position definieren
Arbeitskräfte effektiv einsetzen	Personal Business Modeling als Grundlage für die berufliche Entwicklung nutzen

Mit den Führungskräften anfangen

»Wenn Angestellte neue Möglichkeiten für sich entdecken, so fürchten manche Führungskräfte, könnten sie sich entschließen, zu kündigen und sich anderswo attraktivere Arbeit zu suchen«, sagt Jutta. »Darum muss man mit den Führungs-

kräften beginnen. Die Manager müssen den praktischen Wert der Methode für sich persönlich erkennen: wie hilfreich es ist, die Aufgaben den richtigen Teammitgliedern zuzuweisen und dadurch die gesamte Arbeitsumgebung zu verbessern.

Bei ANT haben wir das durch ›Vorab-Workshops‹ für die Manager erreicht. Sie fanden mehrere Wochen vor den Schulungen des Teams und aller Mitarbeiter statt. Tatsächlich haben wir die Schulungen geübt, um die Methode und bestimmte Übungen mit den Managern auszuprobieren. Sie machten ihre eigenen Erfahrungen damit und besprachen die Ergebnisse. Manche von ihnen beschlossen an Ort und Stelle, die Vorgehensweise für die Leistungs- und Entwicklungsgespräche mit ihren Mitarbeitern zu übernehmen.«

Der Teamgeist von ANT

Jutta organisierte eine spezielle Zusammenkunft zur Definition der Kultur, zu der sie kleine Gruppen von Mitarbeitern einlud, um einander von spannenden Dingen zu erzählen, die sie bei der Arbeit erlebt hatten, oder um Witze zu erzählen, die auch den Kollegen gefallen könnten. Sie fand heraus, wie eng die ANT-Beschäftigten zusammenarbeiteten und wie sehr sie das ›Abenteuer‹ zu schätzen wussten, gemeinsam die beängstigenden Probleme der Kunden zu lösen. Die Zusammenkunft brachte zwei Sätze hervor, die den Teamgeist von ANT auf den Punkt brachten: *Die Probleme unserer Kunden sind unsere Abenteuer. Wir schreiben Technikgeschichte(n).* Nun war es an der Zeit, das Business Model von ANT zu definieren.

Ein unausgesprochenes Modell beleuchten

Die visuelle Darstellung des Geschäftsmodells von ANT enthüllte ein bedeutsames Defizit: Der intensive Fokus auf die technische Problemlösung ließ die Kundenakquise eher zufällig geschehen. Die meisten Neukunden kamen auf Empfehlung bestehender Kunden. ANT brauchte dringend einen erfahrenen Profi für die Geschäftsanbahnung.

Jutta und das Führungsteam von ANT arbeiteten das Enterprise Model auf und setzten Personal Modeling ein, um das Profil eines Akquisitions-Managers zu schaffen, wobei sie sich stark auf das Wertangebot der neuen Position konzentrierten. Dann wendeten sie Juttas eigene Profiling-Techniken an, um eine ausführliche Stellenbeschreibung zu entwickeln, die gut auf die Unternehmenskultur von ANT abgestimmt war. Statt sich an Personalvermittler und Stellenbörsen zu wenden, beschloss ANT, die neue Stelle intern auszuschreiben – und sie einigen wenigen externen Partnern mitzuteilen.

Diese Vorgehensweise war erfolgreich. Bei einem von Juttas öffentlichen Karriereworkshops zeichnete ein Ingenieur ein Personal Business Model, das zufälligerweise sehr gut zum Profil von ANT passte. Jutta stellte den Ingenieur dem COO von ANT vor, und die beiden fanden sofort einen Draht zueinander.

»Jedem war klar, dass die Methode des Personal Business Modeling überaus nützlich war, um eine Übereinstimmung mit der Unternehmenskultur festzustellen«, sagt Jutta. »ANT positionierte sich unmissverständlich durch sein Enterprise Model und das neue Mitarbeiterprofil. Der Bewerber seiner-

seits erkannte rasch, wie seine eigenen Werte mit denen von ANT übereinstimmten, und wollte mehr über das Unternehmen erfahren. Ihre erste Begegnung erwies, dass die Begrifflichkeit des Personal Business Model hervorragend als gemeinsame Sprache funktioniert, um herauszufinden, wie Arbeitgeber und Beschäftigter miteinander harmonieren.«

Seither verwendet ANT immer dieselbe Methode für die Personalwerbung und verfeinert sie leicht bei jeder Neueinstellung. Um Praktikanten zu finden und das Profil von ANT in der Community zu schärfen, hat das Unternehmen den Prozess für Maschinenbaustudenten der örtlichen Universität maßgeschneidert.

Das individuelle Handeln auf die Unternehmensziele abstimmen

Die ANT-Führung beschloss, noch weiter zu gehen und das Business Modeling einzusetzen, um individuelles Handeln auf die Unternehmensziele abzustimmen. Jutta entwickelte ein Schulungsprogramm, mit dem die Personal Business Models aller Beschäftigten in das Enterprise Model von ANT integriert werden sollten.

Jutta begann ihre erste Versammlung aller Mitarbeiter, indem sie die Enterprise Canvas von ANT für jedermann gut sichtbar auf eine große Leinwand projizierte. Gemeinsam besprachen sie neue Dienstleistungsideen und die künftigen Aussichten des Unternehmens. Dank dem visuellen Modell konnte jeder ANT als lebendiges, miteinander verknüpftes System wahrnehmen, in dem alles mit allem in Verbindung stand.

»Die Umsatz- und Kostenrealität hat vielen Beschäftigten einen neuen Blickwinkel eröffnet«, sagt Jutta. »Sie sahen jetzt mit eigenen Augen, dass neue Geräte allein kein erfolgreiches Geschäftsmodell hervorbringen können.«

Jutta forderte die Teilnehmer auf, anonym ihre individuellen Beiträge zum Business Model von ANT zu verdeutlichen, indem sie Aufkleber auf die entsprechenden Bausteine platzierten. Wie Jutta erwartet hatte, klebte niemand etwas auf den Kanäle-Baustein. Fast alle Mitarbeiter identifizierten sich entweder als Technologieexperten (Schlüsselaktivitäten) oder technische Problemlöser (Kundenbeziehungen). Die Anhäu-

fung von Aufklebern enthüllte das eigentliche Problem: ANT brauchte eine Marketingverknüpfung (Kanäle) zu potenziellen Kunden.

Um verborgene Talente ausfindig zu machen, die hier Abhilfe schaffen könnten, ließ Jutta eine Reihe von tief gehenden Personal-Business-Model-Übungssitzungen folgen.

Das Unternehmensverständnis mit den individuellen Positionen verknüpfen

Nachdem sie die Personal Business Model Canvas vorgestellt hatte, konzentrierte Jutta sich auf das Konzept des Wertangebots und verwendete dafür das Beispiel einer neuen Stelle im Lagerbereich, die ANT besetzen wollte. Jutta ließ die Teilnehmer ihre persönlichen Ist-Modelle entwerfen und anschließend ihre Talentprofile und ihre Wertangebote den Kollegen mitteilen.

Anschließend bat Jutta die Teilnehmer, zukünftige Versionen ihrer Personal Models zu zeichnen und diese auf die Unternehmens-Canvas von ANT aufzubringen. Dabei erwies sich, dass einige Mitarbeiter sich tatsächlich neue kundenbezogene Verantwortungsbereiche für sich selbst vorstellten. Auch hier schuf die überdimensionale Projektion der Enterprise Canvas wieder einen deutlichen Vorteil, weil sie die Teilnehmer das »große Ganze« erkennen ließ und zukünftige Chancen innerhalb des Unternehmens visualisierte.

»Eine Reihe von Mitarbeitern sagte, sie hätten zum ersten Mal verstanden, worum es bei ANT eigentlich geht – und sie konnten sich vorstellen, ihren Freunden und Bekannten von vakanten Stellen bei ANT zu erzählen«, sagt Jutta.

Vom Wertangebot zur beruflichen Weiterentwicklung

Der nächste Schritt beim Aufpolieren der Arbeitgebermarke von ANT bestand darin, die Beschäftigten im Weiterentwickeln ihrer eigenen beruflichen Laufbahnen zu schulen. In einer Reihe separater Sitzungen ließ Jutta kleine Teams im Detail an ihren Personal Business Models arbeiten. Jeder Angestellte erstellte ein Ist-Modell, das seine derzeitige Arbeitssituation wiedergab, gefolgt von einem Soll-Modell, das die eine zukünftige Position darstellte. Jutta sagt, das Ergebnis sei gewesen, dass »die Beschäftigten ihre eigenen Pläne zur beruflichen Fortentwicklung machten. Die Idee bestand darin, Selbstbestimmtheit und die Verantwortung für ihr eigenes berufliches Vorankommen anzuregen«.

Einige Mitarbeiter stellten fest, dass sie eine zusätzliche technische Ausbildung benötigten. Andere bemerkten, dass ihnen bestimmte Führungskompetenzen fehlten, oder sie wollten ein paar Führungspflichten übernehmen, um zu sehen, ob eine leitende Position nach ihrem Geschmack sein konnte. Jeder Angestellte von ANT nahm an diesen Schulungen teil – und das Ergebnis, erläutert Jutta, sei ein praxisorientierter Entwicklungsplan für jeden Einzelnen gewesen.

»Das Business Model des Unternehmens war jedem klar«, sagt Jutta. »Deshalb wurden diese Entwicklungspläne eine solide Grundlage für die nachfolgenden Leistungsgespräche zwischen den Vorgesetzten und ihren direkten Untergebenen.«

Um mit den Marktveränderungen Schritt zu halten – und das große Ganze im Auge zu behalten –, plant ANT, einen jährlichen »Talent- und Strategietag« einzulegen, um die Koordination zwischen Enterprise und Personal Models zu vertiefen.

.

Die Entdeckungen von ANT

Durch die Kombination von Arbeitgebermarke, Mitarbeiterentwicklung und Business Modeling habe ANT einen praxisnahen, aber dennoch zutiefst strategischen Ansatz geschaffen, neue Mitarbeiter anzuwerben und zu integrieren, sagt COO Marco. Jetzt, erklärt er, seien die ANT-Angestellten ideale Botschafter, um neue Kollegen zu finden – und neue Kunden. Sie verstünden das Wertangebot ihres Arbeitgebers und könnten es deutlich und mit Leidenschaft kommunizieren. Zudem wüssten sie, wie sie innerhalb des Unternehmens Gelegenheiten zur persönlichen Weiterentwicklung ausfindig machen könnten, für sich selbst wie für andere.

Es stärke das *Wir*-Gefühl – und die Bereitschaft, Werbung für das Unternehmen zu machen –, dass sie die Anforderungen von ANT verstehen und gleichzeitig persönliche Vorteile innerhalb des Unternehmensmodells erkennen, fügt Jutta hinzu. Jeder Beschäftigte sei ANT und Teil des ANT-Geschäftsmodells. Weil die Mitarbeiter ihre eigenen Bedürfnisse verstünden und ihr persönliches »Soll«-Modell ansteuerten, seien sie besser in der Lage, mit ihren Vorgesetzten auf Augenhöhe statt als Untergebene zu interagieren, wenn es um Gespräche zur persönlichen Weiterentwicklung gehe, sagt sie.

Lektionen für Führungskräfte

- Die Grundlage der Arbeitgebermarke ist die Unternehmenskultur, und diese definiert den Teamgeist, der auf potenzielle Mitarbeiter attraktiv wirkt. Peter Drucker soll gesagt haben: *Die Kultur verspeist die Strategie zum Frühstück.*

- Bedenken des Managements im Hinblick auf abtrünnige Mitarbeiter sollten ernst genommen und frühzeitig berücksichtigt werden. Zeigen Sie die Methode zuerst den Managern, damit sie verstehen, dass Personal Business Modeling die Mitarbeiter enger an die Organisation bindet, statt sie davon zu distanzieren.

- Die Methode koordiniert auf wirkungsvolle Weise das individuelle Verhalten (*Ich*) mit den Unternehmenszielen (*Wir*).

- Scheinbar operative betriebliche Probleme sind häufig Symptome einer systemischen Herausforderung. Wenn Sie sich auf das Business Modeling einlassen, seien Sie bereit für ein Abenteuer!

Was Sie Montagmorgen mal ausprobieren können

Ihre Einstiegseinweisung

Es ist an der Zeit, dass Sie mit dem Einsatz von Team Business Models loslegen. Blättern Sie noch mal zurück zu *»Entwerfen Sie das Warum-Statement Ihres Teams«* auf Seite 19. Dann gehen Sie noch mal die Übung *»Das Warum definieren«* auf Seite 177 durch. Nachdem Sie gründlich über diese beiden Übungen nachgedacht haben, notieren Sie Ihre Gedanken in der folgenden Einstiegseinweisung.

1. Warum möchte ich das machen?

2. Wie würde der Erfolg aussehen? (Legen Sie einen messbaren Erfolgsindikator fest.)

3. Legen Sie die für die Umsetzung notwendigen Schritte fest.

4. Wenn Sie Ihre Einstiegseinweisung fertig bearbeitet haben, zeigen Sie sie einem Mitdenker (siehe Seite 234), und besprechen Sie das weitere Vorgehen.

Die Umsetzung

Alles in diesem Buch hat auf diesen Punkt hingeführt: den Augenblick, mit Ihrem Team Business Model loszulegen. Wenn Sie die Einstiegseinweisung auf Seite 223 vervollständigt haben, sind Sie bereits in Gang gekommen und können sich bei Bedarf einfach auf das Material in den vorangegangenen Kapiteln beziehen.

Falls Sie sich jedoch noch nicht ganz dazu bereit fühlen, eine Einstiegseinweisung zu erarbeiten, fahren Sie mit Kapitel 9 fort. Dieses letzte Kapitel von *Business Models für Teams* gibt einen kurzen Überblick über die fünf potenziellen Phasen einer Team-Business-Modeling-Initiative und beschreibt eine neue Übung oder Technik, die in jeder Phase von Nutzen sein kann. Dabei handelt es sich um die folgenden:

1. Bestimmen Sie die Zielsetzung des Modeling
Einige Übungen in diesem Buch können Sie dazu verwenden, den Zweck Ihrer Business-Modeling-Initiative zu bestimmen. Eine Vorbesprechung kann dann nützlich sein, um die Durchführbarkeit einer bestimmten Vorgehensweise für Ihre Initiative im Wortsinne zu »testen«.

2. Zeichnen Sie das Personal Business Model des Vorgesetzten
Sie kennen die Grundlagen des Zeichnens von Personal Business Models. Die Übung »Paarbesprechung« vertieft Ihr Verständnis Ihres persönlichen Modells.

3. Zeichnen Sie das Enterprise Model
In Vorbereitung auf das Zeichnen Ihres Enterprise Model folgen Sie den »Tipps für die Auswahl und Einweisung eines Mitdenkers«. Machen Sie dann ein Think Out Loud Laboratory, um eine breitere (und tiefere) Perspektive des Enterprise Model zu gewinnen.

4. Schulen Sie Ihr Team, zeichnen Sie Team Models und Personal Models
Probieren Sie es mit der »Mosaik«-Übung: eine wirksame Methode, eine 360-Grad-Ansicht Ihres Team Business Model zu erlangen – und Zustimmung zu dessen endgültiger Fassung.

5. Diskutieren und entscheiden
Diskutieren Sie mit Ihrem Team die Implikationen der Erkenntnisse Ihres Business Model und stimmen Sie sich über das weitere Vorgehen ab. Die Übung »Schnellvorlauf« erleichtert Ihnen den Weg von der Einigung über Implikationen zur Einigung über das Handeln.

Kapitel 9

Neue Arbeitsweisen

1 Bestimmen Sie den Zweck des Modeling

Es ist sinnvoll, den Zweck Ihrer Business-Modeling-Initiative zu bestimmen, ehe Sie anfangen. Dieses Buch hat Ihnen bisher zwei Gelegenheiten gegeben, über den Unternehmens- und den Teamzweck zu reflektieren. Sollten Sie das noch nicht getan haben, blättern Sie zurück zu Kapitel 1 (Seite 19), und machen Sie die Übung Entwerfen Sie das *Warum*-Statement Ihres Teams. Lesen Sie dann noch einmal Kapitel 6 (Seite 177), und machen Sie die Übung Das *Warum* definieren.

Die beiden Übungen sind einander ähnlich. Wenn Sie beide machen – oder dieselbe Übung bei mehr als einer Gelegenheit durchführen –, stellen Sie möglicherweise fest, dass Ihre Antworten voneinander abweichen. Das ist völlig normal. Willkommen in der Welt des Business Modeling! Vergessen Sie Perfektion. Bemühen Sie sich lieber um eine schlichte, einsatzfähige *Warum*-Definition, die Ihnen und Ihren Kollegen weiterhilft.

Nachdem Sie Ihre *Warum*-Definition gefunden haben, bestimmen Sie nun den Zweck Ihrer Business-Modeling-Initiative. Müssen Sie Probleme lösen? Gelegenheiten ausnutzen? Die Führungskompetenzen umverteilen? Die Selbstbestimmtheit von Teammitgliedern stärken?

Sobald Sie das Gefühl haben, den Zweck Ihrer Business-Modeling-Initiative sinnvoll definiert zu haben, möchten Sie vielleicht die Umsetzbarkeit verschiedener Vorgehensweisen »testen«. An dieser Stelle kann eine Vorbesprechung hilfreich sein.

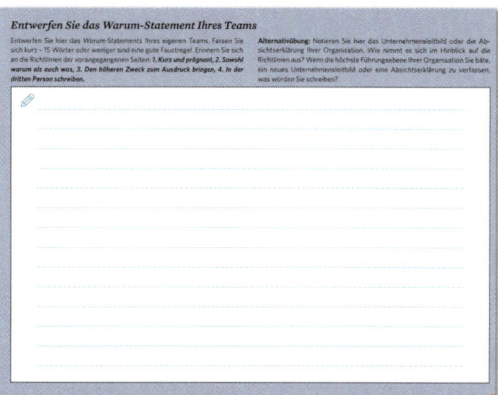

Vorbesprechung

Jeder hält *Nachbesprechungen* für eine gute Methode, um rückblickend zu lernen. Nachdem eine Arbeit erledigt ist, lässt ein Team noch mal seine Fehler Revue passieren, schaut, welche Annahmen sich als falsch erwiesen haben und so weiter, und macht sich dann Gedanken darüber, wie ähnliche Probleme beim nächsten Mal vermieden werden können.

Aber mit Sicherheit wäre alles besser gelaufen, wenn das Team diese Fehler vorausgesehen hätte, *bevor* es mit der Arbeit begann. Das ist der Gedanke hinter der *Vorbesprechung*, die stattfindet, *bevor* ein Projekt anfängt. Sie sollen dabei über Risiken, unvorhergesehene Ereignisse und fehlendes oder unachtsames Handeln nachdenken, die zusammengenommen zum Scheitern oder zu schlechten Ergebnissen führen können.

Die Durchführung einer Vorbesprechung ist einfach und lässt sich am besten mit einem Mitdenker realisieren (oder mit dem Team, das die Arbeit erledigen soll). Ein wichtiger erster Schritt ist es, die Gedanken aus Ihrem Kopf auf Papier zu bringen. Aber Ihre Gedanken verbal mit (einem) empathischen Zuhörer(n) zu teilen bringt Ihr Projekt viel weiter voran, als wenn Sie alleine arbeiten. Wenn Sie also bisher für sich gearbeitet haben, ist jetzt der ideale Zeitpunkt gekommen, sich mit einem Mitdenker zusammenzuschließen (mehr dazu später).

Um Ihre Vorbesprechung in Gang zu bringen, stellen und diskutieren Sie einfach die Frage: *Was könnte schiefgehen?* Hören Sie sich die Bedenken an und notieren Sie sie, dann bringen Sie sie in die Reihenfolge des Risikos oder der Wahrscheinlichkeit. Am Schluss bestimmen Sie potenzielle Gegenmaßnahmen. Was muss gutgehen? Achten Sie darauf, sich sorgfältig Notizen zu machen und diese auch zu behalten!

Wenn Sie die Vorbesprechung mit einem Team durchführen, kann es sinnvoll sein, zunächst eher schriftliche als mündliche Antworten einzuholen. Dabei lassen sich mehr Perspektiven zusammentragen, und es sorgt dafür, dass die nachfolgende Diskussion nicht von den ersten oder selbstbewusstesten Rednern dominiert wird. Ermuntern Sie eher zu erfahrungsbezogenen Kommentaren als zu formalen Risikoanalysen. Sie können die Kommentare dann aufschreiben, in eine Reihenfolge bringen und Entscheidungen über präventive Maßnahmen treffen, die zu einem Bestandteil der Arbeit werden. Schließen Sie mit einer positiven Anmerkung zu den vor Ihnen liegenden Chancen (und bewahren Sie die Notizen zu Gefahren und präventiven Maßnahmen auf).

Anmerkung zu Nachbesprechungen

Nachbesprechungen sollen zur kontinuierlichen Verbesserung beisteuern. Sie werden jedoch häufig ausgelassen: manchmal aufgrund des zeitlichen Drucks, manchmal auch aufgrund eines gewissen Widerwillens, über ungelöste Konflikte zu reden, die während der Arbeit aufgetaucht sind. Das Folgende ist eine Realitätsprüfung für Führungskräfte: Lassen Sie Beziehungen leiden, damit die Arbeit möglichst straff erledigt wird? Falls ja, verpassen Sie eine außerordentliche Lerngelegenheit – und Sie beschränken die persönliche Weiterentwicklung Ihres Teams und Ihrer selbst. Wenn Sie erst mal mit Vorbesprechungen anfangen, haben Sie ein neues Drittobjekt-Tool für die Nachbesprechungen: Teilen Sie den Teilnehmern Ihrer nächsten Nachbesprechung die Katastrophenszenarios oder die »Was-alles-schiefgehen-kann«-Listen aus der Vorbesprechung mit, und schauen Sie mal, welche Gefahren erfolgreich vorhergesehen oder vermieden wurden. Feiern Sie Ihre Erfolge!

2 Entwerfen Sie das Personal Business Model des Vorgesetzten

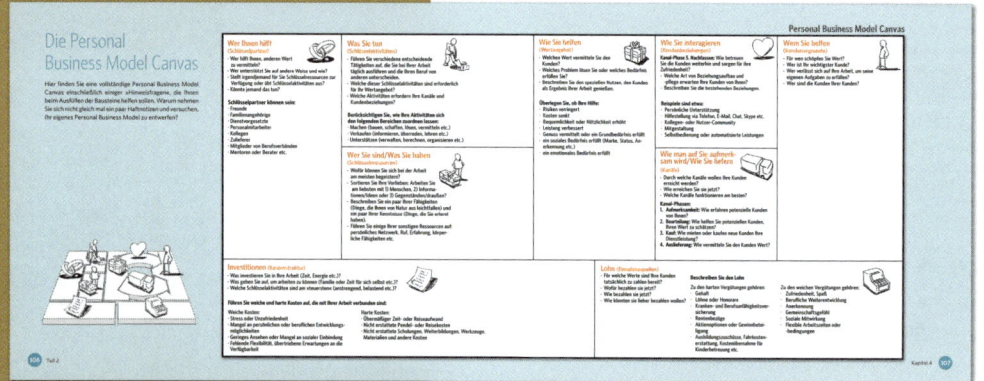

Zeichnen Sie Ihr Personal Business Model (Seite 106/107)

Wenn zu Ihrer Business-Model-Initiative auch Personal Business Models gehören, ist es wichtig, dass Sie die Personal Canvas auch für sich selbst nutzen. Kapitel 4 erklärt, wie Personal Business Models gezeichnet werden. Falls Sie das bisher nicht getan haben, holen Sie es jetzt unter Verwendung der Canvas auf Seite 106/107 nach. Machen Sie auch unbedingt die Übung zur **beruflichen Identität** auf Seite 112/113. Als Nächstes untersuchen Sie Ihren persönlichen Arbeitsstil mit den *Skyle-Zonen* (ab Seite 118), die Sie auf sich selbst anwenden. Zum Schluss sollten Sie noch die ab Seite 204 beschriebene Vorgehensweise ausprobieren und gleichzeitig sowohl an Ihrem Personal Business Model als auch am Enterprise Model Ihres Arbeitsplatzes arbeiten. Ihr Personal Model zu entwerfen ist sehr erhellend – manchmal auf geradezu verblüffende Weise. Um jedoch noch schneller und weiter voranzukommen, arbeiten Sie gemeinsam mit einem Partner an Ihrem Personal Business Model. Die folgende Paarübung ist dafür ideal.

Schritt 3. Ich entdecke intuitiv verborgene Geschichten, die mitgeteilt werden sollten.

Die Leute empfinden Stolz und Erfüllung, wenn sie lesen, was ich über sie schreibe.

Ich bin ein Unternehmensdiplomat, der organisatorische Grenzen überquert, um strategische, sinnvolle Geschichten zu produzieren.

Übung zur beruflichen Identität (Seite 112/113)

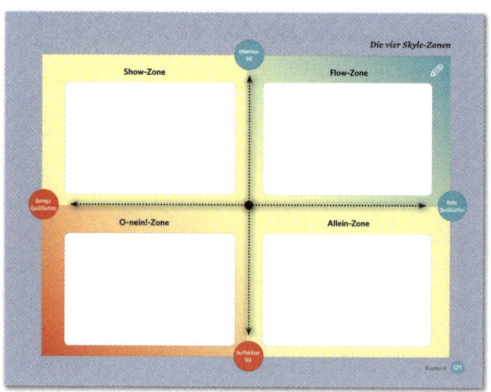

Skyle-Zonen (Seite 121)

Paarübung

Die Paarübung ermöglicht es zwei Personen, einander bei der Verwendung von Personal Business Models zu helfen, um ihre Positionen sowie ihre Übereinstimmung mit dem Team/der Organisation zu verdeutlichen. Machen Sie sie gemeinsam mit Ihrem Mitdenker, um an Ihrem Personal Business Model als Führungskraft zu arbeiten (später können Sie die Paarübung bei Ihrem eigenen Team einsetzen).

☐ **Ziel**

Verdeutlichen Sie Ihre Position und die Übereinstimmung mit Ihrem Team/Ihrer Organisation.

☐ **Material**

Jeweils ein großes Poster für die Personal Business Model Canvas für Sie und Ihren Mitdenker, das Sie an die Wand kleben, sowie Haftnotizzettel in mehreren Farben und zwei schwarze Filzstifte.

☐ **Vorbereitung**

Beide Teilnehmer sollten sich mit Enterprise Canvases und Personal Canvases auskennen und ihre eigenen Personal Models entworfen haben.

☐ **Ablauf**

Entscheiden Sie, wer von Ihnen der Kunde ist, und stellen Sie sich vor die Canvas des Kunden. Der Partner dient als Coach.

Der Kunde erläutert dem Coach sein Personal Business Model. Das sollte in Form einer zusammenhängenden Geschichte erfolgen, die in erster Linie Kunden, Wertangebote und Schlüsselpartner beschreibt, jedoch keine ausführlichen Erläuterungen der Schlüsselaktivitäten und anderer Bausteine enthält. Der Coach sollte Verständnisfragen stellen, bis das Modell des Kunden gut nachvollziehbar ist.

Danach stellt der Coach die für die Paarübung entscheidende Frage: »Welches ist der größte Schwachpunkt in Ihrem Modell?« Der Kunde lokalisiert den Schwachpunkt innerhalb eines bestimmten Bausteins. Daraufhin fasst der Coach den Schwachpunkt auf einem andersfarbigen Haftnotizzettel zusammen und platziert diesen in dem Baustein, wo die »Schwäche« angesiedelt ist.

Der Coach bringt die Übung weiter voran, indem er fragt, inwieweit der Schwachpunkt mit Elementen in anderen Bausteinen zusammenhängt oder durch sie verursacht wird. Wie könnten diese Elemente verändert werden, um die Schwäche zu beheben? In welcher Beziehung stehen der/die Schwachpunkt(e) zur persönlichen Übereinstimmung des Kunden mit dem Team oder der Organisation? Kunde und Coach sollten in kooperativer Zusammenarbeit ihre Ideen auf verschiedenfarbige Zettel schreiben und sie auf die entsprechenden Bausteine kleben.

Machen Sie eine Nachbesprechung. Danach wechseln Sie die Rollen: Der Coach wird zum Kunden und der Kunde zum Coach. Wiederholen Sie die Übung mit den neuen Positionen, und lassen Sie erneut eine Nachbesprechung folgen.

Modifizierte Partnerübung zur Anwendung in Teams

Dies ist eine modifizierte Version der Paarübung, die Sie in Teams anwenden können. Die Grundidee liegt darin, dass Kollegen einander helfen, statt von ihren Führungskräften Anweisungen entgegenzunehmen oder Feedback zu erhalten. Das Coaching untereinander kann 1) wirkungsvoller als das Coaching durch Vorgesetzte, 2) eine effizientere und angenehmere Arbeitsweise und 3) ein probates Mittel zur Schaffung von verhaltensändernden Erfahrungen sein.

☐ Raum- und Materialanforderungen

Ein großes Poster für die Personal Business Model Canvas pro Teilnehmer, dazu Haftnotizzettel in verschiedenen Farben und ein schwarzer Filzstift pro Teilnehmer. Der Raum muss groß genug sein, dass die Leute bequem paarweise bei den an die Wand gehängten Canvases zusammenarbeiten können.

☐ Vorbereitung

Alle Teilnehmer sollten mit Enterprise Canvases und Personal Canvases vertraut sein und ihre ersten Personal Models auf Canvases entworfen haben, die bereits im Vorfeld an den Wänden aufgehängt wurden. Die Paarübung kann durchgeführt werden, unmittelbar nachdem die Teilnehmer diese erste Version ihrer Personal Models entworfen haben. Es kann hilfreich sein, die Übungsanweisungen schriftlich festzuhalten und in einer PowerPoint-Präsentation zu projizieren, damit die Teilnehmer darauf Bezug nehmen können. Sie sollten auch in Betracht ziehen, die Zeit für jeden Schritt der Übung zu begrenzen und einen Timer einzublenden, sodass die Teilnehmer wissen, wie viel Zeit ihnen in jeder Phase noch zur Verfügung steht.

☐ Ablauf

Erläutern Sie, dass die Teilnehmer einander im Rahmen eines Prozesses namens Paarübung gegenseitig coachen werden. Bringen Sie die Teilnehmer in Zweiergruppen zusammen. Entweder lassen Sie sie einfach mit demjenigen zusammenarbeiten, der gerade neben ihnen steht, oder sie machen ein bisschen Beziehungsarbeit und entscheiden im Vorfeld, wer von der Zusammenarbeit mit wem am meisten profitieren könnte.

Bitten Sie die Paare, sich zu entscheiden, wer von ihnen zuerst der Kunde sein will (der jeweils andere fungiert als Coach). Lassen Sie jedes Paar zu der Kunden-Canvas an der Wand gehen.

Geben Sie die folgenden Anweisungen:

»Die Kunden werden den Coaches jetzt kurz ihr Personal Business Model erläutern. Kunden, erzählen Sie die Geschichte Ihrer Arbeit hauptsächlich, indem Sie Kunden und Wertangebote beschreiben – vermeiden Sie ausführliche Erläuterungen der Schlüsselaktivitäten und anderer Bausteine. Coaches, stellen Sie Verständnisfragen, um sicherzugehen, dass Sie das Modell des Kunden begreifen. Stellen Sie dann die entscheidende Paarübungs-Frage: ›Welches ist die größte Schwachstelle in Ihrem Modell?‹ Sorgen Sie dafür, dass der Kunde die Schwäche innerhalb eines bestimmten Bausteins lokalisiert. Unterstützen Sie ihn, indem Sie die Schwäche auf einen andersfarbigen Notizzettel schreiben, und kleben Sie diesen auf den entsprechenden Baustein.«

Zusätzliche Hilfestellung:

»Coaches, fragen Sie, inwiefern die Schwachstelle mit Elementen in anderen Bausteinen zusammenhängt oder von ihnen verursacht wird. Erkundigen Sie sich, wie diese Elemente modifiziert werden könnten, um die Schwäche zu beheben. Welcher Zusammenhang besteht zwischen der/den Schwachstelle(n) und der Übereinstimmung mit dem Team oder der Organisation? Schreiben Sie gemeinsam mit dem Kunden Ihre Ideen auf Notizzettel in unterschiedlichen Farben, und platzieren Sie sie auf den entsprechenden Bausteinen.«

Fordern Sie die Paare zum Rollentausch auf:

Der Coach wird zum Kunden und der Kunde zum Coach. Wiederholen Sie die Übung.

Machen Sie eine Nachbesprechung. Bitten Sie die Teilnehmer, über das zu sprechen, was sie entdeckt haben und welche Maßnahmen auf der Grundlage ihrer Erkenntnisse getroffen werden könnten.

3 Zeichnen Sie das Enterprise Model

Wenn Sie bereit sind, Ihr Enterprise Business Model zu entwerfen, werfen Sie noch mal einen Blick in Kapitel 2 und die Praxisübung auf Seite 56/57. Versuchen Sie dann, Ihr Enterprise Model zu zeichnen. Wenn Sie nicht weiterkommen, ziehen Sie Beispiele von ähnlichen Business Models heran, um nach Hinweisen und Inspiration zu suchen. Sobald Sie das Gefühl haben, ein vernünftiges Unternehmensmodell geschaffen zu haben, ist es an der Zeit, einen Mitdenker einzubeziehen.

Tipps für die Auswahl und Einweisung eines Mitdenkers
Die hauptsächliche Funktion eines Mitdenkers besteht darin, Fragen zu stellen, die Sie gedanklich über das hinausbringen, was Ihr ursprüngliches Business Model widerspiegelt. Die folgenden Eigenschaften sollte ein Mitdenker mitbringen:

1. Guter Zuhörer, der auch jenseits wortwörtlicher Äußerungen heraushören kann, was jemand zum Ausdruck bringen will
2. Von Natur aus neugierig, kann offene Fragen stellen, anstatt Ideen zu bewerten oder zu kritisieren
3. Hat ein grundlegendes Verständnis für Ihr Team und die übergeordnete Organisation; braucht die Grundlagen nicht erklärt zu bekommen
4. Systemischer Denker, der die Wechselbeziehungen in einer Organisation erkennt; kennt sich gut mit Business Models aus
5. Behandelt vorläufige Ideen oder besprochene Pläne vertraulich
6. Bringt Sie dazu, sich klar und präzise auszudrücken

Sobald Sie einen kompatiblen Mitdenker ins Boot geholt haben, machen Sie ein Think Out Loud Laboratory, um eine breitere (und tiefere) Perspektive Ihres Enterprise Model zu erlangen.

Think Out Loud Laboratory

Im Idealfall ist Ihr Mitdenker bereits versiert in Sachen Business Models. Falls nicht, sollten Sie eine intensive Canvas-Schulungseinheit einplanen, bei der Sie Beispiele aus Organisationen verwenden, die entweder sehr bekannt oder der Ihren sehr ähnlich sind. Verwenden Sie für diese Schulung möglichst nicht Ihre eigene Organisation – das ist eine missionsentscheidende Aufgabe, die während des Think Out Loud Laboratory (»Lautdenk-Labor«) selbst vorgenommen werden sollte. *Anmerkung:* Die Schulung des Betreffenden in Sachen Business Models ist eine Investition, die sich wiederholt auszahlt, wenn Sie einander in Zukunft als Sparringspartner dienen.

☐ **Ziel**
Erzeugung einer brauchbaren Version Ihres Enterprise Business Model, die Sie Ihrem Team weitergeben können.

☐ **Vorbereitung**
Beide Teilnehmer sollten mit der Canvas-Vorgehensweise für Geschäftsmodelle vertraut sein. Erklären Sie Ihrem Partner, dass Sie von ihm gute Fragen, Zusammenfassungen und Beobachtungen brauchen. Seine Aufgabe ist es, Ihre Gedanken zu erweitern und zu verbessern.

☐ **Raum- und Materialanforderungen**
Suchen Sie sich einen ruhigen, separaten Raum, an dem Sie ohne Unterbrechung arbeiten können. Kleben Sie zwei große Enterprise Business Model Canvases an die Wand. Halten Sie Haftnotizzettel in verschiedenen Farben und zwei schwarze Filzstifte bereit.

☐ **Anweisungen**
Beginnen Sie mit der Beschreibung des Enterprise Model (oder des übergeordneten Teams, mit dem Ihr eigenes Team koordiniert werden soll). Schreiben Sie einfache, gut verständliche Beschreibungen von Bausteinelementen auf Haftnotizen und platzieren Sie sie an den entsprechenden Stellen der Canvas. Unterhalten Sie sich dabei mit Ihrem Partner über Ihre Beschreibungen und welche Rolle sie spielen. Aufgabe Ihres Partners ist es, Sie mit seinen Anmerkungen zum Nachdenken anzuregen, beispielsweise: »Warum ist das wichtig?«, »Erzählen Sie mir mehr darüber« oder »Sie haben gerade eine Aktivität beschrieben, kein Wertangebot«. Seine Kenntnis des Unternehmens ermöglicht es ihm, Dinge zu bemerken, die Sie vielleicht auslassen oder anders interpretieren.

Sobald Sie die Canvas vervollständigt haben, nehmen Sie sich ein paar Minuten Zeit, um von dem Modell zu »erzählen«: Erzählen Sie eine anschauliche, zusammenhängende Geschichte darüber, wem das Unternehmen dient und welchen Wert es vermittelt. Üben Sie das Erzählen dieser Business-Model-Geschichte mehrfach, und holen Sie sich dabei von Ihrem Partner jedes Mal eine Rückmeldung, bis Sie beide das Gefühl haben, dass die Story knackig und überzeugend ist und dass Sie sie ohne störende Füllwörter wie »ähm« vortragen können. Ein Nutzen des Think Out Loud Laboratory ist mit der Business-Model-Story zu experimentieren und sie einzuüben, ehe Sie anderen in einer Situation gegenüberstehen, in der es auf jedes Wort ankommt.

4 Schulen Sie Ihr Team, zeichnen Sie Team Models und Personal Models

Alles in *Business Models für Teams* führt zu irgendeiner Art von Business-Model-Schulung, -Sozialisierung oder -Experimenten: Jedes Kapitel enthält Techniken, Übungen und Tipps, mit denen Sie und Ihre Mitarbeiter eine erfolgreiche Business-Model-Initiative gestalten und implementieren können. Schritt 4 könnte das Herzstück Ihrer Initiative sein: Er sieht vor, dass Sie Ihr Team im Business Modeling schulen und die Mitglieder dann Team Models und Personal Models zeichnen lassen.

Die Mosaik-Übung

Diese Übung ist für Führungskräfte gedacht, die möchten, dass die Teammitglieder ihre Team Models selbst formulieren. Teamkollegen, die gemeinsam ein Modell definieren und sich darauf verständigen, engagieren sich höchstwahrscheinlich auch stärker dafür. Und wenn das Engagement erst mal da ist, besteht der selbstverständliche nächste Schritt darin, dass die Teammitglieder ihre Personal Models definieren (oder neu definieren) im Hinblick auf ihren Beitrag zu dem Team Model, auf das man sich geeinigt hat.

☐ **Ziel**
Die Teammitglieder definieren und verständigen sich auf ein gemeinsames Team Business Model..

☐ **Raum- und Materialanforderungen**
Hängen Sie je eine große Enterprise Canvas für je zwei bis drei Teilnehmer an die Wände eines Raumes, der groß genug für alle Teinehmer ist. Lassen Sie Platz zwischen den Canvases, damit jede zwei- bis dreiköpfige Gruppe bequem an ihrer Canvas arbeiten und sich im Raum frei bewegen kann, um die anderen Canvases zu betrachten. Stellen Sie Haftnotizzettel in verschiedenen Farben und einen schwarzen Filzstift pro Teilnehmer zur Verfügung. Die Projektion eines Timers ist nützlich, ebenso eine Glocke oder ein Pfeifton, um zu signalisieren, wenn die Leute zur nächsten Canvas aufrücken sollen.

☐ Vorbereitung

Die Teilnehmer müssen eine Grundlagenschulung zur Enterprise Canvas erhalten und das Konzept der Anfertigung eines Team Business Model verstanden haben.

☐ Ablauf

1. Erklären Sie, dass die Teilnehmer ein Business Model für ihr Team erstellen sollen. Teilen Sie die Gruppe in Kleingruppen von jeweils zwei oder drei Mitgliedern auf (Gruppen mit vier oder mehr Teilnehmern sind im Allgemeinen weniger effektiv). Sie können die Teams willkürlich zusammenstellen oder im Vorfeld entscheiden, wer mit wem zusammenarbeiten soll.

2. Bitten Sie die Teilnehmer, das gesamte Team Business Model abzubilden. Setzen Sie für diese Arbeit eine zeitliche Grenze (15 bis 30 Minuten ist eine gute Bandbreite), und halten Sie sich an den Plan (es hilft den Leuten, im Zeitrahmen zu bleiben, wenn ein Timer an die Wand projiziert wird). Jede Kleingruppe sollte diese Aufgabe unabhängig erledigen, ohne auf die Arbeit der anderen Bezug zu nehmen.

3. Am Ende dieser zeitlich begrenzten Übung geben Sie die folgende Anweisung: »Bestimmen Sie als Erstes eins Ihrer Mitglied zum ›Erklärer‹ Ihres Team Model. Die anderen sind ›Besucher‹. Dann erstellen wir ein ›Mosaik‹ in sechsminütigen Segmenten. Wenn die Glocke ertönt, bleibt der Erklärer Ihres Team Business Model bei der Canvas stehen, während die Besucher sich im Uhrzeigersinn zur Canvas der nächsten Gruppe weiterbewegen. Dort erhalten sie eine Erklärung der Interpretation dieser Gruppe des Team Business Model und können Fragen stellen. Ihnen stehen dafür nur sechs Minuten zur Verfügung, also seien Sie prägnant! Den Besuchern steht es frei, Haftnotizzettel zu verwenden, um Kommentare zu den Business Models abzugeben. Wenn die Glocke erneut ertönt, gehen Sie weiter zur Canvas der nächsten Gruppe, hören sich die Erklärungen an und stellen Fragen. Das setzen wir so lange fort, bis alle Besucher alle Versionen unseres Team Business Model gesehen haben. Die Erklärer bleiben bei ihrer Canvas stehen und bewegen sich nicht im Raum weiter.«

4. Lassen Sie die zeitlich getaktete Rotation durchführen. Wenn Sie beispielsweise vier Gruppen haben, müssen die Leute vier Mal aufrücken. Wenn sie wollen, können die Erklärer ihre Modelle als Reaktion auf das Feedback der Besucher vor Ort modifizieren.

5. Lassen Sie die Besucher an ihre ursprünglichen Positionen zurückkehren und darüber sprechen, was sie von ihren Kollegen und den alternativen Team Models gelernt haben. Anschließend sollten sie ihr Team Business Model überarbeiten oder ergänzen, um ihre Erkenntnisse oder ihr erweitertes Verständnis zu reflektieren.

6. Jeder im Raum begreift jetzt verschiedene Versionen eines Team Model. Sie können eine allgemeine Diskussion führen, jede Kleingruppe ihr eigenes (überarbeitetes) Modell vorführen lassen oder einen anderen traditionellen Ansatz verwenden, um sich auf das finale Modell zu verständigen. Ziehen Sie aber in Erwägung, eine alternative Methode zu verwenden, zum Beispiel die Dotmocracy (Beschreibung auf der folgenden Seite), um allgemeines Einvernehmen über ein Team Model zu erzielen.

Dotmocracy

Dotmocracy ist eine einfache Methode zur gemeinsamen Entscheidungsfindung. Sie demokratisiert den Prozess der Prioritätensetzung oder Auswahl zwischen verschiedenen Alternativvorschlägen, Ideen oder Aktivitäten. Manchmal wird sie auch als Dot Voting bezeichnet.[1]

☐ Zielsetzung

Das Erreichen von Einigkeit innerhalb einer Gruppe durch »Abstimmen« statt Debattieren. Der Prozess umgeht die Probleme bei traditionellen Diskussionen, zum Beispiel übermäßige Gewichtung der Meinungen des selbstbewusstesten Redners oder die Erzeugung eines »Mitläufereffekts«, bei dem die Teilnehmer tendenziell mit einer vorherrschenden Meinung, der dominantesten Persönlichkeit in der Gruppe oder der höchstrangigen Führungskraft übereinstimmen.

☐ Methode

Erzeugen Sie einen visuellen »Stimmzettel«, auf dem alle zu berücksichtigenden Optionen aufgeführt sind. Die Teilnehmer wählen, indem sie Haftnotizzettel oder Klebepunkte auf den von ihnen bevorzugten Optionen anbringen. Das Ergebnis ist eine anschauliche visuelle Darstellung derjenigen Optionen, die von der Gruppe als Ganzes am stärksten bevorzugt werden.

☐ Zahl der Teilnehmer

Mindestens drei Teilnehmer sind erforderlich. Die Übung kann mit deutlich mehr Personen durchgeführt werden, wobei die Auswertung der Abstimmung dann mehr Zeit in Anspruch nehmen kann.

☐ Zeiterfordernis

Alles zwischen fünf Minuten und einer Stunde oder mehr. Das Abstimmen und Auszählen ist im Allgemeinen schnell erledigt, je nach Zahl der Beteiligten. Der Großteil der Zeit wird benötigt, um vor der Abstimmung die Optionen zu erarbeiten, zu präsentieren und zu besprechen.

☐ Erforderliche Materialien

1) Canvases, Flipchart(s), Whiteboard oder große selbsthaftende Blätter, die an einer Wand aufgehängt werden können (diese Darstellung geht davon aus, dass Sie gerade die Mosaik-Übung mit Canvases durchgeführt haben, wie sie auf der vorhergehenden Seite beschrieben wird), sowie 2) Klebepunkte oder -zettel, mindestens fünf pro Teilnehmer.

Wie abgestimmt wird

Als Erstes benötigt Ihre Gruppe Optionen, über die abgestimmt werden kann. Wenn Sie gerade die Mosaik-Übung durchgeführt haben, hängen noch einige Team Model Canvases oder Business Model Canvases an den Wänden des Raums. Erklären Sie, dass die Teilnehmer für die fünf Bausteinelemente »stimmen« sollen, die ihrer Meinung nach für das Team Business Model die größte Bedeutung haben. Jeder Teilnehmer erhält fünf Stimmen. Die Wähler können mehr als eine Stimme pro Bausteinelement abgeben, wenn sie eine bestimmte Auswahlmöglichkeit besonders zutreffend finden, aber sie müssen in mindestens drei verschiedenen Bausteinen Stimmen abgeben (passen Sie diese Regeln an, wenn Sie es für angemessen halten).

Geben Sie jedem Teilnehmer fünf Klebepunkte. Auf Ihr Zeichen hin können alle frei im Raum umhergehen und die Punkte neben ihre bevorzugten Bausteinelemente kleben, und zwar auf jeder der Canvases (wenn alle gleichzeitig wählen, bleiben die Präferenzen der Beteiligten mehr oder weniger anonym).

Wie ausgezählt wird

Bitten Sie zwei Teilnehmer, die Stimmen zu zählen (wenn Sie dafür junge oder schüchterne Teilnehmer auswählen, kann das für eine bessere Einbindung sorgen). In der Zwischenzeit kann die übrige Gruppe eine Pause machen oder zum Mittagessen gehen. *Wichtige Anmerkung:* Die Auszähler sollen erst ähnliche Bausteinelemente zusammenfassen und für jeden Cluster ein einzelnes Schlagwort finden. Wenn der Kundensegmente-Baustein beispielsweise »Finanzen«, »Buchhaltung« und »Finanzleute« beinhaltet, können die Auszähler ein Schlagwort namens »interne Finanzen« wählen und ihm drei Stimmen zuschreiben. Sind die Punkte stark konzentriert, können die Ergebnisse auch unmittelbar erkennbar sein, und die Auszählung kann entfallen oder rasch und ohne Pause durchgeführt werden. *Anmerkung:* Fünf Stimmen pro Teilnehmer scheint gut zu funktionieren, ist jedoch keine unumstößliche Regel.

Der/die Wahlgewinner

Erzeugen Sie eine neue Team Canvas, indem Sie mit den fünf »meistgewählten« Bausteinelementen anfangen. Die übrigen Elemente können anhand der meisten erhaltenen Stimmen hinzugefügt werden. Glückwunsch! Sie haben gemeinsam Ihr Team Business Model bestimmt. Selbst wenn einige Teilnehmer nicht mit den Resultaten übereinstimmen, ist es wesentlich wahrscheinlicher, dass sie die Wahl der Gruppe unterstützen – weil sie bei der Entscheidungsfindung miteinbezogen wurden und dasselbe Mitspracherecht hatten.

5 Besprechen, beschließen, machen

Jetzt ist es an der Zeit, die Implikationen Ihrer Business-Model-Einsichten zu besprechen und sich über das Vorgehen zu einigen. Schauen Sie sich noch mal die Handlungen an, die in den Fallstudien der vorangegangenen Kapitel beschrieben wurden. Diese Teams haben etwas gesucht und gefunden, um

- zu reparieren oder zu verbessern,
- zu eliminieren (weniger tun),
- zu verstärken (mehr tun),
- eine Neuausrichtung zu erzielen,
- einen Vorteil zu nutzen.

Der Schnellvorlauf hilft Ihrem Team, sich vom Einverständnis über Implikationen zum Einverständnis über Handlungen voranzubewegen.

Schnellvorlauf

Diese leicht durchzuführende Übung verhilft zu einem Bewusstsein über den Kontext, in dem die neuen Aufgabenzuweisungen zu sehen sind, über Veränderungen der Teamaktivitäten, anderer Aufgaben oder über persönliche Verwandlungen. Die Idee dahinter ist, durch einen »Schnellvorlauf des Arbeitsfilms« Erkenntnisse auszulösen, ehe die Arbeit beginnt. Sie können die Übung jederzeit ohne Vorbereitung durchführen:

1. Bitten Sie das Team, sich die bevorstehende Arbeit als Spielfilm vorzustellen. Sagen Sie: »Machen Sie einen Schnellvorlauf des Films von diesem Projekt. Wie geht es am Ende aus?« Sie können kleinere Gruppen bilden, die getrennt daran arbeiten. Bitten Sie die Leute, Titel zu finden, Storyboards zu entwickeln oder sogar ein Casting für ihren »Film« vorzunehmen. Machen Sie Vorschläge wie: »Welche unerwarteten Ereignisse gab es? Beschreiben Sie die größten Herausforderungen und wie sie bewältigt wurden. Welche war die aufregendste Szene? Wer waren die Schauspieler? Ist Ihr Film eine Komödie? Ein Drama? Eine Abenteuergeschichte?«

2. Lassen Sie jede Gruppe ihren Film vorführen. Bitten Sie die Leute, Szenen zu bestimmten Zeitpunkten in der Zukunft zu beschreiben. Bei einer größeren Gruppe können Sie die Leute auffordern, das Ende oder einzelne »Szenen« kurz auf Karteikarten zu beschreiben, sie dann die Karten tauschen, die Texte der anderen lesen und anschließend einige davon laut vorlesen lassen. Das sorgt für Beteiligung.

3. Diskutieren Sie die Antworten. Legen Sie gleich viel Gewicht auf rationale und intuitive Erkenntnisse. Bitten Sie die Gruppe um Vorschläge, wie diese Erkenntnisse genutzt werden können, um die bevorstehende Arbeit erfolgreicher zu gestalten.

☐ Variation 1

Unterteilen Sie das Team in zwei Gruppen. Eine Gruppe macht einen Schnellvorlauf zu einem »tragischen Ende« des Films und beschreibt, wo, wann und warum die Katastrophe eintrat. Die andere Gruppe macht einen Schnellvorlauf zu einer Happy-End-Version des Films und beschreibt die Chancen, Aktivitäten und Entscheidungen, die zum Erfolg geführt haben. Lassen Sie jede Gruppe ihre Version des Films vorstellen. Vergleichen Sie die beiden Versionen und besprechen Sie dann die Implikationen mit der gesamten Gruppe. Bei langfristigen Projekten können Sie diese Übung mittendrin noch mal wiederholen. *Hinweis:* Bewahren Sie die Beschreibungen der verschiedenen Versionen des Films auf. Nachdem die Arbeit erledigt ist, können Sie sie im Rahmen der Nachbesprechung noch mal »aufführen«

☐ Variation 2

Der Schnellvorlauf kann auch mit Einzelpersonen durchgeführt werden. Wenn ein Teammitglied beispielsweise mit der Entscheidung ringt, von einer technischen zu einer Führungsposition zu wechseln, können Sie sagen: »Machen Sie einen Schnellvorlauf Ihres Lebens als Führungskraft. Womit verbringen Sie in erster Linie Ihre Zeit? Beschreiben Sie, was für Sie als Vorgesetzten jetzt anders ist. Was hat sich verändert?«

Ein letztes Angebot

Ob Sie formell oder informell führen, durch die Anwendung von Business Models können Sie anderen helfen, effektiver zu arbeiten: als Individuen, in Teams und als Mitwirkende eines größeren Unternehmens. Also hören Sie auf, darüber nachzugrübeln – probieren Sie es aus! Experimentieren Sie. Der Prozess wird Ihnen Spaß machen.

Wir sind neugierig auf Ihre Erkenntnisse, ob sie nun dem Scheitern oder dem Erfolg geschuldet sind. Schreiben Sie uns unter tim@BusinessModelsForTeams.com oder unter bruce@BusinessModelsForTeams.com. Wenn der Spirit auch Sie erfasst hat, dann leisten Sie uns Gesellschaft auf BusinessModelsForTeams.com, registrieren Sie sich und erhalten Sie alle im Buch beschriebenen Tools kostenlos.

Tim Clark

Bruce Hazen

Portland, Oregon
November 2016

Besondere Mitwirkende

Zusätzlich zur Online-Zusammenarbeit haben sich einige unserer Mit-schöpfer einen ganzen Tag lang persönlich in Amsterdam getroffen, um dieses Buch zu gestalten und weiterzuentwickeln. Wir danken diesem besonderen Team von Mitwirkenden, insbesondere für die Tests und die Kritik der in diesem Buch beschriebenen Methoden und Techniken.

Arnulv Rudland
Atos Consulting

Birgitte Alstrøm
ValueGrower

Daniel Weiss
Brickme.org

Dennis Daems
EIFFEL

Edmund Komar
people.innovation.partners

Dr. Frederic Caufrier
Three Parallel Rivers

Jos Meijer
In Good Company

Dr. Jutta Hastenrath
Hastenrath.de

Luigi Centenaro
BigName.it

Marijn Mulders
Tolo Branca

Mercedes Hoss
Off-Time GmbH

Mikko Mannila
Stattys

Nicolas de Vicq
Mindstep.TV

Neil McGregor
Human Synergistics New Zealand

Reiner Walter
Geschäftsmodell-Coach

Renate Bouwman
De Droombaanfabriek

Dr. Thomas Becker
Thomas Becker, btc

Tim & Bruce
BusinessModelsForTeams.com

Praktische Inspiration aus einer weltweiten Community

Eine sinnvolle Diskussion von Teamwork kann nicht in Theorieblasen oder einem Organisationsvakuum stattfinden. Aus diesem Grund haben die Autoren und die Community beschlossen, praktische Vorgehensweisen in einem direkt anwendbaren Buch zu beschreiben.

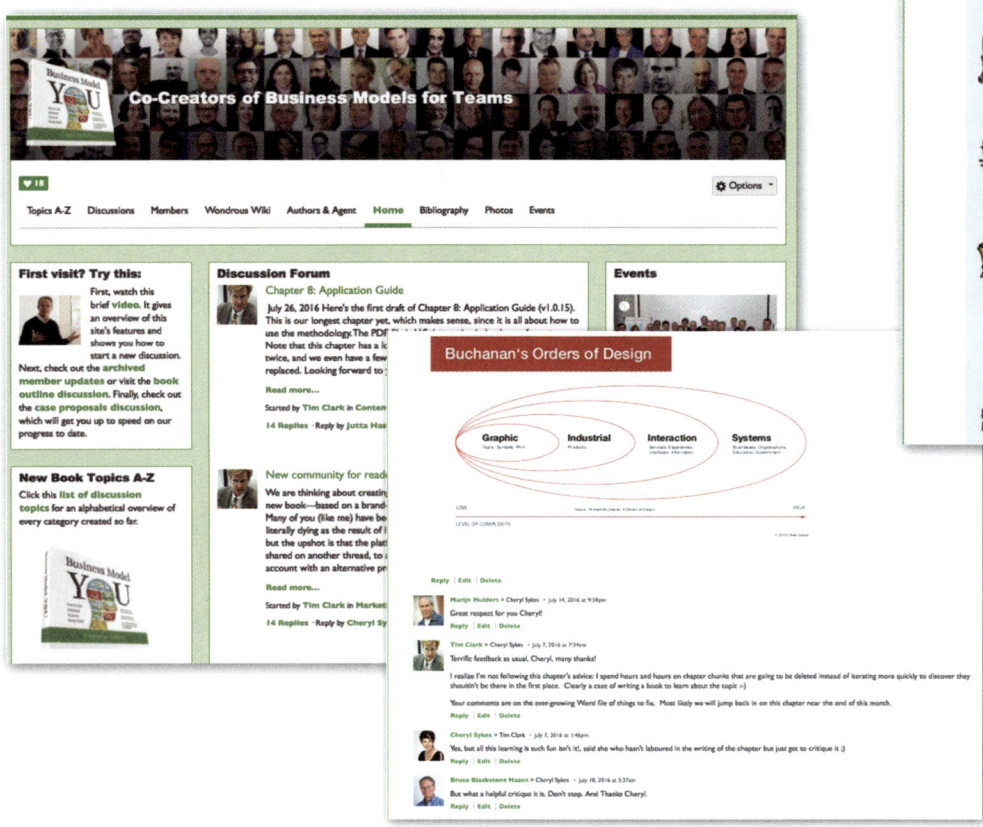

Die Online-Community, die *Business Models für Teams* geschaffen hat, hegte den globalen Wunsch nach besserer Teamarbeit. Kluge Köpfe aus aller Welt steuerten die unterschiedlichsten Arbeitsbeispiele bei. Ideen und Textentwürfe wurden fortlaufend überprüft.

Das Niederschreiben bedeutete, eine Menge Material zu verwerfen und dennoch genug zu sagen, damit die Leser entdecken können, wie ihre eigenen Organisationen funktionieren – und wie die Mitarbeiter da hineinpassen.

Bei Offline-Tests und -Diskussionen wurden die besten Ideen nach Prioritäten geordnet und weiterentwickelt.

Aus alldem, was hätte gesagt werden können, wählten wir die Schlüsselthemen aus, die über Business Models für Teams unbedingt gesagt werden müssen.

Biografien der Urheber

Dr. Timothy Clark, Autor

Tim ist NEXT-zertifizierter Unternehmenstrainer, Pädagoge und Autor sowie Anführer der weltweiten Personal-Business-Model-Bewegung auf BusinessModelYou.com. Nachdem er im Rahmen einer Multimillionen-Dollar-Transaktion sein sechs Jahre altes Start-up an einen Nasdaq-Konzern veräußert hatte, beendete er seine Doktorarbeit über die Übertragbarkeit von internationalen Geschäftsmodellen und fungierte als Autor oder Herausgeber von fünf Büchern über Unternehmertum, Geschäftsmodelle und persönliche Weiterentwicklung, darunter die internationalen Bestseller *Business Model You* und *Business Model Generation,* von denen mehr als 1 Million Exemplare in 30 Sprachen verkauft wurden.

Zuvor war Tim als Berater und Wissenschaftler für Kunden wie Amazon, Bertelsmann Financial Services, Intel und PeopleSoft tätig. Sechs Jahre lang war er Autor der monatlichen Newsletter Japan Entrepreneur Report und Japan Internet Report und schrieb die allerersten an viele Zeitungen verkauften englischsprachigen Forschungsberichte über den japanischen internetbasierten Mobilfunksektor. Er hat einen Masterabschluss und einen Doktortitel in Betriebswirtschaft an der Stanford University, war Professor an der Universität von Tsukuba und Senior Fellow beim Tokioter Venture-Capital-Unternehmen Sunbridge.

Bruce Blackstone Hazen, M.S., Koautor

Bruce ist Karriere- und Managementberater und arbeitet seit über 18 Jahren mit Vorgesetzten und ihren Teams an persönlich zugeschnittenen Antworten auf die drei Karrierefragen. Als Redner, Dozent und Berater ist seine Mission eindeutig: Probleme am Arbeitsplatz zu verringern, die berufliche Zufriedenheit zu erhöhen, seinen Kunden einen Blick auf das große Ganze zu verschaffen und sie davor zu bewahren, dass ihre Karriere nur aus einer Abfolge von Jobs besteht. Er hat jeweils einen Bachelor- und einen Masterabschluss in Betriebssoziologie und Klinischer Psychologie an der Cornell University und der San Jose State University und ist seit 25 Jahren sowohl im Personalwesen als auch in Führungspositionen in den Bereichen Technologie, Gesundheitswesen und professionelle Dienstleistungen tätig.

Bruce ist Vorstand von Three Questions Consulting und Autor von *Answering The Three Career Questions: Your Lifetime Career Management System*. Er hat das Kapitel über Karrierecoaching zu *The Complete Handbook of Coaching* beigesteuert und ist Koautor von *Business Model You*.

Keiko Onodera, Designerin

Keiko wurde in Tokio geboren und machte ihren Abschluss an der Kuwsawa Design School. Als Studentin arbeitete sie in einem Designatelier und schuf das offizielle Logo des Takigawa Beauty College, das noch heute in Verwendung ist. Nach ihrem Studienabschluss wurde sie als Verpackungsdesignerin im F&E-Zentrum des Nahrungsmittelherstellers Yikujirushi eingestellt, der größten Forschungsanstalt dieser Art in Japan, und bekam Patente für ihre innovativen Gestaltungsentwürfe erteilt. Danach wurde sie Teil eines Teams von über 100 Kreativen bei dem weltweiten Kosmetikgiganten Shiseido, wo sie Werbeprodukte und Verpackungen gestaltete.

Im Jahr 1991 zog Keiko in die Vereinigten Staaten und arbeitete bei der Visual-Design-Firma UCI in Honolulu mit dem Schwerpunkt auf Grafik und Verpackungen, während sie gleichzeitig als Freiberuflerin das Grafikdesign für Zeitschriften und andere Publikationen machte. Danach war sie Mitgründerin einer Beratungsfirma für Online-Marktstudien und Kundenwerbungsdienstleistungen, wo sie Websites in japanischer Sprache und Online-Werbeaktionen für Kunden wie Amazon, JCPenney und Neiman Marcus gestaltete. Sie arbeitet heute als freiberufliche Designerin.

Anmerkungen

Kapitel 1

1 Persönliche Erfahrung des Autors in San Jose, Kalifornien.

2 In *Drive* von Daniel Pink findet sich eine umfassende Darstellung der menschlichen Motivationsforschung, die Sinnerfüllung, Selbstbestimmung und Kompetenz als die drei zentralen Antriebskräfte am Arbeitsplatz nennt. Wir haben den Faktor Beziehung hinzugefügt, der in der sozialwissenschaftlichen Literatur als weiterer Schlüsselmotivator weitgehend anerkannt wird.

3 Lencioni, Patrick. *The Five Dysfunctions of a Team* (Jossey-Bass, 2002).

4 Wilson, Edward O. *The Meaning of Human Existence* (LiveRight Publishing Corporation, 2014).

5 Hersey, Paul und Blanchard, Kenneth H. Life Cycle Theory of Leadership (*Training and Development Journal* 23 [5]: 26–34. 1969).

6 Blanchard, Kenneth H. *Der Minuten Manager*. Siehe auch Center for Creative Leadership (http://www.ccl.org).

7 Marciano, Paul. *Carrots and Sticks Don't Work: Build a Culture of Employee Engagement with the Principles of RESPECT™* (McGraw-Hill, 2010).

8 Formales systemisches Denken ist für die meisten Menschen zu schwierig und daher für viele Führungskräfte impraktikabel. Donella Meadow bietet mit *Thinking in Systems: A Primer* eine ausgezeichnete, auch für Laien verständliche Einführung in das systemische Denken.

9 Wir definieren Drittobjekte als physische Artefakte, die bei Verwendung auf strukturierte, aber leicht spielerische Art der Diskussion deutlich überlegen sind, um die Beziehungen zwischen Menschen zu vertiefen und ihr Verständnis komplexer Themen zu verbessern. Der Begriff »Dritt...« bezieht sich sowohl auf 1) etwas für die Anwesenden Externes als auch 2) auf eine zusätzliche physische Dimension, die das Verständnis über lineare, verbalbasierte Interaktionen hinausführt.

10 Kristiansen, Per und Rasmussen, Robert. *Building a Better Business Using the LEGO® Serious Play® Method* (Wiley, 2014).

11 Osterwalder, Alexander, Pigneur, Yves et al. *Value Proposition Design* (Campus, 2015).

Kapitel 2

1. Owen, David. *Copies in Seconds: Chester Carlson and the Birth of the Xerox Machine* (Simon & Schuster, 2004), 220.

2 Chesbrough, Henry und Rosenblum, Richard S. *The Role of the Business Model in Capturing Value from Innovation: Evidence from Xerox Corporation's Technology Spinoff Companies* (Harvard Business School).

3 *Copies in Seconds,* 278.

4 Auch die starke Konkurrenz durch japanische Hersteller von Kopierern war ein entscheidender Faktor. Siehe Charles D. Ellis, *Joe Wilson and the Creation of Xerox* (Wiley, 2006).

5 Nasdaq-Berechnung vom 27. April 2016.

6 Alexander Osterwalder und Yves Pigneur definieren »Geschäftsmodell« folgendermaßen: Ein Geschäftsmodell beschreibt das Grundprinzip, nach dem eine Organisation Werte schafft, vermittelt und erfasst (aus *Business Model Generation,* Campus, 2011). Uns erscheint es intuitiver, sich den Wert als etwas vorzustellen, das eher von den Kunden »erfasst« als von der Organisation geschaffen und vermittelt wird.

7 In *Business Model Generation* umfassen die Kanäle alle fünf Phasen des Marketingprozesses. Uns erscheint es intuitiver, wenn die Kanäle die ersten vier Marketingphasen umfassen, die dazu führen, dass Interessenten zu Kunden werden. Nachdem ein Interessent ein Kunde geworden ist, kommuniziert die Organisation mit ihm über den Baustein Kundenbeziehungen.

8 Auf Strategyzer.com finden Sie Tools, mit denen Sie entweder vor Ort oder cloudbasiert digitale Business Model Canvases und Kostenkalkulationen erzeugen können.

9 Die Business Model Canvas wurde von Alexander Osterwalder und Yves Pigneur erfunden und kann kostenlos auf Strategyzer.com heruntergeladen werden.

Kapitel 3

1 Lencioni, Patrick. *The Three Signs of a Miserable Job* (Jossey-Bass, 2007).

2 Suchen Sie nach »Clayton Christensen« und »jobs to be done«, um mehr über dieses Konzept zu erfahren. Eine umfassende Behandlung der Vor- und Nachteile findet sich bei Alexander Osterwalder und Yves Pigneur, *Value Proposition Design* (Campus, 2015).

Kapitel 4

1 Wenn Sie Ihr eigenes Personal Business Model noch nicht gezeichnet haben, siehe Tim Clark, *Business Model You* (Campus, 2012), oder sehen Sie sich kostenlose Videos mit Schritt-für-Schritt-Anleitungen an unter CommunityBusinessModelYou.com.

2 Das persönliche Wertangebot wird in *Business Model You* als »vermittelter Wert« beschrieben. Die beiden Begriffe sind austauschbar. »Vermittelter Wert« wird verwendet, um jemanden zu beschreiben, der gerade tätig ist und bereits Wert zur Verfügung stellt, im Gegensatz zum »Wertangebot«, das impliziert, dass neue Kunden gesucht werden, indem die Vermittlung eines bestimmten Wertes angeboten wird.

3 Suchen Sie nach »Clayton Christensen« und »jobs to be done«, um mehr über dieses Konzept zu erfahren.

4 Frederic Laloux bespricht die Idee der »gesamten Persönlichkeit« in *Reinventing Organizations: Ein Leitfaden zur Gestaltung sinnstiftender Formen der Zusammenarbeit* (Vahlen, 2015).

5 In Anlehnung an ein Zitat des Holacracy-One-Mitgründers Tom Thomison.

6 Lencioni, Patrick. *The Truth About Employee Engagement* (Jossey-Bass, 2015).

7 Siehe reachcc.com

Kapitel 5

1 Siehe Daniel Pink, *Drive,* eine umfassende Darstellung der menschlichen Motivationsforschung, die Zielsetzung, Selbstbestimmung und Kompetenz als die drei zentralen Antriebskräfte am Arbeitsplatz nennt. Wir haben den Faktor Beziehung hinzugefügt, ein Schlüsselfaktor in der Theorie der Selbstbestimmtheit.

2 Eine ausführliche Darstellung der Career Collaboration findet sich in *Answering the Three Career Questions* von Bruce Hazen (Three Questions Consulting, 2014).

3 Eine ausführliche Darstellung der drei Fragen findet sich in *Answering the Three Career Questions*.

4 LinkedIn Exit Survey, 2014.

5 Towers Watson Global Workforce Study, 2014.

6 Siehe JobCrafting.org.

Kapitel 6

1 Der Golden Circle wurde von Simon Sinek entwickelt und ist beschrieben in *Frag immer erst: warum* (Redline, 2014).

2 Lencioni, Patrick. *The Truth About Employee Engagement* (Jossey-Bass, 2015).

3 Diese Übung findet sich unter dem Namen »Soziales Low-tech-Netzwerk« in Dave Gray, *Gamestorming* (O'Reilly, 2010).

4 Übung übernommen aus Sinek, *Frag immer erst: warum*.

5 Ibid.

Kapitel 7

1 Diese Geschichte basiert auf einem Auftrag des Autors. Die Namen wurden aus datenschutzrechtlichen Gründen geändert. Dialoge und einige Ereignisse wurden zu didaktischen Zwecken fiktionalisiert. Die Fotos stammen vom tatsächlichen Ort des Geschehens.

Kapitel 8

2 Siehe Tim Clark, *Business Model You* (Campus, 2012), oder gehen Sie auf BusinessModelYou.com.

3 Covey, Stephen. *The 7 Habits of Highly Effective People* (Free Press, 1990).

4 Blanchard, Ken. Mastering the Art of Change (*Training Journal,* Januar 2010).

5 Marciano, Paul. *Carrots and Sticks Don't Work: Build a Culture of Employee Engagement with the Principles of RESPECT™* (McGraw-Hill, 2010).

6 Empathy Maps werden beschrieben in Gray, David et al. *Gamestorming* (O'Reilly, 2010).

Kapitel 9

1 Dotmocracy wird beschrieben in Gray, David et al. *Gamestorming* (O'Reilly, 2010).

Hilfreiche Bücher und Artikel

Argyris, Chris. *Integrating the Individual and the Organization* (Transaction Publishers, 1990)

Beck, Don Edward und Cowan, Christopher C. *Spiral Dynamics: Leadership, Werte und Wandel* (J. Kamphausen, 2007)

Berger, Jennifer Garvey und Johnston, Keith. *Simple Habits for Complex Times: Powerful Practices for Leaders* (Stanford University Press, 2015)

Buxton, Bill. *Sketching User Experiences: Das praktische Arbeitsbuch zum Erlernen von Sketching und zahlreicher Skizziermethoden* (mitp, 2013)

Cappelli, Peter. *Why Good People Can't Get Jobs: The Skills Gap and What Companies Can Do About It* (Wharton Digital Press, 2012)

Chandler, M. Tamra. *How Performance Management is Killing Performance – and What to Do About It* (Berrett Koehler Publishers, Inc., 2016)

Clark, Tim, Osterwalder, Alexander und Pigneur, Yves. *Business Model You* (Campus, 2012)

Eoyang, Glenda und Holladay, Royce J. *Adaptive Action: Leveraging Uncertainty in Your Organization* (Stanford Business Books, 2013)

Fuller, R. Buckminster. *Bedienungsanleitung für das Raumschiff Erde und andere Schriften* (Verlag der Kunst, 1998)

Getz, Issac. Liberating Leadership: How the Initiative-Freeing Radical Organizational Form Has Been Successfully Adopted (*California Management Review,* 2009, Jg. 51, Nr. 4)

Gray, David et al. *Gamestorming* (O'Reilly, 2011)

Hamel, Gary. *Worauf es jetzt ankommt* (Wiley, 2012)

Haudan, Jim. *The Art of Engagement: Bridging the Gap Between People and Possibilities* (McGraw-Hill, 2008)

Hazen, Bruce. *Answering the Three Career Questions* (Three Questions Consulting, 2014)

Hsieh, Tony. *Delivering Happiness: Wie konsequente Kunden- und Mitarbeiterorientierung einzigartige Unternehmen schaffen* (Vahlen, 2016)

Hock, Dee. *One From Many: VISA and the Rise of the Chaordic Organization* (Berrett Koehler Publications, Inc., 2005)

Kaye, Beverly und Giulioni, Julie Winkle. *Help Them Grow or Watch Them Go: Career Conversations Employees Want* (Berrett-Koehler Publications, 2012)

Kersten, E. L. *The Art of Demotivation – A Visionary Guide for Transforming Your Company's Least Valuable Asset: Your Employees* (Despair, Inc., 2005)

Kolko, Jon. Design Thinking Comes of Age (*Harvard Business Review,* September 2015)

Krames, Jeffrey. *Lead With Humility: 12 Leadership Lessons from Pope Francis* (American Management Association, 2015)

Kristiansen, Per und Rasmussen, Robert. *Building a Better Business Using the Lego® Serious Play® Method* (Wiley, 2014)

Kruse, Kevin. *Employee Engagement for Everyone* (Center for Wholehearted Leadership, 2013)

Labovitz, George und Rosansky, Victor. *The Power of Alignment: How Great Companies Stay Centered and Accomplish Extraordinary Things* (McGraw-Hill, 1997)

Labovitz, George und Rosansky, Victor. *Rapid Realignment: How to Quickly Integrate People, Processes, and Strategy for Unbeatable Performance* (McGraw-Hill, 2012)

Laloux, Frederic. *Reinventing Organizations: Ein Leitfaden zur Gestaltung sinnstiftender Formen der Zusammenarbeit* (Vahlen, 2015)

Lencioni, Patrick. *Die 5 Dysfunktionen eines Teams* (Wiley, 2014)

Lencioni, Patrick. *Die Wahrheit über begeisterte Mitarbeiter* (Wiley, 2016)

Marciano, Paul. *Carrots and Sticks Don't Work: Build a Culture of Employee Engagement with the Principles of RESPECT™* (McGraw-Hill, 2010)

Marquet, L. David. *Turn the Ship Around! A True Story of Turning Followers into Leaders* (Portfolio/Penguin, 2012)

Maturana, Humberto R. und Varela, Francisco J. *Der Baum der Erkenntnis: Die biologischen Wurzeln menschlichen Erkennens* (Fischer Taschenbuch, 2009)

Mayer, Roger C., Davis, James H. und Schoorman, F. David. An Integrative Model of Organizational Trust (*The Academy of Management Review,* Jg. 20, Nr. 3, Juli 1995)

Maylett, Tracy und Warner, Paul. *MAGIC: Five Keys to Unlock the Power of Employee Engagement* (Greenleaf, 2014)

McCarthy, Robert. *Navigating with Trust* (Rockbench, 2012)

Meadows, Donella. *Die Grenzen des Denkens* (oekom Verlag, 2010)

Osterwalder, Alexander und Pigneur, Yves. *Business Model Generation* (Campus, 2011)

Osterwalder, Alexander, Pigneur, Yves et al. *Value Proposition Design* (Campus, 2015)

Pink, Daniel. *Drive* (ecowin, 2010)

Semler, Ricardo. *Maverick: The Success Story Behind the World's Most Unusual Workplace* (Grand Central Publishing, 1993)

Senge, Peter. *Das Fieldbook zur Fünften Disziplin* (Schäffer Poeschel, 2008)

Simon, Hermann. *Hidden Champions des 21. Jahrhunderts: Die Erfolgsstrategien unbekannter Weltmarktführer* (Campus, 2007)

Sinek, Simon. *Frag immer erst: warum* (Redline, 2014)

Wilson, Edward O. *Der Sinn des menschlichen Lebens* (C. H. Beck, 2015)

Wlodkowski, Raymond J. *Enhancing Adult Motivation to Learn: A Comprehensive Guide for Teaching All Adults* (Jossey-Bass, 2008)

Register

360 Reach 111

Advanced Micro Devices (AMD) 152
Alignment Canvas 70, 80 ff., 94 f., 149, 151, 186
Anerkennung 105, 129
Antriebskräfte, intrinsische 128 f.
Applied New Technologies (ANT) 214 ff.
Arbeitgebermarke 214 ff., 221
Aufsteigen 132, 135, 154 f., 157, 183
Ausscheiden 132, 135 f., 154 f., 157, 183
Autonomie 206

Beförderung 116, 135, 148, 150, 171, 183
Beople 70
Berufsentwicklungspläne (BEP) 168
Berufslaufbahn 129, 130, 172, 211
Betrieb, operativer 11
Bewusstsein 14, 44, 113, 212, 241
Beziehung 7, 9 f., 12, 128 f., 157, 164, 173, 229
Branding Canvas 70
Business Model Canvas 8, 28 ff., 39, 56, 166
– Anwendung der 54
– Bausteine der 29 ff.
– als Beziehungsdiagramm 28
Business Modeling 42, 59, 163, 172, 202, 221
Business Models, Hindernisse für 185
Business-Model-Schulung 236

Career Collaboration 130, 157
Career-Collaboration-System 132

Cattolica Assicurazioni 210 ff.
Coachingbedarf 154

DBA Group 66 f.
Denken
– abhängiges 10
– unabhängiges 10
Dialog, offener 205
Dot Voting siehe Dotmocracy 238
Dotmocracy 238 f.
Drei-Fragen-Gespräch 134 f., 138 f., 155
Drei-Fragen-Übung 154 f.
Drittobjekt 12, 163, 229

EcoZoom 46 ff.
EIFFEL 166 ff.
Ein-Personen-Geschäftsmodell 110
Einnahmequelle 34
Einstiegseinweisung 223
Elevator Innovation Center 76 ff.
Enel of Italy 70 ff.
Engagement 131, 171 f., 195, 208
Enterprise Business Model 8 f., 140, 150 f., 204, 212, 216, 234
Entscheidungsfindung, gemeinsame 238
Entwicklungsbedarf 154
Entwicklungsziele 172
EY (vormals Ernst & Young) 72 f.

Facebook 50 ff.

Facebook auf Papier 164 f.
Fakten 89, 136
Feedback 44, 120, 123, 130
Fit for Life 160 ff.
Flexibilität 105, 203
FLR 116 f.
Führen
– kompetentes 12
– situatives 9
Führung
– formelle 148
– gedankliche 148
Führungskraft, Aufgaben der 63, 97, 100, 105
Führungsrolle 13, 148, 150
Führungsstil 9

Geschäftsmodell 8
Geschäftsmodell, Lebensdauer von 27, 54
Golden Circle 160, 176
Gruppenziele 72, 100, 102, 128
Güter
– immaterielle 35
– materielle 35

Haloid Photographic Company 26, 40
Handel, kollaborativer 192
Handlungsfähigkeit 129
Hypothese 89

Ich-Wir-Konflikt 7

Ich-zu-Wir-Ansatz 8
Identität, berufliche 110ff., 118, 123, 212, 230
Implementierungsablauf 204
Intel 152
Interaktion 129, 164f., 203, 205
Ist-Modell 14, 77, 204, 219

Kanäle 29, 32f., 40, 52, 54, 74, 104, 218
Karrieremodell, fünfstufiges 142ff., 157
Key Performance Indicators (KPI) 66
Know-how, situatives 44, 82
Kompetenz 7, 10, 73, 128f., 131, 157
Kontext 68, 84, 136, 171, 185, 206, 241
Kosten
– harte 106
– weiche 106
Kostenstruktur 29, 38, 40, 52, 64, 105
Kunden
– externe 11, 30, 42, 62, 90, 103
– interne 11, 30, 42, 62, 90, 103, 192
– Kosten verursachende 30
– nicht zahlende 30
– zahlende 30
Kundenbeziehung 29, 32, 40, 52, 54, 74, 78, 104,
    153, 218
Kundenkontakt, direkter 44
Kundensegmente 29f., 50, 52, 70, 82
Kundenzufriedenheit 36, 59, 171

Marketingprozess, fünfstufiger 32f.

Mentor 180, 186, 192, 208
Mitarbeiterbindung 157, 171f., 203
Mitarbeiterentwicklung 221
Mitarbeiterfluktuation 89, 171
Mitarbeiterprofil 217
Mitdenker 202, 223, 225, 229, 231, 234f.
Mobilität, interne 211
Modeling, Zweck des 228ff.
Modell
– übergeordnetes 80f., 94f., 140, 149, 151, 186
– untergeordnetes 80f., 150, 186
Modellentwicklung, Prozess der 21
Mosaik-Übung 236
Motorola 150

Nachbesprechung 229, 231, 241
Net Promoter Score 171

Open Power 70f.
Organigramm 8
Organisationsstruktur 8
Organisationsziele 100

Paarübung 231
Partnerübung, modifizierte 232ff.
Personal 35
Personal Branding 212
Personal Business Model 8, 14, 70, 72, 100ff., 123,
    129, 134, 140, 161, 168, 173, 202, 204, 212, 216,
    230f.

Personal Business Modeling 207, 209, 211, 217
Personal Business Model Canvas 100, 106ff.
– Bausteine der 102ff.
Personal Strategy Canvas 168, 173
– Bausteine der 168ff.
PINT 86, 188
PINT-Analyse 90
PINT-Elemente 89f.

PricewaterhouseCoopers Advisory (PwC) 172
Protegra 206ff.

Qualifikationen, Kenntnisse und Fähigkeiten (QKF)
    111, 114

Rekrutierung 167
Reorganisation 180
Respekt 129
Restaurant Modello 42, 62f., 65, 82ff.
Rolle 8, 13ff., 72, 102, 110
Rollenbeschreibung 8

Schlüsselaktivitäten 29, 36, 40, 44, 52, 55, 66, 74,
    78, 84, 102, 116, 153, 231, 233
Schlüsselpartner 29, 37f., 40, 52, 64, 70, 74, 78,
    103f., 231
Schlüsselressourcen 29, 35, 38, 40, 52, 74, 101f.,
    116, 144, 153
Schnellvorlauf 241
Selbstbestimmtheit 21, 63, 88, 128f., 210, 220

Selbstbestimmung 7, 157, 171
Selbstmanagement 206
Selbstorganisation 9, 63
Selbstwirksamkeit 129
SIRP 87
SIRP-Elemente 90
Skyle 118 ff., 123, 139, 161
Skyle-Zonen 118 ff., 230
Soll-Modell 14, 134 f., 204, 221
Spartan Specialty Fabrications 180 ff.
Stellenbeschreibung 8, 13, 88, 97, 217
Stil, persönlicher 118, 123
Stilanpassung 132 f., 135 f., 138, 155
Systemdenken, ineinandergreifendes 10

Team Business Model 8, 14, 64, 70, 72, 74, 82, 134,
    140, 151, 195, 203 f., 212, 236 f., 239
Teamführung 172
Teamgeist 216, 221
Teammodell siehe Team Business Model
Teamorientierung 114
Teamwork 21, 42
Teamwork-Tabelle 42, 63, 93, 163
Teamziele siehe Gruppenziele
Tektronics 152 ff.
Theorie der Arbeit, übergeordnete 8, 88, 123,
    130
Think Out Loud Laboratory 235
Thyssen Krupp 76 ff.

Übereinstimmung 110 f., 115, 118, 132, 136, 173, 188,
    195, 212, 217, 231
Übergangsbedarf 154
Unternehmensaktivitäten, Gesamtlogik der 44
Unternehmenskultur 216 f.
Unternehmensmodell siehe Enterprise Business
    Model
Unternehmensziele 102, 128, 218
Unternehmenszweck 28

Valuable Work Detector 88 ff., 116, 206, 210
Verantwortung 13, 131 ff., 140, 145, 157, 171, 210 f.,
    219 f.
Verbindung 7, 14, 78 f., 164 ff., 184, 218
Vergütung 105, 146
Verhalten, kollaboratives 54
Vermittlungsstil 183
Vertrauen 67, 69, 139, 164 f., 169
Viewpoint Construction Software 68 f.
Vorbesprechung 229

Warum-Definition 177, 228
Warum-Statement 16, 19
Wechselbeziehung 10, 79 f., 234
Wechselwirkungen 14, 63
–   organisationsbezogene 28
Weiterentwicklung
–   berufliche 67, 101, 105, 111, 140 f., 168, 205,
    219 ff.
–   persönliche 67, 221

Wertangebote 31, 33, 40, 52, 64, 66, 70, 74, 78, 90,
    100, 103, 108, 111, 113 ff., 123, 146 ff., 177, 217,
    219, 220 f., 231, 233
–   Vorteile der 31

Xerox 27 ff.

Zahlungsform 34
Zahlungsmethode 34
Zeit 105
Ziele, individuelle 72, 102
Zielsetzung 7, 14, 128 f., 157, 202
Zugehörigkeit 105, 129
Zulieferer 37
Zustimmung 202
Zweck, höherer 6, 17, 19, 62 f., 105, 128 f.